LA MATIÈRE DANS TOUS SES ÉTATS

DU MÊME AUTEUR

L'Europe de la science et de la technologie, Saint-Martin-d'Hères, PUG, 2001.

Physique des transitions de phases : concepts et applications (avec Jacques Leblond et Paul Meijer), Paris, Dunod, 1999.

Le Sixième Continent : géopolitique des océans, Paris, Odile Jacob, 1996.

Thermodynamique des états de la matière (avec Jacques Leblond), Paris, Hermann, 1990.

Les Logiques du futur : science, technologie et pouvoirs, Paris, Aubier, 1989.

Pierre Papon

LA MATIÈRE
DANS TOUS SES ÉTATS

Fayard

Introduction

Un état de la matière est pour nous une notion familière. Nous savons ainsi que l'eau est un liquide qui, grâce à sa fluidité, a la propriété de pouvoir épouser aisément la forme de tout récipient mais aussi que nous pouvons trouver cette substance à l'état solide, la glace, à basse température, ainsi qu'à l'état gazeux lorsqu'on la chauffe pour la porter au-dessus de son point d'ébullition. En fait, le concept d'état de la matière est apparu très tôt dans la science, quoique de façon plutôt singulière. Les Grecs en effet, en particulier Empédocle, avaient inventé la théorie des « quatre éléments » (l'eau, la terre, l'air et le feu) qui étaient, en quelque sorte, les briques dont étaient constituées toutes les substances connues et donc l'univers, mais qui caractérisaient aussi les propriétés des différents états de la matière. Les Anciens avaient ainsi constaté, comme nous pouvons le faire quotidiennement, que les éléments, ou les substances, pouvaient se transformer les uns dans les autres : la glace devenait de l'eau liquide sous l'action de la chaleur (ou du feu), de même qu'un minerai extrait de la terre pouvait se transformer en un métal fondu, malléable à volonté, ou presque, en le chauffant. On trouve dans la science de la Chine ancienne une conception très voisine, quoique plus sophistiquée : les Chinois classaient ainsi toutes les substances en cinq éléments ou « puissances » : le métal, la terre, le bois, le feu et l'eau. Ces « puissances » étaient dotées de propriétés spécifiques caractéristiques de leur état : la fluidité pour l'eau, la rigidité mécanique pour le métal, etc.

La doctrine des quatre éléments, toute fruste qu'elle fût, a ouvert ultérieurement la voie à l'atomisme (mais aussi à l'alchimie) et, à partir du XVIIe siècle, aux conceptions théoriques de Boyle, Descartes, Newton et autres physiciens à propos de l'origine de la chaleur et des propriétés des états de la matière. On doit ainsi au savant anglais Robert Boyle la première étude expérimentale systématique du comportement d'un gaz. Il montra, en 1662, qu'un gaz obéit à une « équation d'état » (la fameuse loi de Boyle et Mariotte) qui permet de décrire son comportement. Newton, quelques années plus tard, démontra la loi de Boyle, à partir d'un modèle simple assimilant les « particules » de l'air (il aurait pu dire les « molécules ») à des ressorts dotés de forces de répulsion variant en raison inverse de leur distance. On a donc relativement vite perçu (dès le XVIIe siècle) que les propriétés de la matière pouvaient s'expliquer en faisant intervenir sa structure microscopique, c'est-à-dire les atomes et les molécules pour utiliser le langage d'aujourd'hui. C'est une approche scientifique qui prendra tout son sens avec la thermodynamique statistique et la physique quantique au début du XXe siècle.

On sait par expérience, aujourd'hui, que toute substance de composition chimique fixée, l'eau par exemple, peut se présenter sous des formes homogènes dont on peut distinguer les propriétés et que l'on appelle des « états ». Ainsi trouve-t-on l'eau sous forme d'un gaz, d'un liquide ou d'un solide. Ces trois états de la matière diffèrent par leur densité, leur capacité calorifique, leur viscosité, leur élasticité, etc. Les propriétés optiques et mécaniques d'un solide et d'un liquide sont ainsi notablement distinctes.

Cependant, la réalité physique ne se laisse pas enfermer dans une classification de la matière en trois états. Après tout, l'aiguille aimantée de la boussole qui indique la direction du nord et que nous avons tous eue entre nos mains lorsque nous étions enfants est un matériau solide, le fer, mais n'a-t-elle pas une propriété intrinsèquement différente de celle de l'aluminium dont sont constitués de nombreux objets ? Ces deux métaux à l'état solide, le fer et l'aluminium, ne correspondent-ils pas à deux états de la matière différents ? La réponse est affirmative et il a fallu attendre le début du XXe siècle pour que l'on commence à bien comprendre l'origine de l'état magnétique du fer, alors que les Chinois avaient découvert le magnétisme il y a près de deux mille ans.

Le passage de l'eau liquide à l'état gazeux, la vaporisation, sa solidification sous forme de glace sont deux exemples de phénomènes de changements d'état, que l'on appelle aussi transitions de phase. Si l'on chauffe l'aiguille aimantée d'une boussole, on constate qu'elle perd sa propriété d'indiquer la direction du nord, car elle n'est plus magnétique : elle a subi, elle aussi, une transition de phase, elle est devenue un « métal normal ». On comprend aisément que les changements d'état représentent un maillon essentiel de la physique des états de la matière : ils constituent, en effet, le passage obligé d'un état à un autre, le signal de l'apparition de propriétés nouvelles (comme le magnétisme par exemple).

Le concept de changement d'état, ou de transition de phase, joue un rôle central dans la physique des états de la matière dont la compréhension est restée hors de portée des théories classiques. Il a fallu tout l'arsenal de la physique statistique et de la physique quantique, avec l'aide de très nombreuses techniques expérimentales, pour réellement comprendre l'origine des propriétés de certains états de la matière (comme le ferromagnétisme et la supraconductivité) et les mécanismes qui sont à l'origine des transitions qui leur sont associées.

Trois siècles après les travaux de Boyle sur les propriétés de l'état gazeux et les spéculations de Newton sur les mécanismes microscopiques qui permettent de les expliquer, on doit constater que l'on est encore loin de comprendre tous les phénomènes de changements d'état et l'origine de certaines propriétés des états de la matière. Ainsi, aujourd'hui, n'a-t-on pas encore élucidé la nature exacte d'un phénomène aussi banal, en apparence, que la fusion d'un solide et n'est-on pas parvenu à prévoir les conditions qui président à l'apparition de phénomènes tels que la supraconductivité, qui est la propriété que possèdent certains solides d'être des conducteurs parfaits de l'électricité. Quant à l'état liquide lui-même, il n'a pas encore livré tous ses secrets. Enfin, aux très grandes échelles, celles des phénomènes atmosphériques et océaniques, même si des scientifiques comme Saussure avaient perçu, dès le XVIIIe siècle, le rôle que jouent l'évaporation de l'eau des océans et sa condensation sous forme de nuages dans les processus météorologiques, on est loin d'avoir compris toutes les implications des changements d'état dans les évolutions climatiques.

On sait aussi que de très nombreux systèmes techniques mettent en jeu des changements d'état. Ainsi le fonctionnement de la quasi-totalité des moteurs thermiques repose-t-il sur la vaporisation d'un liquide (l'essence dans un moteur à explosion, l'eau dans une centrale nucléaire, un fluide cryogénique dans un moteur de fusée), mais, là aussi, on n'a pas encore compris tous les phénomènes physiques mis en jeu.

Comprendre les mécanismes physiques qui président aux changements d'état, découvrir et prévoir de nouveaux états de la matière dotés de propriétés nouvelles, éventuellement modulables, que l'on peut mettre en œuvre dans des systèmes techniques, représente une série d'enjeux scientifiques, technologiques et économiques considérables. C'est là que se situe aujourd'hui l'un des principaux fronts de la recherche. Celui-ci s'est déplacé, récemment, vers les deux extrémités de l'échelle des dimensions : le nanomètre (le millionième de millimètre) d'une part ; le kilomètre, voire la centaine de kilomètres, d'autre part. En effet, si un état de la matière est caractérisé par les propriétés macroscopiques d'un ensemble constitué par un très grand nombre d'atomes ou de molécules (de l'ordre du nombre d'Avogadro), l'univers des nanomatériaux, c'est-à-dire de la matière à l'échelle du nanomètre, conduit à manipuler des « objets » constitués de quelques centaines, voire de dizaines d'atomes seulement, tels que des particules colloïdales ou les « nanotubes ». Ceux-ci sont des assemblages cylindriques d'atomes de carbone dont on peut espérer faire varier à volonté les propriétés électroniques ou mécaniques en en modifiant l'architecture. À l'autre extrémité de l'échelle, la compréhension des mécanismes physiques ou physico-chimiques mettant en jeu des changements d'état (vaporisation et condensation de l'eau, formation et fusion de la glace) est indispensable à l'étude des phénomènes météorologiques et climatiques mais aussi à celle du comportement des hydrocarbures dans un gisement pétrolier. Ainsi, si c'est très certainement la chaleur latente de condensation de la vapeur d'eau, présente dans l'air humide, qui fournit l'énergie aux cyclones, on ne connaît pas tout l'enchaînement des phénomènes qui président à leur formation et à leur amplification.

C'est l'ensemble de ces enjeux qui est exploré dans ce livre. Ils sont abordés avec une vision prospective en mettant en évidence à la fois l'importance des questions qui restent ouvertes dans ce champ de la science (et il en existe un très grand nombre) et les applications technologiques potentielles de telle ou telle découverte récente.

La compréhension des états de la matière, la connaissance et la prévision de leurs propriétés représentent un certain nombre de défis scientifiques que nous rencontrerons tout au long de ce livre : comportement de la matière dans des conditions extrêmes (les très hautes pressions et les très basses températures par exemple), explication du phénomène de supraconductivité à haute température, interprétation des propriétés de l'eau, etc. De même le passage du macroscopique au nanoscopique ouvre d'importantes perspectives scientifiques et technologiques qui commencent à être explorées : fabrication et utilisation de nanotubes de carbone, manipulation de brins d'ADN, etc. Le développement des nanotechnologies repose sur la possibilité d'utiliser les propriétés de la matière à l'échelle nanométrique, c'est un pari scientifique qui est encore loin d'être gagné.

La connaissance des états de la matière pose toute une série de questions qui sont à la frontière entre plusieurs disciplines, la physique, la chimie, les sciences de la terre, les sciences de l'ingénieur, mais aussi entre la science et la technologie, comme entre la science et l'économie. Certains domaines de la recherche représentent des enjeux technologiques et économiques majeurs, ils ont conduit à élaborer des stratégies qui sont mises en œuvre par les principaux acteurs à l'échelle mondiale (les pays européens, les États-Unis et le Japon), que nous expliciterons.

CHAPITRE PREMIER

L'état, c'est moi
ou qu'est-ce qu'un état de la matière ?

Une dizaine de millénaires avant notre ère, après s'être assuré de la maîtrise du feu, l'homme a su réaliser la fusion de minerais dans des creusets primitifs pour obtenir les premiers alliages métalliques liquides qui, en se solidifiant, lui ont permis de fabriquer des matériaux solides en cuivre, en bronze et en fer : outils à usage domestique, bijoux, épées et poignards, etc. Il a appris à distinguer les propriétés spécifiques d'un liquide et d'un solide en constatant qu'une tige de métal peut résister à un choc mais possède aussi une élasticité mécanique qui lui permet de ne pas se rompre lorsqu'on lui applique une force de traction en deçà d'une certaine limite, tandis qu'un liquide épouse aisément la forme d'un récipient dans lequel on le verse. Ces observations, que l'on fait en permanence dans la vie quotidienne aujourd'hui, nous conduisent à admettre, sans qu'il soit nécessaire de nous poser des questions, que le solide, tel qu'un métal, et le liquide sont deux états distincts de la matière pour une même substance que l'on peut aisément caractériser par leurs propriétés, et qui n'existent que dans des conditions physiques bien précises, en particulier dans certaines plages de température et de pression. Lorsqu'on modifie ces conditions, on observe un changement d'état, par exemple la fusion d'un solide ou la vaporisation d'un liquide. Ainsi, un liquide tel que l'eau se transforme-t-il, normalement, en un solide, la glace, lorsque la température ambiante est abaissée au-dessous de 0 °C à la pression atmosphérique. Si, en revanche, on élève la température de l'eau au-dessus de 100 °C, elle passera totalement à l'état de gaz; le gaz est ainsi le troisième état de la matière. L'eau sous la forme de ses trois états, **solide,** liquide et gazeux, joue un rôle clé dans la nature, et les phénomènes de changements d'état associés (la fusion, la solidification, la vaporisation et la condensation) déterminent le cycle de l'eau sur la Terre.

Le concept d'état de la matière fait certes partie du sens commun aujourd'hui, mais il faut reconnaître, avec le recul du temps, qu'il n'a rien d'évident. On a ainsi longtemps cru qu'une substance, par exemple un métal, subissait une transformation de nature chimique lorsqu'elle passait de l'état solide à l'état liquide. Pour les savants grecs, Thalès par exemple, l'eau, qui était l'un des quatre éléments du monde matériel, n'était pas strictement la même substance à l'état liquide que solidifiée sous forme de glace, elle avait acquis certaines caractéristiques d'un autre élément que les Grecs appelaient la « terre ». Pour simplifier les choses, on peut dire que nous faisons clairement la distinction, aujourd'hui, entre un liquide et un solide car nous savons que ce sont leurs propriétés physiques et non leurs caractéristiques chimiques qui permettent de les distinguer, autrement dit ce concept d'état de la matière est clair pour nous parce que nous savons faire de la physique et de la chimie.

Si nous connaissons bien depuis longtemps les caractéristiques physiques de chaque état de la matière, nous ne sommes cependant pas à l'abri de découvertes surprenantes. Ainsi, les propriétés d'un solide comme la glace sont bien connues des patineurs et des skieurs, celle-ci a la particularité d'être, en quelque sorte, autolubrifiante, ce qui permet la glisse des patins à glace et des skis. On attribue souvent au frottement du ski sur la neige ce phénomène d'autolubrification qui serait provoqué par la fonte superficielle de la neige ou de la glace. En fait, ce n'est que très récemment, en utilisant la technique de la diffraction des électrons par la surface de la glace, que l'on a compris l'origine probable du phénomène lorsque des chercheurs américains ont mis en évidence, en 1996, l'existence d'une infime pellicule d'eau liquide à la surface de la glace à très basse température (jusqu'à environ -186 °C). Une « préfusion » de la glace interviendrait donc à des températures très au-dessous de 0 °C, la température de fusion observée dans les conditions normales, ce qui pourrait expliquer qu'un mince film d'eau liquide subsisterait très en dessous de 0 °C et suffirait à lubrifier le contact entre la neige, ou la glace, et la semelle d'un ski ou la lame d'un patin à glace. L'eau, nous le verrons, est une substance qui recèle encore bien des mystères.

Ces observations montrent qu'un changement d'état comme la fusion peut intervenir dans des conditions particulières en n'impliquant que quelques couches moléculaires à la surface d'un solide. Les conséquences pratiques d'un tel phénomène sont loin d'être négligeables comme on vient de le voir. De fait, les propriétés des états de la matière et les changements d'état ne peuvent s'expliquer de façon totalement satisfaisante que si l'on recourt à une approche microscopique, c'est-à-dire en prenant en compte le comportement des atomes et des molécules. Dans le cas de la préfusion de la glace, ce sont les mouvements de vibration des molécules d'eau à la surface du solide qui ont une grande amplitude et qui déstabilisent peu à peu la couche superficielle qui se comporte ainsi comme un liquide.

Cet exemple est une belle illustration du programme qui est suivi depuis de nombreuses années par les chercheurs qui étudient les états de la matière : on procède à des études expérimentales avec des techniques de plus en plus fines ; on met au point des modèles théoriques fondés sur une approche microscopique des mécanismes et des phénomènes mis en jeu, faisant intervenir les interactions et les mouvements des molécules, des atomes, voire des électrons constituant la matière. C'est ce programme que nous allons nous attacher à suivre tout au long de ce livre.

Une très grande variété d'états : du désordre à l'ordre

Un état de la matière est la forme homogène sous laquelle se présente toute substance de composition chimique fixée, l'eau de formule chimique H_2O par exemple, et que l'on peut caractériser par des propriétés physiques spécifiques : la densité, la chaleur, la viscosité d'un liquide ou le module d'élasticité d'un solide, l'indice de réfraction, etc. On distingue ainsi les trois états de la matière : solide, liquide et gaz. La réalité est en fait bien plus complexe et une observation microscopique, par exemple à l'aide des rayons X, révèle que pour une même substance solide ou liquide, on trouve plusieurs arrangements dans l'espace de ses atomes, ou de ses molécules s'il s'agit d'une substance moléculaire, qui vont correspondre à des propriétés totalement ou partiellement différentes du matériau liquide ou solide. Chacun de ces arrangements est associé à ce que l'on appelle une « phase du matériau ». La phase liquide correspond à un désordre quasi total des molécules alors que dans un solide cristallin celles-ci sont distribuées de façon périodique. On a ainsi plusieurs phases de la glace (une douzaine au total) correspondant à des variétés cristallines distinctes de l'eau solide obtenues à très haute pression (plusieurs milliers d'atmosphères[1]). On peut distinguer ces variétés de glace en réalisant des diagrammes de rayons X qui fournissent, en quelque sorte, leur carte d'identité en précisant les arrangements des molécules d'eau dans le solide caractéristiques d'une variété de glace. Autrement dit, une phase est une identification précise d'un état de la matière (il peut exister plusieurs phases distinctes pour un même état solide) même si ces deux notions sont souvent synonymes. Bien entendu, à de très rares exceptions près, ces distinctions entre phases et états n'ont pas de sens pour les gaz, car on ne peut pas discerner les arrangements moléculaires en leur sein. Ainsi, par exemple, on ne trouve l'azote que sous la forme d'une seule phase à l'état gazeux. On peut être fondé, en revanche, à faire ces distinctions dans le cas de certains liquides, en particulier ceux dont les molécules sont anisotropes (elles ont, par exemple, la forme d'un bâtonnet) et auxquels on peut associer plusieurs phases avec des propriétés distinctes, que l'on appelle des « cristaux liquides ». Ces matériaux sont utilisés aujourd'hui dans la fabrication d'écrans plats pour des postes de télévision. Il nous faut encore remarquer que si les phases de substances simples sont dans la plupart des cas bien répertoriées avec leurs propriétés physiques et leur « carte d'identité » établies à l'aide des rayons X, on n'est cependant pas à l'abri de surprises. Ainsi a-t-on admis depuis très longtemps, sans grande discussion, que le carbone pouvait se trouver sous forme de deux phases solides, le diamant et le graphite. Or, à la fin des années 1980, des expériences réalisées sur du carbone vaporisé à partir du graphite ont mis en évidence l'existence d'une troisième variété de carbone solide, jusqu'alors insoupçonnée, les fullerènes, dont les constituants sont de véritables molécules comportant soixante,

---

1. L'unité internationale pour la pression est le pascal. On utilise encore toutefois l'atmosphère ou le bar. L'atmosphère (760 mm de mercure) vaut 1,013 bar et celui-ci vaut 100 000 pascals.

voire soixante-dix atomes de carbone qui ont une forme sphérique. Cette découverte n'est pas anodine car elle a contribué a ouvrir la voie, comme nous le verrons, à une nouvelle physique de la matière, celle des nanomatériaux.

Parvenus à ce stade de nos réflexions, il est utile de remarquer que la composition précise d'une phase associée à un état de la matière n'a pas nécessairement d'incidence pour définir le nombre de phases en présence. Expliquons-nous à l'aide d'un exemple, celui d'un récipient renfermant de l'eau liquide en équilibre avec sa vapeur. On a clairement deux phases, ou deux états, en présence. Si l'on dissout du sel dans l'eau, cette opération aura deux conséquences : la pression de la vapeur d'eau va diminuer et la composition du liquide va changer. Certaines de ses propriétés vont également être modifiées, par exemple sa densité et sa conductivité électrique, mais l'on n'aura toujours que deux phases en présence. Continuons à ajouter du sel à l'eau, on parviendra alors à un point de saturation de la solution : le sel va précipiter au fond du récipient et une phase solide apparaît en équilibre avec le liquide, le nombre de phases est passé à trois. Cette expérience, très banale, nous conduit à préciser la définition que nous avons donnée d'un état de la matière. Dans l'exemple que nous avons choisi, la phase liquide est certes parfaitement homogène mais c'est un mélange d'eau et de sel dont on peut faire varier la composition dans certaines limites mais en le maintenant à l'état liquide. On comprend aussi que l'on peut rencontrer des situations où coexistent plusieurs états, un liquide et un solide, ou un liquide et un gaz, etc. On peut se trouver aussi en présence de situations plus complexes où l'on a un système qui est un mélange d'états ou de phases, par exemple des bulles de vapeur au sein d'un liquide ou des gouttes de liquide suspendues dans un gaz (elles forment un aérosol), on dit alors que le système est polyphasique ; il ne peut plus être décrit par un état unique. Le cas le plus simple est évidemment celui où l'on a un seul état, ou une phase unique : on a alors un système monophasique.

Tout en gardant, provisoirement, cette typologie fondée sur trois états de la matière, peut-on trouver un concept dont l'application serait le sésame permettant de caractériser chacun de ces états ? L'exemple de l'eau, même s'il est un peu particulier comme nous le verrons, peut nous aider à comprendre que la notion d'ordre et de désordre moléculaires est ce concept pertinent. Ainsi l'état gazeux correspond-il à un désordre total : les molécules de la vapeur d'eau sont réparties de façon totalement aléatoire au sein du volume du récipient qui les contient, et la diffusion des molécules dans la masse de la vapeur est relativement importante. Les mots « gaz » et « chaos » ont d'ailleurs la même origine étymologique en grec. L'eau, à l'état liquide, demeure encore un milieu désordonné puisque les centres de gravité des molécules sont répartis au hasard dans la masse, elles glissent les unes sur les autres, conférant sa fluidité au système ; néanmoins, le milieu liquide étant plus dense que le gaz, la diffusion des molécules y est plus limitée et un observateur doté d'un instrument permettant d'observer les mouvements instantanés de la matière à une échelle du millième de micron (le nanomètre) pourrait percevoir les prémices d'une auto-organisation, instable il est vrai, des molécules. Enfin, dans l'état solide, la glace, tout est figé, ou presque. Réalisant un diagramme de rayons X comme on peut le faire couramment aujourd'hui, y compris sur des systèmes complexes avec des machines comme les synchrotrons, on constaterait que les centres de gravité des molécules d'eau sont répartis régulièrement avec une stricte périodicité sur un réseau à trois dimensions formant un cristal de glace. On observerait un ordre quasiment parfait, les molécules constituant une maille cristalline, la périodicité n'étant perturbée que par quelques défauts au sein de la structure cristalline. Le motif de base du cristal est un groupe d'atomes ayant une orientation géométrique bien déterminée et dont la répétition par translation dans l'espace à trois dimensions engendre le cristal. Les motifs cristallins sont en quelque sorte les homologues des briques que l'on a disposées régulièrement pour construire un mur. Si l'on change la pression à laquelle est soumise la glace, on peut modifier sa structure cristalline : on obtient une autre variété de glace, et donc une nouvelle phase solide, caractérisée notamment par une autre périodicité des molécules d'eau au sein du réseau et donc par une densité différente de celle de la glace ordinaire. Chacune des douze variétés de glace, dont on a mis au jour l'existence jusqu'à présent, n'existe que dans une plage bien délimitée de température et de pression.

Cette approche microscopique est commode et, comme nous le verrons tout au long de ce livre, elle est indispensable si l'on veut comprendre les propriétés des états de la matière, mais on sent bien qu'elle mérite d'être précisée. En effet, si l'on s'en tient à cette notion d'ordre et de désordre, quelle différence peut-on faire entre un cristal comme le quartz et le verre à vitre ? Ces deux matériaux sont deux solides transparents constitués de silice l'un et l'autre, à l'état pur pour le quartz, mélangée avec d'autres oxydes pour le verre, mais leurs propriétés optiques et mécaniques sont différentes. Un diagramme de rayons X révèle très clairement que le quartz est un matériau solide parfaitement ordonné alors que dans le verre on a un désordre moléculaire quasi total. En effet, si les centres de gravité des molécules de la silice occupent une position fixe dans le verre, ils ne se déplacent pas, ils sont distribués de façon aléatoire dans le solide sans aucune périodicité. Tout se passe comme si on se trouvait dans la situation d'un liquide dont toutes les molécules auraient été brutalement figées dans les positions qu'elles occupent à un instant donné lorsqu'on abaisse la température. En fait, si l'on examine minutieusement un diagramme de rayons X d'un verre, on s'apercevra qu'il existe bien un ordre à courte distance au sein de ce solide, les molécules sont localement ordonnées avec une périodicité dans leur distribution spatiale, mais celle-ci ne s'étend pas au-delà de quelques distances intermoléculaires, c'est-à-dire typiquement quelques nanomètres. À grande distance, le désordre est total. C'est la distinction fondamentale entre l'état solide cristallin et l'état solide vitreux. L'eau elle-même, que l'on croyait pourtant bien connaître, possède aussi cette caractéristique, puisque l'on a découvert, il y a à peine vingt ans, qu'il existait deux variétés de glace à l'état vitreux que l'on peut obtenir à basse température au-dessous de 0 °C.

On est donc bien obligé de constater qu'il est difficile de s'en tenir à une typologie limitée à trois états de la matière, dont certains sont associés à plusieurs phases (des variétés cristallines par exemple), et que la situation est beaucoup plus complexe qu'il n'y paraissait *a priori*. Qui plus est, à très haute température (quelques milliers de degrés), alors qu'on se trouve en présence d'un gaz, de l'azote par exemple, on observe que celui-ci est constitué de particules chargées électriquement, des ions chargés positivement (des atomes ayant perdu un ou plusieurs électrons) et des électrons. Les molécules ont été partiellement séparées en leurs constituants élémentaires (on peut réaliser cette opération par une décharge électrique dans le gaz), on est en présence d'un nouvel état, le plasma, considéré parfois comme le quatrième état de la matière. États éminemment instables, les charges électriques de signes opposés tendent à se recombiner, les plasmas sont des composants des milieux stellaires mais leur importance n'en est pas moins grande sur Terre. En effet, on produit et on utilise des plasmas dans des opérations industrielles comme la soudure par exemple, et ils sont aussi, en quelque sorte, la pierre philosophale que l'on cherche à découvrir pour produire ici-bas une énergie d'abondance illimitée, comme celle que dispense le Soleil, à l'aide des différents dispositifs que l'on a réalisés pour tenter de produire la fusion contrôlée de l'hydrogène, opération demeurée jusqu'à présent infructueuse au stade du laboratoire.

Revenons à nos solides en reproduisant une expérience que nombre d'enfants ont faite. Prenons une boussole, l'aiguille aimantée indique, on le sait, la direction du nord magnétique. Si l'on chauffe fortement cette aiguille, on constate alors que celle-ci tourne librement sur son pivot mais elle n'indique plus aucune direction particulière : elle a perdu son aimantation permanente. Elle la récupérera dès que la température sera redevenue normale et la boussole pourra, de nouveau, rendre ses appréciables services. Un métal, le fer en l'occurrence, possède la propriété intrinsèque d'avoir une aimantation permanente en l'absence d'un champ magnétique extérieur (l'aiguille de la boussole s'oriente de fait dans la direction du champ magnétique terrestre). L'expérience très simple à laquelle nous avons procédé montre que cette propriété dépend de la température. On se trouve donc en présence d'un nouvel état (ou phase), l'état magnétique, que seuls certains métaux (le fer, le cobalt, le gadolinium par exemple) et leurs composés possèdent. Ce sont les Chinois qui ont découvert le magnétisme il y a deux millénaires et qui ont inventé la boussole dont les Européens ont appris l'existence, sans doute par l'intermédiaire des Arabes, mais la science occidentale a mis beaucoup de temps à comprendre l'origine du magnétisme, grâce aux travaux de Pierre Curie à la fin du XIXe siècle, et d'un autre physicien français émigré en Suisse, Pierre Weiss (Pierre Weiss était alsacien). Un diagramme de rayons X ne va pas révéler de différence majeure entre les deux phases solides magnétique et non magnétique (appelée « para-magnétique ») du fer : elles sont toutes les deux ordonnées et leur structure cristalline est la même. Il faut en fait irradier le matériau avec un flux de neutrons, en utilisant un réacteur nucléaire du type de celui de l'Institut Laue-Langevin à Grenoble, pour pouvoir distinguer nettement les deux états magnétique et non magnétique du solide. Les deux états ne diffusent pas, en effet, les neutrons de la même manière, ce qui permet d'obtenir deux spectres de diffusion différents. Le fer à l'état magnétique est en fait doublement ordonné : d'une part les atomes constituent un réseau cristallin avec une stricte périodicité de la maille cristalline, et d'autre part les petits aimants microscopiques individuels associés aux électrons de chaque atome tendent à s'orienter tous dans une direction commune, ce qui confère une aimantation macroscopique permanente au matériau. L'ordre magnétique a donc pour origine un ordre électronique. Si l'on élève la température, l'agitation thermique des électrons détruit progressivement cet ordre magnétique jusqu'à ce que l'on atteigne une température limite, caractéristique du matériau, que l'on appelle « température de Curie » (766 °C pour le fer). Au-dessus de celle-ci, le fer a perdu totalement son aimantation, l'état magnétique a disparu.

On constate donc, avec le cas exemplaire du magnétisme, que les propriétés intrinsèques des atomes, ou des molécules, en particulier leur architecture électronique, peuvent jouer un rôle clé dans l'apparition de nouveaux états de la matière qui n'existent que dans certaines conditions de température et de pression. La liste de ces états singuliers est longue et elle n'est probablement pas close aujourd'hui. La mise en évidence de ces états dépend beaucoup, en effet, du progrès des techniques expérimentales. Ainsi, ce sont les prouesses techniques réalisées, il y a un siècle, en physique des très basses températures qui ont rendu possible la découverte de l'état supraconducteur dans certains solides. Rappelons quelques-unes des étapes de l'histoire de cette découverte qui débuta à la fin du XIXe siècle, lorsque les physiciens entreprirent de liquéfier tous les gaz existants, en particulier bien sûr les constituants de l'air (azote, oxygène, hydrogène, et les gaz rares connus, l'argon et l'hélium). Il leur a fallu pour cela obtenir des températures de plus en plus basses, typiquement au-dessous de 77 K (c'est-à-dire - 196 °C), ce qui correspond à la température de liquéfaction de l'azote à la pression atmosphérique, expérience réalisée simultanément en 1877, par

Pictet à Genève, et par Cailletet à Paris[1]. L'école hollandaise de physique, à Leyde, s'est tout particulièrement illustrée dans cette course aux très basses températures. C'est d'ailleurs le physicien hollandais Kamerlingh Onnes qui parvint, le premier, à liquéfier l'hélium, en 1908, le gaz dont la température de liquéfaction à la pression atmosphérique est la plus basse (4,2 K, soit -269 °C). Cet objectif atteint, un nouveau monde s'ouvrait à la recherche : celui des états de la matière aux très basses températures. Ainsi, Kamerlingh Onnes, étudiant les propriétés électriques du mercure à l'état solide, mettait-il en évidence, en 1911, la propriété de ce métal de perdre sa résistance électrique au-dessous de 4 K (soit à une température légèrement inférieure à celle de la liquéfaction de l'hélium). Il venait de découvrir l'état supraconducteur et le phénomène de la supraconductivité : certains métaux (comme le mercure et l'aluminium) et des alliages ont la propriété d'être des conducteurs parfaits de l'électricité, leur résistivité est nulle (ils conduisent l'électricité sans perte d'énergie par effet Joule). Un supraconducteur est un nouvel état de la matière qui met en jeu, de nouveau, les propriétés électroniques d'un matériau. L'histoire de la supraconductivité, on le verra, a été fertile en rebondissements et la découverte, en 1986, de l'existence de supraconducteurs dits à « haute température » par K.A. Müller et G. Bednorz à Zurich a conduit à reconsidérer les modèles théoriques prévalant à l'époque. Aujourd'hui, à la suite de cette découverte, on ne comprend pas encore de façon satisfaisante le phénomène de la supraconductivité.

Il s'avéra par ailleurs que l'hélium liquide avait un comportement bien étrange. Kamerlingh Onnes et J.D.A. Boks observèrent en effet un phénomène inattendu : la phase liquide a un maximum de densité vers 2,3 K (environ -271 °C), suggérant ainsi l'existence d'une transition de phase entre deux phases liquides distinctes de l'hélium. Le physicien hollandais W. Keesom montra, en 1927, que la chaleur spécifique de l'hélium liquide présentait un maximum très net à 2,17 K et, dix ans plus tard, le physicien russe P. Kapitza s'aperçut que l'hélium possédait également la propriété de perdre sa viscosité

---

1. La température est exprimée dans l'échelle thermodynamique en kelvins (K). La température du point triple de l'eau est prise comme référence, elle correspond à 273,16 K. La température de 0° Celsius, celle du zéro de l'échelle ordinaire, est celle de la fusion de la glace à la pression atmosphérique ; elle correspond à 273,15 K.

au-dessous de cette température « critique » de 2,17 K : le liquide s'écoule sans frottement, donc sans perte d'énergie, dans un tube capillaire. Il proposa alors de baptiser « superfluidité » ce nouveau phénomène et « état superfluide » la nouvelle phase liquide de l'hélium. Cette propriété est unique, puisque seuls les deux isotopes de masse atomique trois et quatre de l'hélium la possèdent. Son origine, contrairement à celle du magnétisme et de la supraconductivité, n'est pas de nature électronique mais elle est une conséquence des propriétés statistiques des noyaux des atomes d'hélium.

Un paradigme central : le changement d'état

Qu'existe-t-il de commun entre le mercure à l'état gazeux, dont il faut craindre la présence dans l'atmosphère car il est toxique, et la phase solide supraconductrice de cet élément que l'on observe à très basse température, au voisinage du zéro absolu ? Hormis les atomes de mercure, très peu de chose de fait. Les propriétés de ces deux états sont très différentes : en faisant varier la température de 356,73 °C (celle du point d'ébullition du mercure) à -269 °C (sa température de transition à l'état supraconducteur), on passe d'un désordre atomique total à un matériau ordonné où les électrons qui conduisent l'électricité circulent librement et sans rencontrer d'obstacle. Autrement dit, en abaissant la température d'un ensemble d'atomes ou de molécules, on accroît progressivement l'ordre dans le système ou, de façon équivalente, le comportement coopératif de ses constituants. On dit aussi, parfois, que les états magnétiques, supraconducteurs et superfluides sont des états coopératifs de la matière. On comprend bien que l'agitation thermique des molécules, ou des atomes, diminuant au fur et à mesure que l'on abaisse la température, leur cohésion va s'accroître : on passera ainsi successivement par les états gazeux, liquide et solide, et éventuellement magnétique ou supraconducteur.

La température apparaît donc bien comme la variable physique clé qui commande les transformations de la matière, une grandeur associée à ce que les Anciens considéraient comme le quatrième élément, le feu, qui est l'acteur principal des changements d'état. On perçoit aisément que les changements d'état, appelés encore « transitions de phase », représentent un maillon essentiel de la physique des états de la matière : ils constituent, en effet, le point de passage obligé d'un état à un autre, le signal de l'apparition de propriétés nouvelles de la matière, comme le magnétisme ou la superfluidité par exemple. Tout changement d'état se produit dans des conditions physiques bien précises : à température et pression fixées, éventuellement pour des valeurs bien déterminées de champs magnétiques ou électriques si ceux-ci sont couplés à des grandeurs physiques caractéristiques de l'état et des propriétés de la matière (l'aimantation par exemple). Ainsi, à la pression atmosphérique, observe-t-on sur l'eau d'une part le phénomène d'ébullition, c'est-à-dire la transition de l'état liquide à l'état gazeux, à la température de 100 °C, et d'autre part celui de la solidification, à 0 °C. Après bien des tâtonnements, ces deux points fixes, l'ébullition et la solidification de l'eau, ont d'ailleurs été choisis pour définir l'échelle dite « Celsius » des températures : par convention, le zéro de l'échelle Celsius correspond à la température de solidification de l'eau (ou de fusion de la glace), et le point 100 à sa température d'ébullition à la pression atmosphérique.

Un changement d'état est une démarcation entre deux organisations distinctes de la matière caractérisées par des degrés d'ordres différents que l'on peut identifier par leurs propriétés mécaniques, optiques, magnétiques, etc. La transition de l'état gazeux à l'état liquide est, dans une certaine mesure, un cas d'espèce car les propriétés des deux phases sont assez voisines ; la phase liquide est plus ordonnée et plus dense que la phase gazeuse, mais c'est surtout à l'échelle locale, quelques distances intermoléculaires, que les différences sont plus marquées lorsque se manifestent des phénomènes d'auto-organisation au sein d'un liquide. Tous les changements d'état ont une « signature thermodynamique » qui permet de les repérer en observant le comportement de grandeurs physiques caractérisant leurs propriétés. Ainsi la fusion d'un solide est-elle associée à une chaleur latente (il faut fournir de la chaleur à la glace pour la faire fondre), il en va de même pour la vaporisation d'un liquide. En thermodynamique cette chaleur latente correspond à une « anomalie » d'une grandeur importante, l'entropie : celle-ci est discontinue lors d'un changement d'état. De même observe-t-on une discontinuité de densité lors de la vaporisation et de la solidification d'un liquide.

Toutefois, la situation est plus complexe que ne le laisse penser cette caractérisation des transitions de phases classiques, comme l'expérience simple réalisée pour la première fois en 1869 par le physicien anglais Andrews permet d'en juger. Celui-ci, étudiant la transition de phase liquide/vapeur du dioxyde de carbone, observa en effet un curieux phénomène. L'échantillon de dioxyde de carbone était contenu dans une ampoule de verre dont il pouvait faire varier la température et la pression, et qu'il plaçait sur le trajet d'un rayon lumineux. Lorsqu'un liquide et sa vapeur sont en équilibre, les deux phases sont normalement séparées par une surface quasiment plane que l'on appelle un « ménisque ». Or, Andrews constata qu'à une certaine température (31,3 °C) et à une certaine pression (73 atmosphères) le ménisque disparaissait brutalement, tandis que l'ampoule devenait opalescente car elle diffusait très fortement la lumière avec laquelle elle était éclairée. Ce phénomène fut baptisé « opalescence critique » et l'on appelle « point critique » la pression et la température auxquelles on l'observe ; il ne put être réellement expliqué que cinquante ans plus tard à l'aide de la physique statistique. En fait, on se trouve en présence d'une transition liquide/gaz singulière : au point critique, les états liquide et gazeux deviennent indiscernables (ce qui n'est pas le cas habituellement), ils ont la même densité et toutes leurs propriétés sont identiques. Une mesure de la chaleur latente montre que celle-ci est nulle, qui plus est la compressibilité du fluide (le liquide ou le gaz) est infiniment grande au point critique : une petite variation de pression qui lui est appliquée provoque une très forte variation de son volume. Toutes proportions gardées, on observe un phénomène analogue sur le fer : en élevant progressivement sa température, on constate que son aimantation va diminuer progressivement et continûment, et s'annuler à une température (726 °C), appelée « température de Curie », qui correspond également à un point critique. On constaterait également que la chaleur latente associée à cette transition magnétique est nulle. En revanche, il n'a pas été possible, jusqu'à nouvel ordre, de mettre en évidence un phénomène analogue lors de la fusion d'un solide ou de la solidification d'un liquide : quelles que soient la température et la pression, ces changements d'état sont associés à une discontinuité de la densité des phases et à une chaleur latente.

On comprend donc qu'il existe au moins deux catégories de transitions de phase caractérisées par des comportements thermodynamiques distincts au voisinage immédiat de la transition. Ce n'est que vers 1930 que l'on a commencé à clarifier ces phénomènes grâce, notamment, aux physiciens hollandais P. Ehrenfest et soviétique L. Landau. Ehrenfest a proposé, le premier, une classification des changements d'état sur une base thermodynamique relativement simple. En première approximation, on qualifie de transitions de phase du premier ordre, les plus fréquentes dans la nature, celles qui sont associées à une chaleur latente et à une discontinuité d'une grandeur thermodynamique telle que la densité. Quant aux changements d'état sans chaleur latente ni discontinuité des grandeurs thermodynamiques, on les qualifie de transitions du deuxième ordre ou critiques. Cette typologie, comme beaucoup d'autres, est très approximative et elle ne rend pas complètement compte de la réalité, en particulier dans des systèmes complexes tels que, par exemple, les mélanges de liquides.

Ce souci de vouloir caractériser et classer les transitions de phase n'est pas purement académique. En effet, l'absence d'une chaleur latente pour un phénomène de transition signifie qu'il suffit d'une énergie infinitésimale pour le provoquer (il faut faire varier légèrement sa température si l'on est déjà au voisinage immédiat de la transition). Ainsi, par exemple, on peut faire perdre rapidement son aimantation à un matériau aimanté lorsque sa température est proche de la température de Curie par une impulsion de chaleur. On conçoit donc que l'on pourra réaliser des éléments de mémoire magnétique pour stocker de l'information que l'on pourra effacer en chauffant localement les éléments à l'aide d'un rayon laser ; la perte de son aimantation par chaque micro-aimant constituant la mémoire équivaut à l'effacement d'un bit d'information (dans un système binaire on passe ainsi du chiffre 1 à 0). Des dispositifs fondés sur ce principe sont utilisés pour le stockage de sons et d'images, en particulier dans les nouveaux DVD. Les transitions de phase du deuxième ordre ont donc, elles aussi, leurs applications technologiques.

Ordre, désordre et symétrie

Les notions complémentaires d'ordre et de désordre permettent de caractériser les états de la matière car on peut faire correspondre à chaque état, ou à chaque phase, un degré d'ordre que l'on peut mettre en évidence, d'ailleurs, à l'aide d'expériences comme la diffraction des rayons X. C'est ainsi que l'on observe un ordre croissant dans la position des atomes lorsqu'on passe du gaz au liquide, puis au solide cristallin et que l'on peut distinguer un verre d'un cristal, celui-ci étant plus ordonné que celui-là. Le concept d'ordre n'est pas purement qualitatif et il est lui-même fondamental en thermodynamique pour décrire l'état d'un système. On lui associe d'ailleurs une fonction thermodynamique, l'entropie. Celle-ci est une mesure de l'ordre d'un système et plus précisément une fonction du nombre d'états microscopiques qu'il est susceptible d'occuper pour une valeur donnée de l'énergie : plus ce nombre est élevé, plus le système est désordonné puisqu'il est susceptible de se trouver dans des états caractérisés, notamment, par des répartitions différentes des positions et des vitesses de ses molécules. L'entropie diminue lorsque l'ordre croît à l'échelle microscopique dans la matière, par exemple lorsqu'on abaisse la température. La troisième loi de la thermodynamique, découverte par W. Nernst à la fin du XIXe siècle, stipule d'ailleurs que l'entropie de tout système en équilibre est nulle au zéro absolu : à cette température extrême, qu'il est d'ailleurs impossible d'atteindre, tout mouvement atomique est figé, on a un ordre parfait. Nous verrons aussi que l'on peut introduire une variable thermodynamique, le paramètre d'ordre, pour décrire spécifiquement le degré d'ordre pour chaque état de la matière, en particulier au voisinage d'une transition de phase. Cependant, comme c'est souvent le cas dans les sciences, les faits vous conduisent à mettre en cause vos propres hypothèses et la généralisation de cette notion d'ordre peut conduire à des erreurs grossières. Ainsi, lorsque Kamerlingh Onnes se lança dans l'étude des propriétés électriques des métaux aux très basses températures (quelques kelvins au-dessus du zéro absolu), en s'intéressant en particulier au mercure, il s'attendait à trouver un phénomène analogue à la solidification d'un liquide, c'est-à-dire un « gel » du mouvement des électrons dans le solide métallique. Ce « gel » aurait dû provoquer une très forte croissance de la résistance électrique, pratiquement jusqu'à une valeur infinie, mais, en fait, il observa le phénomène inverse : l'annulation de cette résistance, au-dessous d'une température critique, provoquée par le passage du mercure dans l'état supraconducteur et que l'on peut expliquer par l'apparition d'un comportement collectif des électrons de conduction. Par analogie, on peut dire que des paires d'électrons se comportent comme les deux patins d'un patineur qui peut se déplacer très vite et pratiquement sans rencontrer de résistance, en s'élançant sur une piste de glace à une température inférieure à 0 °C.

La notion d'ordre est associée en physique à celle de symétrie. Ainsi, du point de vue macroscopique, un gaz en équilibre est isotrope : il a les mêmes propriétés dans toutes les directions si l'on fait abstraction de l'intervention de la pesanteur et, à l'échelle microscopique, il présente un désordre quasi total et il peut donc être considéré comme totalement symétrique. Un cristal, en revanche, qui est un système ordonné avec une périodicité dans la distribution spatiale des atomes, est anisotrope : certaines de ses propriétés ne sont pas identiques dans toutes les directions de l'espace. Un solide cristallin (une variété de glace par exemple) n'est invariant que par un type de symétrie (par rapport à un point, un axe ou un plan) qui appartient à l'un des deux cent trente groupes de symétrie cristalline. Ainsi la maille cubique très simple d'un cristal comme le chlorure de sodium possède six faces équivalentes par symétrie et que l'on peut faire coïncider par rotation autour d'un axe. Si, maintenant, on part du sel fondu, pour réaliser sa cristallisation, initialement on est en présence d'un état liquide isotrope et à l'état final on obtient un solide cristallin avec une symétrie cubique. La symétrie du solide est inférieure à celle du liquide (mais son degré d'ordre est supérieur) : la solidification a provoqué une rupture ou une brisure de symétrie.

On trouve une situation analogue dans un système magnétique, un matériau aimanté comme le fer n'est invariant, du point de vue magnétique, que par rotation autour d'un axe parallèle à la direction de l'aimantation du solide. Si, en élevant la température du matériau, on dépasse sa température de Curie, celui-ci perd son aimantation, il n'a plus d'orientation magnétique privilégiée, il est devenu un système dont les propriétés magnétiques sont isotropes et il ne possède plus d'axe de symétrie privilégié le laissant invariant par rotation. La transition de phase magnétique est donc aussi associée à une brisure de symétrie.

La cristallographie, l'étude des formes et des variétés cristallines, s'est penchée dès la fin du XVIIIe siècle sur le rôle des symétries dans la physique de la matière et l'on doit à Romé de L'Isle le premier traité sur le sujet, publié en 1772, un *Essai de cristallographie ou description des figures géométriques propres à différents corps du règne minéral*. Ce fut Pierre Curie qui, en 1894, publia une étude systématique des symétries des états physiques dans un article sur la « symétrie des phénomènes physiques ». En s'appuyant, notamment, sur l'exemple du phénomène de la piézoélectricité qu'il avait découvert (l'apparition d'une polarisation électrique dans un cristal comme le quartz lorsqu'on lui fait subir une déformation mécanique), il montra que certaines propriétés intrinsèques de phases solides sont liées à leur symétrie. La piézoélectricité est nécessairement associée à un changement d'état caractérisé par une modification de la symétrie du cristal. La découverte de la piézoélectricité devait avoir des retombées importantes puisque, en effet, Pierre Curie mit au point un électromètre capable de détecter des variations de charges électriques infinitésimales, dont la pièce maîtresse était un cristal piézoélectrique, qui lui permit avec Marie Curie de mettre en évidence la radioactivité d'un métal extrait du minerai d'uranium, la pechblende, et de découvrir, en 1898, le radium.

Les concepts de symétrie et de rupture de symétrie occupent une place centrale dans la physique de la matière et dans les lois de la physique, en particulier dans toutes les théories quantiques où interviennent à la fois des symétries spatiales et temporelles, ils sont encore l'objet de nombreux travaux car ils ne sont pas encore totalement compris. Comme on le verra, ces concepts ont permis à L. Landau d'affiner la classification thermodynamique des transitions de phase proposée par P. Ehrenfest.

Les diagrammes de phases : une géographie des états de la matière

Si l'on s'intéresse à une substance moléculaire comme l'eau, ou à un métal comme le mercure, on souhaite avoir une idée *a priori* de l'état dans lequel ils vont se trouver : l'eau sera-t-elle sous forme gazeuse, liquide ou solide ? À l'état solide, à quelle variété cristalline de glace aura-t-on affaire ? On sait bien ainsi qu'à la pression atmosphérique, au-dessous de 0 °C, l'eau n'est stable qu'à l'état solide, et que, au-dessus de 100 °C, sa forme stable correspond à l'état gazeux. La température et la pression sont deux variables thermodynamiques clés qui déterminent la stabilité d'un état de la matière. Les champs magnétique et électrique peuvent aussi avoir une influence importante sur la stabilité d'états caractérisés par leurs propriétés magnétiques ou électriques. La thermodynamique classique permet de représenter de façon simple les états de la matière pour une substance particulière (l'eau par exemple) à l'aide de diagrammes dans un plan où deux axes perpendiculaires représentent la température et la pression, ou d'une surface dans l'espace, lorsqu'on fait varier, par exemple, ces deux grandeurs. On associe à chaque zone du plan, correspondant à une plage de température et de pression, un état de la matière qui sera stable : le liquide, le gaz ou une phase cristalline. Ces zones de stabilité sont délimitées par des courbes, du type de celles représentées sur la figure 1.1, qui séparent les différentes plages de stabilité du gaz, du liquide et du solide. Le long de chacune de ces lignes on observe que deux phases peuvent coexister car elles séparent les régions où chacune d'elles est stable ; lorsqu'on franchit l'une de ces courbes, l'on a un changement d'état, c'est pourquoi on les appelle « courbes de coexistence » ou « d'équilibre des phases », ou encore « lignes de transition de phase ». Ces diagrammes qui visualisent les conditions de stabilité des états de la matière s'appellent des « diagrammes de phases ».

Les diagrammes de phases sont, en quelque sorte, l'équivalent de cartes de géographie où les territoires des États (au sens politique du terme) correspondent à des zones définies par leurs coordonnées géographiques (latitude et longitude) qui sont les homologues de la pression et de la température en thermodynamique des états de la matière. Les territoires des États sont délimités par des lignes géographiques qui sont leurs frontières nationales. Le franchissement de l'une de ces lignes fait passer un voyageur d'un pays à un autre où il constatera la différence entre les paysages, les habitations et les coutumes des habitants. On peut faire le parallèle entre un changement d'état physique (la vaporisation d'un liquide par exemple) et le franchissement d'une frontière : on observe un changement plus ou moins marqué des propriétés de la matière dans le premier cas et des modes de vie dans le second. Avant l'instauration du Marché commun en Europe, le franchissement d'une frontière avait un prix pour les marchandises, l'acquittement d'un droit de douane, qui est l'équivalent de la chaleur latente d'une transition de phase. Aujourd'hui, les traités européens ont supprimé les droits de douane et créé une monnaie unique, l'euro, et les différences entre les États (les modes de consommation et les comportements sociaux de leurs citoyens) se sont fortement atténuées ; on se rapproche, pour le franchissement des frontières entre États, des conditions d'une transition de phase du deuxième ordre où l'on observe une continuité des variables. Il existe aussi des situations frontalières complexes avec des lieux géographiques où convergent trois lignes frontières, c'est le cas dans la région de Bâle où, sur le Rhin, il existe un point où coexistent l'Allemagne, la France et la Suisse. Ce type de lieu géographique a un équivalent en physique des états de la matière, c'est un point triple où l'on observe la coexistence, par exemple, des trois états – liquide, solide et gazeux. La température du point triple de

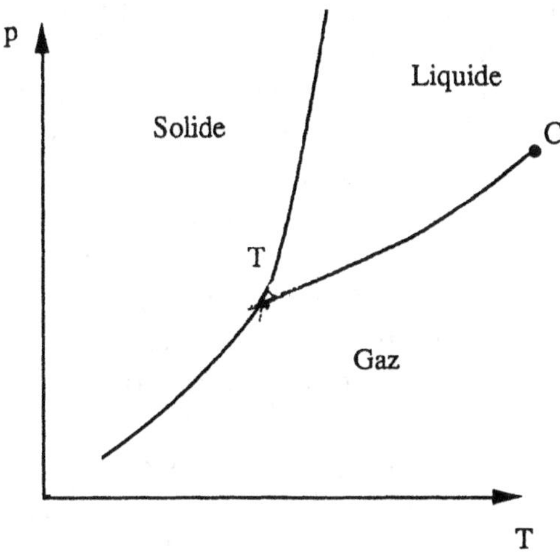

Figure 1.1. Diagramme de phases solide/liquide/gaz

Les courbes en traits pleins délimitent dans le plan pression (p), température (T), les zones de stabilité des états solide, liquide et gazeux d'une substance pure (du dioxyde de carbone par exemple). Le long de ces courbes, les différents états (ou phases) peuvent coexister en équilibre. T est le point triple où trois phases sont en équilibre. C est le point critique liquide-gaz ; en le contournant, on passe continûment du gaz au liquide.

l'eau a été choisie pour définir l'échelle thermodynamique des températures, elle a été fixée à 273,16 kelvins ou K (soit 0,01 °C dans l'échelle Celsius); ce point triple correspond à une pression de 0,006 atmosphère.

On sait déterminer les diagrammes de phases pour les systèmes à un seul constituant (il faut mesurer les températures et pressions des différentes transitions) mais aussi pour des mélanges de substances moléculaires ou d'éléments. Dans ce cas, la situation est beaucoup plus complexe car la température et la pression ne suffisent plus pour décrire les situations physiques, il faut introduire les concentrations de chaque constituant dans le mélange, qui sont ainsi de nouvelles variables. Cette situation est courante en métallurgie où l'on a souvent affaire à des alliages de plusieurs métaux, voire de métaux avec un métalloïde. C'est le cas en particulier de l'acier qui est un alliage fer-carbone que l'on décrit, à pression fixée, à l'aide d'un diagramme de phases représenté sur la figure 1.2 dans un plan avec les variables température et concentration en carbone. On s'aperçoit qu'entre la phase liquide, qui est un mélange homogène de fer et de carbone, on a toute une série de phases solides qui se distinguent par leur maille cristalline et donc leur symétrie. Une caractéristique essentielle du système fer-carbone réside donc dans la variation importante du degré de solubilité du carbone avec la structure cristalline de l'alliage, que l'on appelle aussi « solution solide »; cette solubilité demeure toutefois dans une limite relativement basse dans les aciers (moins de 1,5 % en poids) alors que les alliages comportant plus de 2 % de carbone constituent les fontes dont la fragilité mécanique a précisément pour origine leur teneur plus élevée en carbone. On comprend, avec l'exemple de l'acier, l'importance que revêt la détermination d'un diagramme de phases.

Il existe des lois qui permettent de déterminer les conditions de stabilité des états de la matière à partir des principes de la thermodynamique. C'est la tâche à laquelle s'était attelé, dans la seconde moitié du XIXe siècle, le physicien américain J.W. Gibbs et qui a été poursuivie, depuis lors, à l'aide de l'arsenal moderne de la physique statistique. On lui doit en particulier une règle, dite « règle des phases de Gibbs », qui permet de déterminer par le calcul la variance d'un système, c'est-à-dire le nombre de variables thermodynamiques indépendantes sur lesquelles on peut jouer pour provoquer son évolution. Si le système n'a qu'un seul constituant (l'eau par exemple)

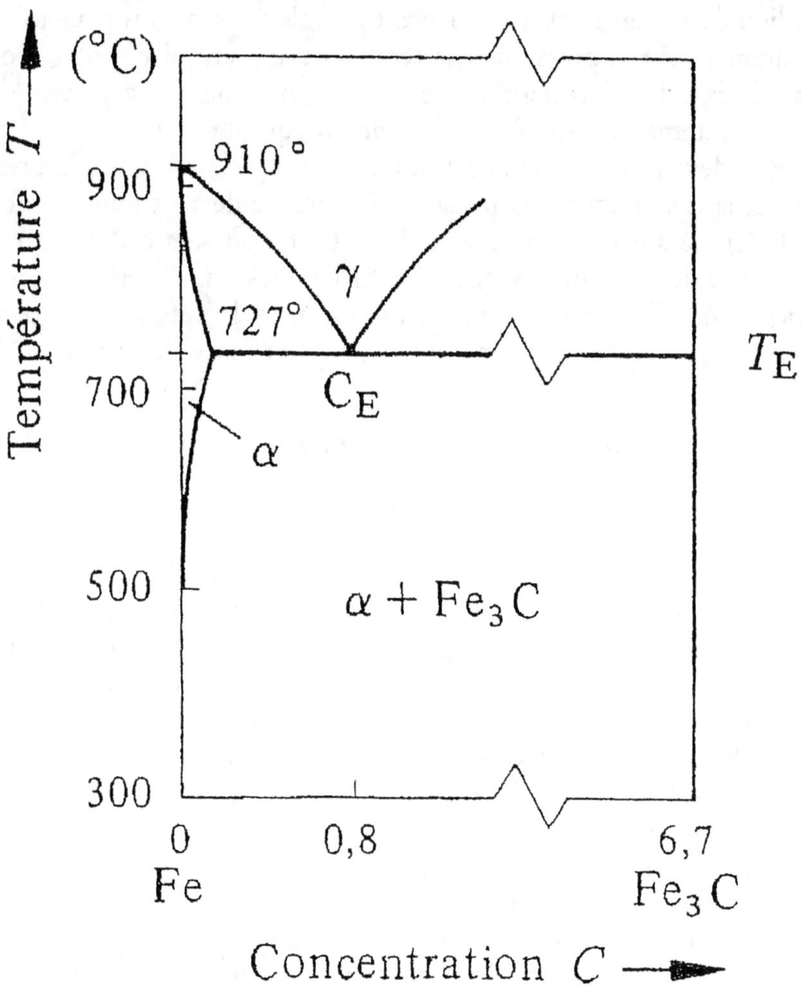

Figure 1.2. Diagramme de phases des aciers

L'acier est un alliage de fer et de carbone, en solution solide, à faible concentration en carbone. On a porté une portion de diagramme dans le plan concentration (en poids), température, qui met en évidence l'existence de phases solides α, γ et le carbure de fer Fe_3C appelé « cémentite ». La phase γ (austénite) est stable jusqu'à la température T_E de 727 °C et jusqu'à une concentration en carbone C_E de 0,8 %.

lorsqu'il se trouve sous la forme d'un seul état ou phase (un solide, un liquide ou un gaz), sa variance est égale à deux : on peut jouer séparément sur la pression et la température pour faire évoluer son état, mais celui-ci restera stable. Si, en revanche, deux phases du même système coexistent (un liquide en équilibre avec sa vapeur), celui-ci devient monovariant. On a donc une relation entre la pression et la température : la pression d'équilibre devient une fonction de la température et, autrement dit, à toute température il n'existe qu'une seule pression à laquelle on trouve les deux phases en présence à l'équilibre. La relation analytique entre la pression et la température est l'équation de la courbe de coexistence des phases.

*L'évolution du concept d'état de la matière :
des quatre éléments à la thermodynamique*

On doit à la science grecque, en particulier à Empédocle au ve siècle avant notre ère, l'idée de structurer le monde matériel en quatre éléments : l'eau, l'air, la terre et le feu. Cette théorie, que l'on trouve dans de nombreux écrits des philosophes grecs, constituait à la fois une première classification des états de la matière et les prémices d'une description atomistique de sa structure. Les Grecs, qui avaient une prédilection particulière pour la description mathématique du monde, attribuaient des formes géométriques spécifiques aux particules des quatre éléments qui permettaient d'expliquer leurs propriétés. Ainsi, selon Platon, les particules élémentaires de l'eau (nous dirions aujourd'hui les « molécules ») étaient-elles des polyèdres à vingt faces, des icosaèdres, leur forme très arrondie, quasi sphérique, expliquait la fluidité de l'état liquide, tandis que celles de la terre étaient des cubes difficiles à réarranger ou à déformer, ce qui contribuait à lui donner une grande résistance mécanique (cf. figure 1.3). Les Grecs, nous l'avons vu, n'avaient pas une notion très précise de la nature et de l'origine des changements d'état puisqu'ils inclinaient à penser, par exemple, que la solidification de l'eau pour former de la glace impliquait une transformation de la nature de cet élément. Les Chinois avaient également introduit ce concept d'élément, mais, le chiffre cinq, jouant un rôle particulier dans les conceptions philosophiques taoïstes, ils avaient pris en compte, quant à eux, un cinquième élément, le bois. Le quatrième élément des Grecs, le feu, était doté de propriétés spéciales, puisqu'il est la source de la chaleur qui joue un rôle essentiel dans la modification des propriétés de la matière et qu'il est à l'origine des changements d'états.

La chaleur est, quant à elle, une grandeur centrale dans la thermo-dynamique mais ce ne fut qu'au début du XVIIe siècle que l'on commença à avoir, pour la première fois, une perception de sa signification physique. Pour Bacon, Descartes, Galilée et Boyle, la chaleur avait pour origine le mouvement de particules atomiques constitutives de la matière : plus l'amplitude de ce mouvement était grande, plus un corps était chaud. Descartes parlait aussi de « particules de feu » associées à la chaleur, une idée qui conduisit, plus tard, les scientifiques sur une fausse piste, la théorie du calorique qui assimilait la chaleur à un fluide matériel. La chaleur et les mouvements particulaires étaient considérés comme la cause de phénomènes tels que la dilatation d'un corps ou un changement d'état comme la fusion, ce qui correspond à la réalité. Cependant, pour ces savants, tout était loin d'être simple. En effet, comment pouvait-on expliquer

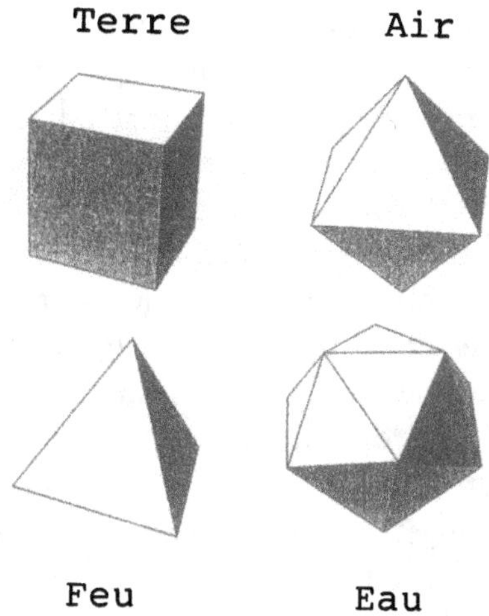

Figure 1.3. Formes géométriques des éléments

Les Grecs attribuaient une forme géométrique spécifique aux particules des quatre éléments constitutifs du monde matériel. Aussi les particules élémentaires de l'eau étaient des ico-saèdres (polyèdres à vingt faces) dont la forme très arrondie expliquait la fluidité. La terre était constituée de particules cubiques difficilement déformables et qui donnaient une grande rigidité mécanique aux solides. L'air était formé d'octaèdres qui lui conféraient sa légèreté.

avec cette conception de la chaleur la force qu'exerce sur les parois d'un récipient une masse d'eau en gelant ? Le physicien anglais Boyle, qui était un disciple de Descartes, suggéra que des particules de « frigorique » pénétraient dans l'eau à l'état liquide, établissant des liaisons entre ses atomes et provoquant sa prise en masse, et donc sa solidification. Toutefois, comme on peut aisément le constater, aucune mesure ne put détecter une augmentation du poids de l'eau lors de la solidification, le frigorique était donc immatériel. Boyle observa aussi qu'une masse importante de glace ne fondait que très lentement (alors que la solidification de l'eau pouvait être très rapide), mais il n'en tira toutefois aucune conclusion qui aurait pu le mettre sur la voie de la découverte de l'existence de la grandeur clé pour ce phénomène, la chaleur latente.

En fait Boyle et ses collègues de l'époque ne disposaient ni de la notion de quantité de chaleur, ni de celle de température, et ils ne pouvaient donc pas imaginer qu'une quantité de chaleur donnée pouvait avoir des effets thermodynamiques très variables d'une substance à l'autre. L'invention du thermomètre à alcool, par le grand-duc Ferdinand II de Toscane en 1641 semble-t-il, donna un moyen opérationnel de mesurer la température d'un corps et de repérer ainsi les conditions thermiques d'un changement d'état, et cette innovation fit faire de grands progrès à la théorie de la chaleur et donc à la compréhension des propriétés des états de la matière et des changements d'état. Mais, en fin de compte, ce fut la technologie des machines à vapeur qui prêta main-forte à la science de la chaleur qui allait devenir, au milieu du XIXe siècle, la thermodynamique. En effet, les scientifiques et les ingénieurs commencèrent à s'intéresser, vers 1750, au fonctionnement des machines à vapeur (appelées alors « machines à feu ») afin de l'améliorer. Ces machines fonctionnent grâce à l'action d'un fluide, la vapeur d'eau, produit dans la chaudière par évaporation et condensée dans un dispositif inventé par James Watt, le condenseur. Ce fut le mérite de Joseph Black, un technicien fabricant d'instruments, de formuler les concepts clés de chaleur latente et de chaleur spécifique. Il avait observé que l'ébullition de l'eau se produisait à température constante alors qu'on lui fournissait de la chaleur. Il appela « chaleur latente » cette quantité de chaleur qu'il faut fournir à l'eau pour provoquer sa vaporisation; celle-ci est donc associée à un changement d'état qui ne produit aucun effet repérable sur le thermomètre : il se produit à température constante. La méthode utilisée par Black pour mesurer les chaleurs latentes était très simple. Il comparait le temps nécessaire pour chauffer une masse d'eau connue à partir d'une certaine température jusqu'à sa température d'ébullition avec celui nécessaire à sa vaporisation complète. Ensuite, par une simple règle de trois, il en déduisait la température qu'aurait pu atteindre l'eau si elle n'avait pas été vaporisée, supposant le flux de chaleur constant. L'excès de température, au-dessus de l'ébullition, lui donnait une mesure de la chaleur latente de vaporisation, soit, dans les unités de l'époque, 960 degrés Fahrenheit.

La découverte du concept de chaleur latente était une étape capitale dans la compréhension des phénomènes de changements d'état. Elle permettait à Black d'expliquer pourquoi la transformation de l'eau en vapeur n'est pas instantanée, heureusement, lorsqu'on est au voisinage immédiat du point d'ébullition, puisqu'il faut lui fournir de la chaleur latente pour la vaporiser, et aussi pourquoi la neige et la glace recouvrant les pentes des montagnes ne fondent pas instantanément au printemps, évitant ainsi de provoquer des inondations dévastatrices. Ultérieurement, à la fin du XVIIIe siècle, les scientifiques établirent un lien entre les changements d'état de l'eau et les phénomènes atmosphériques et météorologiques : la formation de la neige et des glaciers, l'origine des nuages et de la pluie. Le Genevois H.B. de Saussure fit ainsi des Alpes un véritable laboratoire de terrain pour comprendre ces phénomènes opérant à grande échelle, il fut par la même occasion l'un des pionniers de l'alpinisme en effectuant parmi les premiers l'ascension du mont Blanc.

Les intuitions de Descartes sur le rôle de la structure atomique de la matière dans les phénomènes thermiques allaient être à l'origine d'une approche mécanique, ou mécaniste, des changements d'état. Newton émit l'hypothèse que dans le monde microscopique pouvaient opérer les mêmes principes physiques que dans le macrocosme. Les particules constitutives de la matière peuvent ainsi adhérer très fortement les unes aux autres en s'attirant mutuellement grâce à des forces agissant à courte distance ; en deçà d'une certaine limite, ces forces peuvent devenir répulsives, évitant une collision totale des particules. Certains physiciens supposaient même que les atomes étaient dotés de crochets conférant ainsi sa cohésion à la matière. Newton démontra la loi de Boyle et Mariotte pour les gaz qui exprime leur pression en fonction de la température et de leur volume, à partir d'un modèle mécanique simple dans lequel il assimilait les particules à des petits ressorts ; la compression du gaz, lorsqu'on augmentait sa pression, était analogue à celle d'un ressort opposant une résistance à un effort de compression. La contribution de Newton à la physique des changements d'état ne fut pas décisive et il était difficile qu'elle le fût, tant qu'on ne disposait pas d'une conception claire de la structure de la matière d'une part, et des concepts de chaleur et d'énergie d'autre part. Il fallut, pour cela, attendre les contributions de Dalton pour l'atomisme et de Sadi Carnot, J.R Mayer, J. Joule, Lord Kelvin et R. Clausius pour la thermodynamique. Les notions de fonctions thermodynamiques, telles que l'énergie interne et l'entropie, dénommées « fonctions d'état », furent formalisées vers 1850 et des outils mathématiques furent enfin disponibles à la fin du XIXe siècle pour étudier systématiquement les transitions de phase. Ces fonctions donnaient une description macroscopique d'un système et de ses propriétés à l'aide des variables thermodynamiques comme la pression, la température, le volume, etc. On les appelle encore des « potentiels thermodynamiques ».

L'étude systématique des diagrammes de phases, en métallurgie notamment, devint alors possible à partir de la connaissance des potentiels thermodynamiques acquise grâce aux travaux de J.W. Gibbs, aux États-Unis, et de P. Duhem, en France. Ceux-ci démontrèrent, à partir des lois de la thermodynamique, que les états stables de la matière correspondaient soit aux valeurs minima de certains potentiels thermodynamiques (comme l'énergie libre ou l'enthalpie libre, appelée parfois « fonction de Gibbs »), soit à un maximum de l'entropie. Cette règle, dite de « Gibbs-Duhem », est analogue à celle qui permet de déterminer l'équilibre d'un système en mécanique (une chaise par exemple) : on a un équilibre stable lorsque l'énergie est minimale. En étudiant le comportement des fonctions analytiques représentant ces potentiels, on pouvait déterminer les phases qui étaient stables à une température et à une pression données, ainsi que les conditions de changements d'état. La thermodynamique rendait possible, en quelque sorte, une étude mathématique des états de la matière qui est poursuivie aujourd'hui en utilisant les moyens de calcul puissants que nous donne l'informatique.

Une autre approche devait se développer parallèlement à la précédente, en continuité avec la conception microscopique des phénomènes proposée par Descartes et Newton. Les travaux du Hollandais van der Waals sur la théorie des fluides publiés dans sa thèse, en 1873, sur « la continuité des états liquides et gazeux » furent le point de départ de ce renouvellement théorique; ils furent considérés comme révolutionnaires à l'époque. Fondée sur des hypothèses simples sur les interactions moléculaires, la théorie de van der Waals établissait une continuité entre les phases liquide et vapeur et, pour la première fois, elle permettait de prévoir les conditions physiques d'observation d'un changement d'état dans un fluide à partir d'une équation d'état, c'est-à-dire d'une relation entre toutes les variables thermodynamiques caractérisant un état de la matière. L'avènement de la physique statistique à la fin du XIXe siècle allait permettre de jeter un pont entre les deux approches, celle fondée sur les potentiels thermodynamiques et celle de van der Waals. La physique des états de la matière allait, dès lors, être stimulée par les progrès réalisés dans la liquéfaction des gaz, par les travaux sur le magnétisme de Pierre Curie et P. Weiss, ainsi que par les découvertes de la piézoélectricité et de la supraconductivité, ouvrant une époque faste pour la physique dont l'événement majeur fut la révolution apportée par la physique quantique. Le nouveau paradigme de la quantification de l'énergie allait jouer un rôle central dans l'élaboration des théories nécessaires à la compréhension du magnétisme, de la supraconductivité et de la superfluidité comme de nombre de phénomènes de transitions de phase. Des « particules de feu » de Descartes aux quanta d'énergie de Planck, la boucle était bouclée mais, comme toujours, la physique devait réserver encore bien des surprises[1].

À la recherche de modèles universels

La prévision des phénomènes physiques, l'étude du comportement de la matière, de l'évolution d'une réaction chimique ou encore celle de l'action d'une protéine dans un processus biologique

---

1. Max Planck proposa en décembre 1900, quelques jours avant le début du XXe siècle, l'hypothèse des quanta : l'énergie des particules comme les atomes ne peut varier que de façon discontinue, par quanta.

sont quelques-uns des objectifs de la science. Cette préoccupation est au cœur de la physique de la matière : on souhaite prévoir une propriété d'un état de la matière ou un changement d'état. Elle est d'autant plus importante que les transitions de phase jouent un rôle essentiel dans de très nombreuses techniques (par exemple en métallurgie, dans les industries des gaz et l'agro-alimentaire) et dans des phénomènes naturels. S'agissant des fluides (un gaz ou un liquide), on sait depuis longtemps que l'on peut décrire leur état physique à l'aide seulement de deux variables, par exemple la pression et la température. Autrement dit, pour un fluide de masse donnée (exprimée en nombre de molécules grammes, par exemple), si la pression et la température sont connues, son volume l'est aussi. Cela signifie qu'il existe une relation entre ces trois variables qui ne sont donc pas indépendantes. Cette relation, caractéristique d'un fluide, s'appelle une « équation d'état ». Le savant anglais Boyle, adepte de la théorie corpusculaire de la matière, avait supposé, au début du XVIIe siècle, que l'air était constitué de particules élastiques qu'il appelait « air permanent » et, dans cet esprit, il avait réalisé des expériences pour mesurer son élasticité en étudiant la variation de son volume en fonction de la pression. Cela le conduisit à formuler la loi de Boyle (encore appelée « loi de Boyle et Mariotte »), selon laquelle la pression d'un gaz est proportionnelle à sa température, au nombre total de molécules et inversement proportionnelle à son volume[1]. Cette loi, très simple, a une validité extrêmement limitée, elle ne permet de décrire que des « gaz parfaits », à faible densité, à température relativement élevée (supérieure à la température ambiante en général) et dont les molécules sans interaction entre elles ont une forme proche de la sphère (c'est le cas de l'hydrogène et des gaz rares de l'air comme l'hélium et l'argon). Elle a gardé toutefois une vertu pédagogique car elle permet de faire comprendre ce qu'est une équation d'état.

Si la loi de Boyle ne s'applique pratiquement jamais à un fluide car sa validité est limitée aux densités faibles, il n'en demeure pas moins que l'on peut toujours décrire son état physique à l'aide d'une équation d'état qui exprime la pression en fonction de la température et

---

1. C'est la formulation moderne de cette loi écrite sous la forme $pV = nRT$, où p est la pression, V le volume, T la température, n le nombre de moles, ou molécules grammes, du gaz et R une constante dite des « gaz parfaits ».

du volume. Cette fonction peut être représentée par une surface dans un espace à trois dimensions avec trois axes correspondant respectivement à la pression, à la température et au volume, telle que celle de la figure 1.4. On peut d'ailleurs généraliser cette idée et représenter les états de toute substance (l'eau par exemple) par une surface dans cet espace tridimensionnel : à chaque état il correspondra ainsi un point dans l'espace. On s'est vite aperçu, malheureusement, qu'il est impossible de décrire par une équation d'état unique à la fois les trois états de la matière et les transitions de phase associées.

On peut matérialiser la surface associée à l'équation d'état à l'aide d'une maquette en bois ou en carton qui ressemble strictement à ces cartes géographiques en trois dimensions, comme celle de la figure 1.5, qui représente des massifs montagneux et que l'on trouve dans les offices du tourisme des stations de montagne. Il existe d'ailleurs à

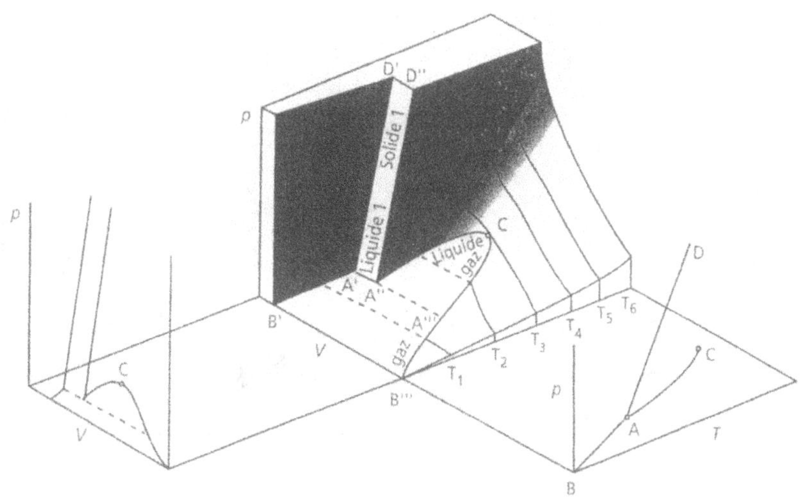

Figure 1.4. Surface représentant l'équation d'état

La surface représente le diagramme des phases d'une substance pure dans l'espace à trois dimensions, pression *(p)*, volume *(v)*, température *(T)*. La surface correspond à l'équation d'état $p = p(v,T)$ décrivant les états de la substance. On a coupé la surface par plusieurs plans correspondant à des températures T_1, T_2... Sur la partie en pente douce en haut à droite on trouve des isothermes (température fixée) correspondant au gaz parfait, puis la courbe de coexistence entre le liquide et le gaz avec son sommet C qui est le point critique. On a projeté cette courbe sur le plan pression-température et l'on retrouve ainsi la figure 1.1. On a des courbes analogues quoique plus compliquées par projection sur le plan pression-volume.

Leyde, dans le laboratoire de physique où travaillèrent van der Waals, Kamerlingh Onnes et d'autres pionniers de la physique des fluides et des très basses températures, une collection de ces modèles d'équation d'état pour différentes substances. La pression est l'équivalent de l'altitude sur la carte tridimensionnelle d'un massif montagneux, la température et le volume sont les homologues de la longitude et de la latitude sur le plan horizontal de la carte. Selon la valeur de la pression, les différentes portions de la surface de l'équation d'état décriront le comportement d'un liquide, d'un gaz ou d'un solide, des arêtes de la surface correspondent à des lignes de coexistence de phases et des points terminaux sur ces lignes à des points critiques, tels que celui obtenu par Andrews pour le gaz carbonique. Si l'on fixe la température, la relation entre la pression et le volume s'appelle une « isotherme ». Pour un corps pur, la pression caractéristique de l'état d'équilibre entre les phases liquide et vapeur s'appelle la « tension de vapeur »; elle croît avec la température. On peut obtenir toutes les isothermes en coupant la surface par des plans verticaux perpendiculaires à l'axe des températures. On

Figure 1.5. Carte à trois dimensions d'une région montagneuse

Les cartes à trois dimensions représentant un massif montagneux sont l'équivalent des surfaces représentant une équation d'état comme celle de la figure 1.4. La pression est l'homologue de l'altitude de la carte de géographie, le volume et la température sont homologues de la longitude et de la latitude. Les lignes représentant les torrents équivalent aux lignes de coexistence de phases correspondant aux portions de surface sur la figure 1.4. En bas des pentes on a souvent confluence de deux torrents, le point de confluence équivalant à un point triple où coexistent trois états de la matière. La source d'un torrent sur une pente est analogue à un point critique, en le contournant on passe sans effort (ou presque) d'une pente à l'autre, et les portions de surfaces correspondantes sont continues comme sur la partie de la surface de la figure 1.4 au-delà du point critique C.

obtiendrait de la même façon des isobares en coupant la surface par des plans « horizontaux » perpendiculaires à l'axe des pressions ; ces isobares sont les homologues des lignes de niveau sur une carte géographique.

Si l'on s'en tient aux fluides, il faut souligner que la détermination d'une équation d'état n'est pas un problème purement académique. En effet, de nombreux fluides sont utilisés dans l'industrie, dans le génie chimique et pétrolier par exemple, ce sont souvent des mélanges complexes de plusieurs substances moléculaires, et les ingénieurs voudraient bien pouvoir prévoir leur comportement et notamment les conditions dans lesquelles on va observer des transitions de phase, comme la vaporisation par exemple. C'est le cas dans un gisement pétrolier où le pétrole que l'on remonte à la surface est un mélange d'hydrocarbures, d'eau et de dioxyde de carbone dont la pression et la température varient tout au long de la colonne du puits de remontée. Il n'est évidemment pas question de réaliser des modèles en bois de ces fluides et l'on a donc mis au point une série d'équations d'état complexes, souvent de façon semi-empirique, qui permettent de décrire de manière à peu près satisfaisante le comportement de nombreux fluides relativement homologues.

Le concept d'équation d'état est en principe généralisable à tous les systèmes (fluides, solides magnétiques et supraconducteurs, etc.) et il doit permettre de rendre compte de leur comportement et, en particulier, de prévoir l'état dans lequel ils se trouvent. Ainsi, pour un système magnétique, on doit pouvoir déterminer son aimantation, connaissant la température et le champ magnétique extérieur qui lui est éventuellement appliqué. Cependant, on sait bien qu'un fluide ou qu'un solide comme la glace et qu'un matériau magnétique ont des propriétés spécifiques, et l'on conçoit donc qu'il est impossible de trouver un modèle théorique et donc une équation d'état uniques qui vont pouvoir rendre compte à la fois d'une transition magnétique, de la solidification et de la vaporisation. Toutefois, on a constaté, dans les années 1960, qu'au voisinage des points singuliers que sont les points critiques (le point critique liquide/gaz d'un fluide, le point de Curie de la transition magnétique, le point correspondant à une transition supraconductrice, etc.), les comportements des états de la matière sont très proches et caractérisés par des lois empiriques souvent identiques. N'observe-t-on pas là un comportement « universel » de la matière, indépendant de sa structure, des forces microscopiques mises en jeu, et donc de la nature des phénomènes en cause ? Cette question a beaucoup agité les physiciens qui ont fini par répondre par l'affirmative grâce à la théorie proposée par le physicien américain K.G. Wilson dans les années 1970. On conçoit la singularité de ce nouveau concept de « l'universalité » des changements d'état critiques puisqu'un système magnétique, un fluide ou un supraconducteur auraient, dans certaines conditions, des comportements analogues. Il mérite que l'on y revienne dans la suite de notre livre.

Il est très facile de comprendre les raisons des limitations draconiennes de la validité d'une équation d'état comme celle de Boyle et Mariotte. Celle-ci ne s'applique qu'aux gaz parfaits, c'est-à-dire à des systèmes où les molécules se déplacent librement sans interactions avec leurs voisines, une condition qui est évidemment peu réaliste. Après bien des tâtonnements, van der Waals proposa, en 1881, une équation d'état tenant compte de ces interactions. On peut expliquer simplement son mode de raisonnement. Celui-ci apportait deux modifications à l'équation des gaz parfaits. Il tenait compte d'abord du fait que le volume disponible pour chaque molécule du fluide doit être diminué du volume qu'occupent déjà toutes les autres molécules. C'est un argument de bon sens et van der Waals montra qu'il fallait retrancher ainsi une constante égale à quatre fois le volume d'une molécule individuelle. La seconde modification était plus complexe, elle prenait en compte l'attraction à longue portée des molécules. Van der Waals fit le raisonnement suivant : les forces d'attraction entre les molécules d'un liquide contenu dans un récipient se compensent et s'annulent pour celles d'entre elles qui sont situées au sein même du volume, en revanche les molécules qui sont situées à la surface libre du liquide ne sont soumises qu'à des forces de la part de celles qui se trouvent en dessous de cette surface. Ces forces non compensées ont une résultante dirigée vers l'intérieur du liquide, et van der Waals a pu montrer, par un calcul simple, que celle-ci donne une contribution supplémentaire à la pression qui est inversement proportionnelle au carré du volume. Le produit de ces deux termes, le volume et la pression modifiés, reste proportionnel à la température et est donc une constante, comme dans la loi de Boyle[1], si celle-ci est fixée. Du point de vue mathématique, l'équation de van der Waals est une fonction du troisième degré de la variable volume, elle permet de prévoir, avec une algèbre simple, les température, volume et pression pour lesquels on obtient une transition liquide/gaz.

En première approximation, les prévisions que l'on peut faire à l'aide d'une telle équation sont vérifiées par l'expérience, toutefois sa validité reste limitée et l'on constate en particulier que la description qu'elle donne des états liquide et gazeux au voisinage d'un point critique s'écartent assez fortement de la réalité expérimentale. Depuis lors, plusieurs variantes de l'équation de van der Waals ont été proposées à partir de considérations semi-empiriques. Alors que celle-ci a une forme relativement simple et ne dépend que de deux paramètres, ses variantes ont une forme mathématique plus complexe, fonction de cinq paramètres qui tiennent compte, notamment, de la forme des molécules. Les plus récentes d'entre elles permettent de résoudre de façon satisfaisante les problèmes qui se posent avec les fluides complexes du génie chimique et pétrolier, et dans l'industrie des gaz, en particulier de prévoir la transition liquide/gaz.

Quoi qu'il en soit, le modèle utilisé par van der Waals a le grand mérite de fournir une méthode générale pour aborder bon nombre de problèmes qui se posent dans la physique des états de la matière et en particulier pour prévoir les phénomènes de changement d'état. Elle est fondée sur une approche microscopique, déjà tentée par Newton, avec un modèle mécanique où l'on décrit les interactions binaires entre les molécules d'une substance à l'aide de fonctions que l'on appelle des « potentiels intermoléculaires » (ou « interatomiques » s'il s'agit d'atomes). Ces potentiels représentent en fait l'énergie microscopique d'interaction entre les particules, ce sont des fonctions de leur distance qui croissent lorsque les distances intermoléculaires diminuent. Ils ont, en général, une partie attractive qui contribue à assurer la cohésion de la matière, mais aussi une partie répulsive dont la contribution n'est significative qu'aux très faibles distances (de l'ordre de la fraction de nanomètre[2]). Celle-ci

---

1. L'équation de van der Waals s'écrit pour une molécule gramme : $(p + aN^2/V^2)\,(V\text{-}Nb) = RT$. p, V, T sont la pression, le volume et la température du gaz, N est le nombre d'Avogadro, a est une force d'interaction attractive et b est de l'ordre de grandeur du volume des molécules individuelles. Elle ne dépend donc que des deux paramètres a et b.

2. Le nanomètre est une unité de longueur qui est le millième de micron, soit 10^{-9} m. À ces

s'oppose à ce que des molécules entrant en contact se déforment. Ces potentiels sont d'origine électrostatique, ils résultent des interactions entre les nuages électroniques qui entourent les molécules et les atomes. En effet, les charges électriques portées par les électrons d'un atome se déplacent et, à un instant donné, leur répartition spatiale autour du noyau atomique n'est plus symétrique (cette symétrie existe en moyenne dans le temps); cette distribution dissymétrique instantanée des charges est à l'origine de la formation dans deux atomes voisins de dipôles électriques qui s'attirent et qui contribuent ainsi à l'énergie d'interaction interatomique.

C'est la forme de ces potentiels et leur amplitude qui vont déterminer l'état dans lequel on va trouver une substance moléculaire à température et pression fixées : un liquide, un gaz, un solide avec telle ou telle symétrie cristalline. Le choix de ces potentiels est dicté à la fois par des considérations théoriques et empiriques, mais aussi par le souci de trouver une forme simple qui se prête au calcul. La situation est plus singulière dans les métaux où ce sont les électrons des couches périphériques des atomes qui, en se déplaçant, vont donner sa cohésion au solide métallique, jouant, en quelque sorte, le rôle d'une colle entre les atomes. Cette « colle », d'origine électronique, est particulièrement forte dans certains métaux dits « de transition », tels que le tungstène et le tantale, puisque leur température de fusion est supérieure à 3 000 °C.

La connaissance d'un potentiel intermoléculaire ne suffit pas pour résoudre tous les problèmes, il faut en effet avoir les moyens de déterminer la répartition spatiale des molécules, voire des électrons de conduction, au sein de la matière. C'est là que l'apport des techniques de la physique statistique est décisif. Celles-ci permettent, à l'aide de méthodes dérivées du calcul des probabilités, de déterminer les grandeurs caractéristiques des propriétés d'un système comme, par exemple, son énergie interne, son entropie et sa pression. Pour ce faire, il faut se donner une fonction de distribution qui est la probabilité de trouver d'autres molécules au voisinage d'une molécule donnée, dans un petit élément de volume; celle-ci dépend de la position et de la vitesse des particules. Ces méthodes statistiques qui ont

---

échelles, on utilise aussi l'angström qui est le dixième du nanomètre; la taille des atomes est de l'ordre de l'angström.

été portées sur les fonts baptismaux à la fin du XIXᵉ siècle par des physiciens tels que J.W. Gibbs et L. Boltzmann, puis adaptées à la physique quantique, sont aujourd'hui bien rodées pour les fluides et, moyennant quelques approximations, elles permettent d'obtenir des résultats relativement satisfaisants. Toutefois, lorsqu'on s'intéresse, par exemple, à la transition de solidification, on est obligé de constater que les modèles théoriques ne permettent pas de prévoir la solidification dans certaines formes cristallines, ce qui constitue une limitation très sérieuse de ces méthodes statistiques.

Toutes proportions gardées, les méthodes à la van der Waals sont également transposables à de nombreuses situations physiques. Ainsi, sachant que ce sont les interactions entre certains électrons qui sont à l'origine des états magnétique et supraconducteur dans les solides, on introduit des formes spécifiques pour les énergies d'interaction électronique qui permettent de décrire le comportement des électrons et les propriétés spécifiques de ces états.

Avant d'aller plus loin dans la description des états de la matière que nous aborderons dans les autres chapitres de ce livre, il n'est pas inutile de procéder à une mise en garde. Supposons que nous connaissions toutes les lois fondamentales de la physique et de la chimie, et que nous sachions identifier toutes les particules constitutives d'un matériau, serions-nous pour autant capables d'expliquer tous les phénomènes physiques et de décrire tous les états de la matière avec leurs propriétés en partant de cette connaissance du microscopique ? Cela est totalement utopique. En effet, les phénomènes que l'on doit envisager impliquent un nombre infiniment grand de particules (de l'ordre du nombre d'Avogadro, soit environ six cent mille milliards de milliards de particules ou 6.10^{23}), et, dans ces conditions, il est hors de question de tenter de résoudre les équations de la physique pour un si grand nombre de particules dont on ne peut déterminer le mouvement individuel. Autrement dit, on ne se trouve pas dans la situation de l'astronomie où l'on peut déterminer avec précision les orbites des planètes et de leurs satellites, lorsqu'ils existent, à l'aide des équations de la mécanique. Ce qui est en fait utile, c'est la connaissance d'observables macroscopiques, comme la densité d'un matériau, son aimantation et sa susceptibilité magnétique (c'est-à-dire sa capacité à réagir à un champ magnétique), que l'on peut calculer à l'aide des méthodes de la thermodynamique statistique. Toutefois, les ordinateurs les plus récents ont prêté main-forte aux physiciens car leurs capacités de calcul permettent de simuler le comportement de la matière, en résolvant les équations du mouvement auxquelles obéit un nombre limité de particules (quelques milliers par exemple) soumises à un champ de force qui représente les forces intermoléculaires ou interatomiques. On en déduit les grandeurs thermodynamiques associées, en particulier l'énergie interne ou la fonction de Gibbs et, en appliquant les règles habituelles de stabilité des équilibres, les éventuelles transitions de phase. Il existe une autre méthode de nature probabiliste. Elle consiste à réaliser, par tirage au sort, un très grand nombre de configurations représentant un état d'énergie possible des particules du système (on en prend, par exemple, un nombre de l'ordre du million). La valeur moyenne de toute propriété associée au système est calculée sur toutes les configurations réalisables par ce tirage au sort. D'où le nom de « méthode de Monte-Carlo », emprunté à l'univers des casinos, donné à cette technique qui donne des résultats satisfaisants dans la prévision, par exemple, de la solidification d'un liquide.

L'apport essentiel des techniques expérimentales

Il s'est écoulé près de trois siècles entre la mise au point des premiers thermomètres à alcool et à mercure, à la fin du XVIIe siècle, et celle des accélérateurs de particules émettant des rayons X (appelés « machines pour le rayonnement synchrotron ») et qui permettent de déterminer la structure d'états de la matière. On peut sans doute affirmer que les grandes étapes qui ont été franchies dans la compréhension des propriétés des états de la matière, avec leur lot de découvertes de nouvelles phases, ont coïncidé avec la mise en œuvre de techniques expérimentales nouvelles. Le thermomètre a permis de déterminer les conditions thermiques d'observation des transitions de phase et d'aboutir au concept clé de chaleur latente. Plus près de nous, au début du XXe siècle, les chercheurs ont commencé à disposer d'un outil d'investigation puissant avec les premiers tubes à rayons X pour étudier des structures et leur évolution. Les recherches sur les alliages métalliques ont ainsi apporté une contribution importante à la physique des transitions de phase et, en 1934, L. Bragg et J. Williams par leurs travaux sur la diffraction des rayons X ont introduit le concept d'ordre à grande distance dans la matière caractéristique de l'état cristallin : les premières images de diffraction ont mis en évidence l'alignement périodique des atomes dans le cristal, révélant un ordre quasi parfait (il peut y avoir des défauts dans la structure). Dans la seconde moitié du XXe siècle, les méthodes expérimentales d'étude de la matière condensée se sont de nouveaux enrichies : la thermométrie de précision devient possible grâce aux progrès de l'électronique, la diffusion des neutrons, puis ultérieurement celle de la lumière en utilisant les lasers, la résonance magnétique nucléaire permettent d'étudier systématiquement la dynamique des phénomènes de transitions de phase dans tous les matériaux solides et liquides[1]. Parallèlement, les progrès techniques enregistrés dans le domaine des traitements thermiques, grâce en particulier à l'utilisation de lasers de puissance, permettent d'obtenir de nouveaux états comme des verres métalliques magnétiques et des céramiques avec des microstructures cristallines de dimensions de plus en plus petites. Les possibilités ouvertes par l'utilisation de matériaux nouveaux comme les polymères, les alliages métalliques amorphes ou à mémoire de forme sont un stimulant pour la recherche sur les états de la matière. On passe progressivement d'une matière à l'état solide dotée de microstructures dont la dimension est de l'ordre du micron à des nanomatériaux avec des structures à l'échelle nanométrique. À ces échelles, auxquelles on commence à travailler aujourd'hui, on observe des comportements nouveaux de la matière.

On peut aussi manipuler des biomolécules comme des brins d'ADN dont on sait qu'ils ont la forme d'une double hélice. Un état de la matière n'est plus exclusivement conçu aujourd'hui comme un ensemble de propriétés macroscopiques d'un système constitué d'un grand nombre de molécules. C'est aussi une architecture moléculaire plus ou moins complexe caractérisée par sa conformation, c'est-à-dire par le type d'agencement des unités moléculaires qui la consti-

---

1. La lumière et les neutrons sont diffusés par les molécules d'un matériau, un liquide par exemple, (il doit être transparent à la lumière). L'intensité diffusée dépend des fluctuations locales de la densité et sa variation permet d'identifier une transition de phase. C'est l'explication du phénomène d'opalescence critique découvert par Andrews en 1869.

tuent. La conformation hélicoïdale d'une portion d'ADN est ainsi un état de la matière qui peut subir une transition de phase détruisant la forme en double hélice de la molécule qui se met en pelote, c'est la transition hélice/pelote. Les nouvelles techniques de microscopie à effet tunnel et à force atomique permettent de manipuler ces états de la matière, ouvrant ainsi la porte à de nouveaux états de la matière et avec eux à l'univers des nanotechnologies.

CHAPITRE **2**

Les changements d'état : des phénomènes clés
ou le coup d'État permanent

Un réacteur dans tous ses états

Lorsque l'opérateur de service à la centrale nucléaire de Three Mile Island, en Pennsylvanie (États-Unis), eut constaté au petit matin, le 28 mars 1979, que les générateurs de vapeur du deuxième réacteur de la centrale avaient perdu leur alimentation normale en eau leur permettant de fournir de la vapeur aux turbines, il enclencha, par une série de malencontreuses manœuvres, une chaîne d'incidents techniques qui conduisirent à la mise hors service de la centrale, provoquant ainsi le premier accident grave dans l'histoire du nucléaire civil. Il fut ainsi incapable de mettre en fonctionnement une alimentation en eau de secours, ce qui provoqua l'assèchement des générateurs de vapeur et empêcha le bon refroidissement du cœur du réacteur. Parallèlement, la fermeture incomplète d'une vanne de décharge du circuit primaire du réacteur, assurant l'évacuation de la chaleur dégagée par la fission du combustible nucléaire par circulation d'eau à haute pression et à haute température, provoqua une fuite d'eau radioactive dans l'enceinte du réacteur. Cette fuite fut aggravée par un arrêt intempestif par l'opérateur des pompes alimentant en eau le circuit primaire (sans doute par crainte d'une cavitation qui vaporise partiellement l'eau dans les pompes et les endommage); un arrêt qui fut la cause d'un échauffement sérieux d'une partie des crayons d'oxyde d'uranium dans le cœur du réacteur qui se rompirent et fondirent partiellement. La malchance, guidée par la main de la chimie, s'acharnant sur la centrale, cet échauffement déclencha une réaction chimique entre l'eau, sans doute vaporisée, et les gaines métalliques en zircalloy du combustible nucléaire, partiellement fondu, qui produisit un dégagement d'hydrogène responsable de la formation d'une bulle de gaz, potentiellement explosive, dans la partie supérieure du réacteur. Ce n'est qu'en fin de journée que les opérateurs de la centrale parvinrent à maîtriser la situation ! On avait frisé une catastrophe, mais bien que la centrale fût quasiment hors d'état de fonctionner, l'accident fut limité et sans conséquences pour l'environnement. En quelques heures, on avait pu faire passer une centrale nucléaire dans tous les états physiques, le liquide, le solide et le gaz, en faisant subir à plusieurs de ses composants majeurs des changements d'état incontrôlés. Cet accident fut analysé et l'enchaînement des manœuvres à l'origine des phénomènes observés fut disséqué par une commission d'enquête. En France, après des déclarations rituellement rassurantes du ministre de l'Industrie de l'époque, André Giraud, sur la fiabilité des centrales nucléaires françaises, le Cea et Edf tirèrent des leçons de cet accident et s'intéressèrent davantage, en particulier, aux conditions d'un possible changement d'état de l'eau à haute pression circulant dans un réacteur électro-nucléaire.

L'accident nucléaire qui survint quelques années plus tard à Tchernobyl fut, lui, une véritable catastrophe écologique qui fit de très nombreuses victimes. Le réacteur était d'un type différent et l'impéritie des opérateurs de la centrale, jointe à leur irresponsabilité, provoqua la fusion, sans doute quasi totale, de l'uranium de son cœur.

La thermodynamique des états de la matière permet de déterminer, en principe, les conditions physiques qui sont à l'origine d'un changement d'état tant dans les situations rencontrées dans la vie quotidienne que dans celles, plus complexes, de systèmes techniques tels que des réacteurs nucléaires. Les malheurs de la centrale nucléaire de Three Mile Island, tout comme le phénomène banal de la fusion d'un glaçon dans un verre d'eau, mettent bien en évidence le fait qu'un état de la matière n'est stable, et donc observable, que dans des conditions physiques bien déterminées. Tout écart par rapport à ces conditions peut provoquer une rupture de la stabilité et l'apparition d'un nouvel état, ou d'une nouvelle phase. Les états métastables sont des exceptions notables à cette règle : un état se maintient au-delà de ses conditions d'équilibre normales. C'est la situation que l'on observe, par exemple, avec le phénomène de sur-chauffe lorsqu'un système reste à l'état liquide dans des conditions thermiques où il devrait être vaporisé et qui cesse dès que le système subit une perturbation. C'est ce phénomène qui a pu se produire à Three Mile Island. La stabilité d'un état correspond à une situation d'équilibre thermodynamique que l'on peut caractériser à l'aide d'une règle simple comme celle de Gibbs et Duhem qui stipule qu'un équilibre stable coïncide nécessairement avec le minimum de certains potentiels thermodynamiques.

Le changement d'état est bien le phénomène clé de la physique des états de la matière. Associé à une rupture de l'équilibre et souvent à une brisure de symétrie, il est le point de passage obligé pour obtenir un nouvel état et le paradigme qui permet de comprendre ses propriétés.

Les transitions de phase : une géographie complexe

La vaporisation d'un liquide et la fusion d'un solide sont des exemples classiques de changements d'état, mais il existe quantité de situations physiques où se manifestent de tels phénomènes avec l'apparition d'une phase nouvelle. La transition entre l'état para-magnétique (c'est-à-dire non aimanté) du fer et son état ferromagné-tique associé à une aimantation permanente, l'apparition de l'état supraconducteur dans des métaux purs ou des composés métal-liques, les changements de structure cristalline dans un acier lorsqu'on refroidit le métal par une opération de trempe sont autant d'exemples de transitions de phase. On doit les décrire à l'aide de paramètres physiques pertinents : la température, la pression, le volume, l'aimantation et le champ magnétique, etc. Par définition, il y a autant de phénomènes de transitions de phase qu'il y a de couples de phases dont on peut observer la coexistence. Ainsi, la transition entre l'état solide et l'état gazeux correspond-elle à la sublimation que l'on observe dans l'eau au-dessous de son point triple où, à la température de 0,01 °C, coexistent en équilibre le gaz, le liquide et le solide.

À une géographie des états avec leurs spécificités physiques on associera une typologie des transitions de phase avec leurs caractéristiques. Chaque état de la matière est décrit par un ensemble de variables physiques (sa pression, sa température, son volume, son aimantation et sa conductivité électrique, etc.) et c'est en modifiant par une action externe certaines d'entre elles que l'on peut provoquer une transition de phase. Ces variables ont, en thermodynamique, des caractéristiques différentes : certaines d'entre elles, appelées « intensives », telles que la pression ou la température, sont indépendantes de la dimension du système (par exemple le nombre de molécules); les autres, dites « extensives », dépendent, elles, de la taille du système (c'est le cas du volume et de l'aimantation). On peut modifier les variables intensives qui caractérisent, par exemple, les conditions dans lesquelles se trouve un matériau par une action extérieure et provoquer un changement d'état. Ainsi, on fera fondre un solide en élevant sa température par chauffage. On constate alors qu'une transition de phase est caractérisée, en général, par une discontinuité de variables extensives. Ainsi, par exemple, observe-t-on une discontinuité de densité[1] lors de la vaporisation d'un liquide et de sa solidification; la densité d'un liquide est, dans la quasi-totalité des cas, inférieure à celle du solide, l'eau étant l'exception la plus notable. L'observation d'une chaleur latente lors d'une transition de phase est, en quelque sorte, la signature d'un changement d'état; elle est associée à la discontinuité d'une fonction thermodynamique, l'entropie. En mettant en évidence ce phénomène, J. Black avait pu caractériser les changements d'état et comprendre son rôle dans le comportement de l'eau utilisée dans une machine à vapeur. Cette chaleur latente peut être positive ou négative : il faut fournir de la chaleur à un solide pour le faire fondre alors que la solidification d'un liquide dégage de la chaleur. De façon équivalente, on peut dire que l'état liquide obtenu par la fusion d'un solide a une entropie plus élevée que ce dernier : la fusion provoque une augmentation d'entropie du système. J. Black avait constaté que l'ébullition de l'eau à la pression atmosphérique n'est pas instantanée à 100 °C (on utilisait à l'époque l'échelle Fahrenheit pour les températures) car on observe une coexistence à cette température du liquide et de sa

---

1. La densité volumique d'une substance est sa masse par unité de volume; elle est, par définition, égale à 1g/cm^3 dans le cas de l'eau à la température de 4 °C, correspondant à son maximum.

vapeur. De même l'observation de l'état de la neige et de la glace sur les pentes des montagnes montre-t-elle que la glace et l'eau liquide peuvent coexister au voisinage de 0 °C, un phénomène qui n'a été compris que grâce aux travaux de Black. Autrement dit, un changement d'état suppose une période de coexistence de deux phases dans un état d'équilibre. Les transitions de phase très rapides, comme la trempe d'un acier et la vitrification d'un liquide, sont des exceptions notables à cette règle.

Bien entendu les physiciens, tout comme de très nombreux techniciens (des métallurgistes aux opérateurs de centrales nucléaires), souhaitent pouvoir prévoir des changements d'état en disposant de la cartographie des zones de stabilité et des transitions de phase ; c'est le rôle, nous l'avons vu, des diagrammes de phases. Ces diagrammes sont l'équivalent de cartes géographiques dans un espace à deux dimensions et ils sont constitués par l'ensemble des courbes de transition associées à une substance pure ou à un mélange. Pour les tracer, il faut choisir un couple de variables thermodynamiques qui permettent de décrire l'état du système et sur lesquelles on peut agir. Le choix le plus fréquent et le plus commode est celui du couple pression/température, mais on peut prendre aussi les couples température/concentration dans le cas des alliages, et température/champ magnétique dans le cas des solides magnétiques, etc. Dans le cas des corps purs, ces diagrammes sont la projection sur un plan (correspondant par exemple aux « coordonnées » thermodynamiques pression et température) des lignes de coexistence des phases que l'on trouve sur la surface à trois dimensions qui représente leur équation d'état. On a ainsi sur un diagramme de phases la courbe de solidification ou de fusion qui représente la coexistence des états solide et liquide, celle de vaporisation ou de liquéfaction correspondant à l'équilibre liquide/vapeur, et enfin la courbe de sublimation le long de laquelle le solide et le gaz sont en équilibre. Ces courbes délimitent les « territoires » de stabilité propres à chaque phase. Le franchissement de chacune d'elles provoque une transition de phase. Il existe des points singuliers sur chacune de ces courbes. L'un d'eux est le point triple où coexistent, par exemple, les états solide, liquide et gazeux (cf. figure 1.1).

On peut déterminer les diagrammes de phases soit de manière empirique, soit par le calcul en utilisant les principes thermodynamiques, comme la règle de Gibbs et Duhem qui détermine les conditions de stabilité d'un état. Celle-ci se traduit simplement de la façon suivante : si un corps pur existe, par exemple sous la forme de deux états A et B, l'état stable dans des conditions physiques données (de température et de pression en particulier) est celui qui a le plus petit potentiel thermodynamique. On peut choisir ainsi de décrire le système à l'aide d'un potentiel thermodynamique dénommé « enthalpie libre » ou « fonction de Gibbs », c'est une fonction de la température et la pression, puis, comparant sa valeur pour les états A et B, celle qui est la plus basse correspond à l'état stable. La détermination de la forme mathématique des potentiels thermodynamiques est le point de passage obligé des études de stabilité. On peut y parvenir soit en faisant des hypothèses simples sur la nature des énergies d'interaction entre particules, soit par un calcul avec les méthodes de la physique statistique ; cette étape franchie, on peut alors écrire les conditions de stabilité du système, prévoir les plages d'existence des phases stables et calculer la ligne de transition entre deux phases. Son équation mathématique traduit la coexistence de ces deux phases, on la déduit en écrivant tout simplement l'égalité de leurs potentiels thermodynamiques. Un calcul complet des potentiels par une approche microscopique, en tenant compte de toutes les forces d'interaction entre les molécules du système, n'est possible qu'au prix d'approximations simplificatrices, ou bien en utilisant des méthodes de simulation à l'aide des ordinateurs. Dans ce cas, on ne prend en compte, pour les calculs, que quelques milliers d'atomes ou de molécules, et l'on résout les équations de la mécanique classique qui gouvernent leurs mouvements ; on calcule à chaque instant leur position et leur vitesse, et on en déduit des fonctions thermodynamiques comme l'énergie interne, l'entropie, l'enthalpie libre de Gibbs, etc.

On peut de nouveau utiliser une analogie cartographique en représentant chaque potentiel thermodynamique qui est une fonction de deux, trois... n variables thermodynamiques par une surface dans un espace à trois, quatre... $n + 1$ dimensions. Si l'on se limite à deux variables, comme la pression et la température, on décrira ainsi chaque fonction par une surface dans un espace à trois dimensions équivalant à une carte géographique tridimensionnelle comme celle de la figure 1.5. On a alors une similarité entre une ligne de transition de phase et une ligne de pente sur les flancs d'une montagne tracée par le lit d'un torrent, son franchissement requiert une dépense d'énergie qui est l'équivalent de la chaleur latente de la transition. Un point triple est l'analogue du point de confluence de deux torrents.

La situation est évidemment bien plus complexe pour les systèmes à plusieurs constituants, comme les alliages métalliques et les mélanges de liquides. L'un des diagrammes classiques est celui du mélange réfrigérant eau/chlorure de sodium. On part d'une solution concentrée de sel dans l'eau que l'on refroidit. Outre les phases cristallines habituelles du sel et de la glace, l'eau et le sel peuvent former un solide appelé « dihydrate » et il existe un point particulier du diagramme où quatre phases sont en équilibre : la solution liquide, la glace, le dihydrate et le mélange de glace et de dihydrate encore appelé « solution solide ». Ce point, dit « eutectique », correspond au mélange eutectique observé à une température de -21 °C et pour une concentration de 29 % en sel. Si la température est supérieure à -21 °C, le mélange n'est pas en équilibre et la glace fond. C'est le phénomène qui se produit lorsqu'on procède au salage des routes enneigées l'hiver : on constitue un mélange réfrigérant en répandant du sel sur la neige, lorsque la température n'est pas trop basse (c'est à dire supérieure à -21 °C), on est au-dessus du point eutectique et le mélange fond car il n'est pas stable.

Revenons un instant au cas simple de la courbe de vaporisation représentant la transition entre un liquide et un gaz. On s'aperçoit sur un diagramme de phases (par exemple celui de la figure 1.1) que celle-ci a un point terminal : c'est le point qui avait été mis en évidence par Andrews alors qu'il avait réalisé, à la fin du XIXe siècle, les premières expériences de diffusion de la lumière sur le dioxyde de carbone. On constate qu'en ce point singulier, baptisé « point critique », la densité du gaz et celle du liquide sont identiques, on ne peut d'ailleurs plus distinguer les deux états, et on observe aussi que la chaleur latente est nulle : il n'est pas nécessaire de fournir de l'énergie au système pour provoquer sa transition, les états gazeux et liquide ne font plus qu'un. Dans les transitions magnétiques, ce point critique correspond au point de Curie, c'est-à-dire à la température à laquelle l'aimantation d'un matériau magnétique s'annule rigoureusement. En revanche, on ne trouve aucun point critique ni sur la courbe de solidification, ni sur la courbe de sublimation. On comprend bien que les points critiques ont une très forte singularité puisque ce sont des « lieux » (définis par leurs coordonnées thermodynamiques) où l'on observe une stricte continuité entre deux états de la matière, il suffit d'une fluctuation infinitésimale de pression, de température ou de champ magnétique pour que le système bascule d'un état à l'autre. Reprenant notre image cartographique, l'analogue d'un point critique sur une carte tridimensionnelle serait la source d'un torrent sur les flancs d'une montagne, en contournant la source on passe d'une pente à l'autre sans effort et sans risque.

Rappelons que l'existence d'une chaleur latente et de discontinuités de variables thermodynamiques est un facteur discriminant qui permet de classer les phénomènes de transitions de phase comme l'a proposé P. Ehrenfest : les transitions avec chaleur latente sont appelées « transitions du premier ordre », celles avec un point critique sont qualifiées de « transitions du deuxième ordre ». Cette classification n'implique aucune hiérarchie entre les transitions, elle est fondée sur les caractéristiques mathématiques des fonctions représentant les potentiels thermodynamiques. Le physicien soviétique L. Landau a exprimé les choses d'une autre façon en faisant intervenir les questions de symétrie qui jouent un grand rôle, on l'a vu, dans les transitions de phase, nombre d'entre elles provoquant une brisure de symétrie, associée à une modification de l'ordre. L. Landau a eu l'idée d'introduire la notion nouvelle de paramètre d'ordre dans les transitions de phase : celui-ci est une grandeur physique qui est nulle dans la phase la plus symétrique (c'est-à-dire la plus désordonnée) et non nulle dans la phase la moins symétrique (et donc la plus ordonnée). Ce concept a une signification qualitative évidente : lors d'un abaissement de température on accroît l'ordre du système et on diminue sa symétrie. Ainsi par exemple, l'aimantation est le choix le plus évident pour le paramètre d'ordre d'un système magnétique; celle-ci est nulle au-dessus de la température de Curie, c'est-à-dire celle de la transition magnétique, et elle est non nulle au-dessous de cette température. Comme on l'a déjà remarqué, l'aimantation dans la phase magnétique n'étant invariante que par rotation autour d'un axe qui lui est parallèle, celle-ci est moins symétrique que la phase non magnétique qui, elle, est isotrope puisque son aimantation est nulle... Complétant la classification d'Ehrenfest, on convient que si le paramètre d'ordre est discontinu à la transition, celle-ci est du premier ordre, et que si, en revanche, il est continu, la transition est du deuxième ordre (c'est le cas en général pour le ferromagnétisme). La transition liquide/gaz fait figure, dans une certaine mesure, de cas particulier car on peut considérer que les états liquide et gazeux sont tous les deux désordonnés et dépourvus de symétrie, il n'y a donc pas, à proprement parler, brisure de symétrie à la transition. Dans le cas des transitions entre phases solides, la rupture de symétrie s'accompagne souvent d'un changement de la structure cristalline, c'est-à-dire de l'arrangement des atomes dans le matériau. On dit que l'on a affaire à une transition structurale. La transition entre les états paraélectrique et ferroélectrique dans des composés cristallins appelés « pérovskites », comme le titanate de baryum, est une transition de ce type qui est associée à l'apparition d'une polarisation électrique permanente et de la piézoélectricité dans le matériau.

Du gaz au solide : le jeu des molécules

Si l'on considère les deux états condensés de la matière, le solide et le liquide, le jeu des forces entre les atomes ou les molécules détermine la structure de la matière et son évolution au cours du temps, c'est-à-dire sa dynamique. Ce sont, par exemple, les forces intermoléculaires et les énergies qui leur sont associées qui contribuent à donner une cohésion à un liquide et à un solide. Au sein d'un solide, les interactions entre les moments magnétiques individuels des atomes, ou entre les dipôles électriques, sont directement à l'origine de phénomènes comme le ferromagnétisme ou la ferroélectricité. Le choix d'une expression mathématique pour représenter les potentiels d'interaction entre les particules d'un système, leur énergie d'interaction en fait, est donc un point de passage obligé pour toute élaboration de théorie de l'état condensé. La réalité étant complexe, il serait nécessaire de tenir compte des interactions entre trois, quatre... particules, mais souvent, dans la pratique, on choisit des formes binaires, qui représentent des interactions entre deux électrons, deux atomes ou deux molécules, et qui ne dépendent donc uniquement que des variables individuelles qui les décrivent[1].

---

1. Dans le cas de deux molécules, le potentiel d'interaction représente l'énergie d'interaction

Il est utile de consacrer quelques instants à ce problème complexe de la détermination de ces potentiels qui se pose depuis les travaux de van der Waals sur les liquides, à la fin du XIXe siècle, et qui est loin d'être complètement résolu. Aujourd'hui encore, il n'y a pas de recette sûre pour déterminer les potentiels d'interaction moléculaire. La compréhension de la structure électronique des atomes et des molécules dans les années 1920, puis le développement des théories et des méthodes de la physique quantique ont toutefois permis de comprendre l'origine des forces intermoléculaires et de calculer les potentiels associés. On a ainsi établi que ces forces étaient d'origine électrostatique et, plus précisément, qu'elles résultaient de l'interaction entre les nuages électroniques qui entourent les atomes et les molécules de tout système. Un théorème de physique, dû à Hellman et Feynman, pose que lorsqu'on a établi la distribution spatiale des nuages électroniques en résolvant l'équation de base de la physique quantique, l'équation de Schrödinger, on peut calculer les forces intermoléculaires sur la base de concepts électrostatiques très simples, à savoir : des charges électriques identiques se repoussent en vertu de la loi de Coulomb avec une force dont l'amplitude est inversement proportionnelle au carré de leur distance, tandis que les charges en mouvement obéissent aux lois de l'électromagnétisme. Si tout semble clair et simple sur le papier, la réalité des équations de la physique est un maquis à travers lequel il est difficile de se frayer un chemin. Les théoriciens de la physique quantique se sont vite aperçus, en effet, qu'il était impossible de résoudre l'équation de Schrödinger pour une molécule car elle dépend de toutes les coordonnées des noyaux atomiques et des électrons. Il est vain d'escompter y parvenir pour des molécules plus complexes que l'hydrogène. Il faut donc en passer par des approximations. L'une d'elles, baptisée « méthode de Hartree-Fock », consiste à supposer qu'un électron en orbite ne « voit » ses voisins, avec lesquels il interagit, que sous la forme d'un nuage plus ou moins dense. Autrement dit, on va remplacer le problème à plusieurs électrons, que l'on ne sait pas résoudre, par un problème à un électron, dont la densité de présence dans l'espace est déterminée par la solution d'une équation de

---

entre ces molécules qui est une fonction mathématique $V(r)$ qui dépend de leur distance r. On s'efforce d'utiliser des formes simples pour cette fonction, mais ce n'est pas toujours possible.

Schrödinger simplifiée. Dans cet esprit, W. Kohn et P. Hohenberg ont proposé une approximation plus draconienne encore, dans les années 1960, pour traiter le cas des molécules en interaction. Ceux-ci ont montré que l'énergie totale d'un système peut se calculer très simplement en supposant que la distribution spatiale de ses électrons était connue, c'est-à-dire en fait leur densité de présence en chaque point de l'espace, sans qu'il soit nécessaire de déterminer précisément leurs mouvements; on a remplacé la trajectoire des électrons autour des atomes par un nuage qui sera d'autant plus dense dans une portion d'espace que ceux-ci y seront plus concentrés. La densité de présence des électrons est une fonction de toutes leurs coordonnées et l'énergie, qui est un potentiel thermodynamique clé, est donc une « fonction de fonction », c'est-à-dire, pour utiliser la terminologie mathématique consacrée, une « fonctionnelle ». Kohn a développé sur ces bases un appareil théorique très puissant, la théorie dite de la « fonctionnelle de la densité », qui a trouvé de très nombreuses applications en physique du solide, en chimie pour modéliser des réactions, et après 1980 en physique des transitions de phase. Ses travaux ont été couronnés par le prix Nobel de chimie en 1998.

Bien avant que l'on en arrive à ces ultimes perfectionnements théoriques, pour tenter de comprendre en particulier le phénomène de la solidification, on avait parfaitement compris, comme nous l'avons déjà montré à l'aide de modèles électroniques simples, que les potentiels intermoléculaires comportent d'une part une partie répulsive dominante lorsque les distances intermoléculaires deviennent très petites, c'est-à-dire de l'ordre du rayon moléculaire, on dit que c'est une contribution à courte portée, et d'autre part une partie attractive, ou à longue portée, qui est la contribution majeure aux grandes distances. Ainsi, dès les années 1920, on a utilisé des expressions mathématiques simples pour les potentiels binaires. L'une d'elles, dite « forme de Lennard-Jones », est une fonction de l'inverse de la distance entre les molécules; elle est la somme de deux termes : une partie positive correspondant à une force répulsive, une partie négative représentant une force attractive. Cette fonction dépend aussi de deux paramètres caractéristiques de la forme et de la taille des molécules du milieu.

On a remarqué que les modèles théoriques utilisés sont très sensibles à la forme mathématique des potentiels choisis et à la valeur des paramètres moléculaires. Par ailleurs, on peut faire plusieurs constats fondés à la fois sur des raisonnements qualitatifs et des données expérimentales. On peut concevoir ainsi que les forces intermoléculaires attractives dépendent très peu de l'orientation et de la forme des molécules alors que ce n'est pas le cas des forces répulsives. Un raisonnement simple, par analogie, nous permet de comprendre les situations dans lesquelles on se trouve. On sait, par expérience, que l'on peut entasser dans un cageot des fruits aussi différents que des bananes, des avocats, des oranges et des pamplemousses, la cohésion du système obtenu pour former un entassement dépend peu, en fin de compte, de leur forme. En revanche, si l'on s'évertue à disposer de façon régulière ces mêmes fruits, on constate alors que l'on peut ranger sans difficulté des pommes quelle que soit leur orientation, mais que l'opération devient un peu plus difficile avec des bananes dont la forme oblongue augmente l'encombrement stérique. Les bananes, du fait de leur forme, ont tendance à se repousser ou à se gêner, et leur « interaction » est équivalente de la force de répulsion entre molécules ou atomes voisins dans un solide ou un liquide. Cet encombrement de l'espace qui dépend de la forme des fruits, et par analogie des molécules, va conditionner la régularité de leur arrangement et, en particulier, la distance les séparant de leurs voisins.

Si l'on revient, après ce détour, à la matière à l'état condensé, on comprend donc que, dans une phase liquide, les possibilités d'agencement régulier des atomes ou des molécules qui dépendent de leur forme et de leur orientation vont très largement prédéterminer les caractéristiques de la phase solide, et plus particulièrement sa densité et sa symétrie. On constate d'ailleurs que les caractéristiques thermiques de la transition liquide/solide, la température et la chaleur de solidification (ou de fusion), sont fortement influencées par la forme géométrique des atomes ou des molécules, et donc par les forces de répulsion interatomiques ou intermoléculaires. Ainsi observe-t-on que les chaleurs latentes de solidification sont en général faibles et très notablement inférieures aux chaleurs latentes de vaporisation d'un liquide (elles diffèrent de plus d'un ordre de grandeur pour le sodium et l'argon). On peut admettre que la fusion d'un solide n'implique que très peu de ruptures de « liaisons » physiques entre atomes ou molécules, et qu'elle est essentiellement pilotée par les réarrangements atomiques ou moléculaires présidant à la rupture du réseau cristallin ou à sa formation dans le cas du phénomène inverse de solidification. Si l'on compare enfin les températures d'ébullition et de fusion de substances telles que des alcanes (appelées autrefois « paraffines ») qui sont des hydrocarbures aliphatiques saturés (comme le méthane, le pentane et l'hexane) à chaînes plus ou moins longues, on observe que les températures d'ébullition sont peu modifiées lorsqu'on opère des substitutions sur la chaîne moléculaire, en remplaçant par exemple un atome d'hydrogène par un radical comme le méthyle qui est plus encombrant. En revanche, les températures de fusion, elles, sont abaissées lorsqu'on procède à ce type d'opération. Cela traduit le fait que les forces d'attraction entre molécules sont peu modifiées par des substitutions et sont donc indépendantes de leur forme, alors que les forces de répulsion qui dépendent de la géométrie des molécules le sont fortement. On constate toutefois que cette règle souffre quelques exceptions, l'eau étant encore l'une d'elles. Ainsi, pour l'eau, l'écart entre les chaleurs de vaporisation et de solidification est-il moins marqué que pour d'autres substances comme l'argon ou le sodium dont les atomes ont une forme sphérique. Cette anomalie de l'eau, une de plus, s'explique, on le verra, par l'existence de liaisons de nature physique baptisées « liaisons hydrogène », entre les molécules d'eau dans la phase liquide qui contribuent à conférer un certain degré d'organisation, évidemment instable, à la phase liquide.

Au-delà du cas particulier de l'eau, on s'est longtemps interrogé sur la spécificité des états liquide et solide. Dans les années 1940 le britannique J. Kirkwood, observant de façon systématique la surfusion de nombreux liquides, a pu ainsi montrer qu'un métal tel que le gallium pouvait être maintenu à l'état liquide plusieurs dizaines de degrés au-dessous de son point de solidification et que cette surfusion cessait brutalement. Sachant, par ailleurs, que la fusion et la solidification sont toujours accompagnées d'une chaleur latente, ce qui n'est pas le cas *a contrario* de la vaporisation d'un liquide au point critique, on peut légitimement affirmer que le liquide et le solide sont structurellement des états différents. Un solide cristallin est une structure totalement ordonnée, caractérisée par une symétrie, les atomes ou les molécules étant distribués périodiquement sur les sites d'un réseau à trois dimensions. Si aucun ordre à grande distance n'est détectable dans un liquide, le physicien britannique J.D. Bernal a pu montrer, en revanche, dans les années 1960 à l'aide d'expériences de diffraction des rayons X qu'il existe un ordre à courte distance dans les liquides, les microstructures cristallines que l'on y détecte ne sont toutefois pas stables. Bien que les symétries des solides cristallins soient connues depuis près de deux siècles, on continue encore à s'interroger sur la symétrie de ces microstructures : sont-elles spécifiques du liquide ou sont-elles identiques à celles que l'on trouve dans un cristal macroscopique ? Il semble bien, là encore, que les symétries trouvées dans un liquide soient spécifiques de cet état. On met ainsi en évidence des petits assemblages de douze atomes autour d'un atome central qui forment un icosaèdre caractérisé par une symétrie dite d'« ordre cinq » (la structure est invariante par une rotation d'un angle multiple de 72°, soit un cinquième de 360° ou $2\pi/5$). Or, on ne trouve jamais ce type de symétrie dans les cristaux macroscopiques[1]. L'état liquide se distingue donc aussi par la spécificité de la symétrie des microstructures que l'on y rencontre. Celles-ci, des icosaèdres à vingt faces, ont été mises en évidence, en l'an 2000, par diffraction des rayons X sur du plomb liquide à l'aide de la machine européenne pour le rayonnement synchrotron de Grenoble. On retrouve ainsi les icosaèdres que les philosophes grecs croyaient être la forme caractéristique de l'élément liquide et dont la rondeur expliquait, selon eux, leur propriété de fluidité.

L'expérience, et en particulier les données thermiques, conforte bien l'intuition (qu'avaient eue parmi les premiers Descartes et surtout Newton) que ce sont les forces agissant entre molécules, et le jeu de balance entre attraction et répulsion, qui vont conditionner l'existence des différents états de la matière et les transitions de phase. Un gaz est ainsi caractérisé par un désordre total des particules, résultat de leur mouvement d'agitation permanent, le mouvement brownien : l'énergie cinétique totale des molécules y est supérieure à l'énergie d'interaction intermoléculaire totale, et les forces de répulsion et d'attraction sont relativement faibles et peu opé-

---

1. On ne trouve ce type de symétrie que dans les quasi-cristaux, qui sont des assemblages de petits cristaux caractéristiques de certains alliages métalliques.

rantes car les distances intermoléculaires sont relativement grandes dans un milieu où la densité est faible. Le passage à l'état liquide traduit l'apparition d'une plus grande cohésion de la matière. En effet, les distances intermoléculaires décroissant, la densité du milieu étant plus élevée, l'énergie d'interaction et l'énergie cinétique sont du même ordre de grandeur ; les forces attractives prennent une importance croissante et donnent une énergie de cohésion au liquide qui le stabilise. Les forces de répulsion sont encore peu importantes, elles contribuent néanmoins à commencer à conférer un ordre à courte distance au liquide. Chaque molécule, au sein du liquide, est entourée d'une petite couronne de voisines qui constitue l'ébauche d'un ordre local que l'on peut d'ailleurs mettre en évidence par une expérience de diffraction des rayons X. Au-delà de deux ou trois distances intermoléculaires cet ordre a disparu. Les atomes, dans le cas d'un métal liquide par exemple, ou les molécules d'une substance moléculaire, « veulent » s'associer pour former des paires, des triangles, puis des tétraèdres dont les faces sont triangulaires et ainsi de suite, jusqu'à constituer des petits arrangements au sein du liquide qui sont les prémices d'une phase ordonnée mais que l'agitation thermique dans le milieu déstabilise en permanence. Celui-ci demeure encore globalement désordonné, les molécules réparties aléatoirement dans l'espace glissent les unes sur les autres pour s'y déplacer et y diffuser. Dans l'état solide, enfin, l'énergie d'interaction totale devient très supérieure à l'énergie cinétique associée à l'agitation thermique ; le solide est le résultat d'un compromis entre l'action des forces attractives agissant entre les molécules qui tendent à densifier le milieu et celle des forces répulsives qui entrent en jeu avec efficacité aux faibles distances. Lorsqu'on refroidit le système, le compactage des particules est limité par les forces répulsives qui empêchent les atomes ou les molécules de s'interpénétrer complètement. L'apparition d'un ordre cristallin périodique et parfait à grande distance est le résultat de ce compromis. Cet ordre cristallin est analogue à l'empilement parfaitement régulier de pommes ou de pamplemousses, voire de citrouilles, que l'on peut observer à l'étalage d'un vendeur des quatre-saisons sur un marché. Cet empilement compact résulte en quelque sorte du jeu d'équilibre entre les forces d'attraction et de répulsion, ces dernières empêchant l'écrasement des fruits, et dans sa forme la plus compacte (et donc la plus dense sans que les fruits soient pour autant écrasés) il est l'équivalent d'un solide cristallin dont la symétrie est baptisée « cubique à faces centrées[1] ». Fort curieusement, ce n'est qu'en 1998 que l'on a pu démontrer la conjecture mathématique, avancée par Kepler en 1611, selon laquelle c'est un empilement de sphères dures (l'équivalent de nos molécules ou des pommes du marchand de fruits) correspondant à cette symétrie, remplissant 74 % de l'espace total, qui permet d'obtenir la densité maximale. Cette démonstration a pu être réalisée grâce à un calcul à l'aide d'un ordinateur. Le quart des éléments cristallisent sous cette forme la plus compacte.

Sur la base de toutes ces considérations théoriques, et en particulier à l'aide d'hypothèses sur la forme mathématique des potentiels intermoléculaires, il est en principe possible de trouver des équations d'état pour les fluides, de prévoir les transitions de phase liquide/gaz et dans une certaine mesure liquide/solide. De fait, les physiciens se heurtent à de très sérieuses difficultés de calcul et, dans le cas des fluides, on ne sait modéliser le comportement que de substances relativement simples comme des liquides mono-atomiques, tels que l'argon ou le sodium, ou dont les molécules sont de forme presque sphérique comme l'azote, l'hydrogène ou le méthane. La principale difficulté réside dans la détermination des potentiels qui permettent de décrire des interactions entre les molécules ou les atomes de grande taille, celle-ci est difficilement surmontable dans un grand nombre de cas, ce qui limite *ipso facto* la capacité de prévision des modèles théoriques. Ainsi, près des trois quarts des éléments de la classification périodique de Mendeleïev sont des métaux et pour les plus lourds d'entre eux (le fer, le tungstène, etc.) la prévision de la solidification requiert la connaissance de leurs états électroniques et des potentiels d'interaction entre les électrons, ce qui rend les calculs très difficiles. On ne peut obtenir que des résultats très qualitatifs qui permettent d'expliquer, toutefois, pourquoi certains métaux tels que le tungstène, l'osmium et le rhénium ont des températures de fusion « anormalement » élevées et supérieures à 3 000 °C. On constate enfin que l'existence de toute une série d'états intermédiaires, « indécis » pourrait-on dire, entre le liquide et le

---

1. Les centres de gravité des objets (molécules ou fruits) occupent les sommets et les centres des faces d'un cube.

solide traduit la difficulté rencontrée par la matière à réaliser ce compromis qu'est l'ordre cristallin ainsi qu'un équilibre stable avec certains types de molécules; les verres sont l'exemple type de telles situations. En fin de compte, on se trouve dans une situation paradoxale dans la mesure où la compréhension de l'état liquide, qui est *a priori* plus simple, se heurte à de plus grandes difficultés que celle de l'état solide, et où elle a progressé plus lentement. Le principal obstacle, qui n'a pas été surmonté à ce jour, est que l'on ne dispose pas pour les liquides d'un modèle simple comparable à ceux utilisés pour des gaz parfaits sans interaction moléculaire ou pour un solide que l'on peut décrire comme un ensemble de petits oscillateurs représentant les atomes d'un réseau cristallin vibrant autour de leur position d'équilibre, et que l'on peut résoudre exactement. Un liquide est un état intermédiaire entre le solide et le gaz, et c'est cette situation qui rend difficile toute approche théorique.

Les progrès des techniques expérimentales ont permis, ces vingt dernières années, d'améliorer considérablement la compréhension des phénomènes de changements d'état dans les liquides et les solides. Au niveau microscopique se sont essentiellement les techniques de diffraction ou de diffusion de rayonnement qui ont permis de réels progrès. Au début du XXe siècle, l'utilisation des rayons X avait déjà permis de caractériser les solides, en particulier l'ordre cristallin, à l'instigation de pionniers comme les Britanniques Bragg (père et fils). La construction de réacteurs nucléaires, sources de neutrons, de machines pour le rayonnement synchrotron qui sont des accélérateurs de particules émettant notamment des faisceaux de rayons X intenses et monochromatiques, et enfin de lasers puissants émettant dans une large gamme de longueurs d'onde, a complété l'arsenal dont disposent les chercheurs pour bombarder la matière et étudier ses propriétés, en particulier au voisinage d'une transition de phase. Ainsi, par exemple, si l'on utilise un flux de neutrons dits « thermiques », dont l'énergie est comparable à l'énergie cinétique des molécules d'une cible liquide qu'ils bombardent, on va transférer de l'énergie des neutrons aux liquides, et l'on aura donc une diffusion de caractère inélastique. L'analyse de l'énergie et des quantités de mouvement ainsi transférées permet d'obtenir une information sur les fluctuations locales de la densité au sein du liquide à des longueurs d'onde qui sont comparables aux distances intermoléculaires. Cela permet d'étudier les processus microscopiques dépendant du temps qui modifient les structures locales et de détecter ainsi une évolution du liquide vers un état solide. Dans le cas des rayons X, en revanche, l'énergie des particules incidentes, les photons, est très supérieure à l'énergie thermique de l'agitation des atomes ou des molécules, on a donc des collisions élastiques sans transfert d'énergie. On ne peut donc pas étudier les processus dynamiques qui dépendent du temps, mais on peut, en revanche, obtenir des informations utiles sur la structure statique d'un solide ou d'un liquide.

Grâce aux ordinateurs et à leur puissance de calcul, on peut enfin réaliser des « quasi-expériences » en simulant par le calcul le comportement d'un ensemble de particules, les molécules d'un liquide par exemple. L'une des méthodes, celle de Monte-Carlo (comme nous l'avons vu), consiste à réaliser par tirage au sort toute une série de configurations physiquement possibles. Ces techniques de simulation permettent de prévoir l'évolution d'un état de la matière sur la base d'hypothèses simples sur les interactions entre particules ; elles ne sauraient remplacer des expériences « réelles » qui sont seules capables de mettre en évidence des phénomènes ou des mécanismes dont on ne soupçonnait pas l'existence.

Les points critiques : des phénomènes singuliers

On observe qu'une courbe de vaporisation se termine en un point singulier, appelé « point critique » (cf. figure 1.1). Lorsqu'on l'atteint, l'état liquide et l'état gazeux deviennent identiques et la transition de l'un à l'autre s'effectue continûment, c'est-à-dire sans discontinuité de densité et sans chaleur latente. On dit que l'on a une transition critique. L'absence de chaleur latente à une transition de phase critique est un phénomène que l'on observe dans beaucoup de systèmes – des matériaux magnétiques, des supraconducteurs, l'hélium superfluide – mais, en revanche, ni la fusion ni la solidification ne possèdent de points critiques. Les transitions critiques, par leur singularité, constituent un monde à part dans l'univers des transitions de phase. Mises en évidence, pour la première fois, à la fin du XIXe siècle, ce n'est que dans les années 1970, grâce à une théorie proposée par le physicien américain K.G. Wilson, que l'on a compris pour quelles raisons la matière manifestait des propriétés avec des caractéristiques identiques au voisinage d'un point critique liquide/gaz, d'un point de Curie dans un solide magnétique et à la transition supraconductrice. Ainsi, par exemple, si les chaleurs latentes associées à ces transitions sont nulles, les chaleurs spécifiques des systèmes deviennent infiniment grandes, de même que des grandeurs similaires telles que la compressibilité d'un fluide et la susceptibilité magnétique d'un matériau ferromagnétique. C'est ce comportement singulier d'un état de la matière qui a valu le qualificatif de « critiques » à ces transitions de phase qui, rappelons-le, dans la classification thermodynamique de ces phénomènes sont aussi appelées « transitions du deuxième ordre ». L'observation précise des phénomènes critiques se heurte en fait à de sérieuses difficultés expérimentales. Un point critique, pour reprendre encore une comparaison empruntée à la géographie, est l'équivalent du sommet d'une montagne qui permet de passer d'un versant à un autre, mais dont les parois dans leurs derniers mètres seraient verticales et totalement lisses, le rendant quasiment inaccessible. Pour pouvoir atteindre un point critique dont la température est strictement fixée (mais avec une précision qui a ses limites), il faudrait déterminer avec une précision croissante la température du milieu au fur et à mesure que l'on s'en approche (le dixième, le centième, puis le millième de degré, etc.), et à chaque fois que l'on fait une mesure, la stabiliser avec la même précision. La difficulté technique est donc croissante, s'apparentant à l'ascension d'un sommet inaccessible, et on conçoit donc qu'un point critique est en quelque sorte une limite que l'on n'atteint jamais en toute rigueur. Qui plus est, le milieu étudié n'est jamais un corps idéalement pur, des impuretés à concentration très faible peuvent masquer le phénomène, et il est toujours le siège de faibles variations locales de température, autour de l'équilibre, qui peuvent perturber les conditions d'observation.

Contentons-nous, pour l'instant, de prendre en considération le cas des fluides, car il est riche d'enseignements dont nous aurons à tenir compte ultérieurement. L'une des priorités des spécialistes de la thermodynamique des fluides a été, pendant longtemps, de trouver une équation d'état rendant compte de leurs propriétés de façon satisfaisante, et en particulier de prévoir la transition de phase liquide/gaz. C'était en particulier la motivation des travaux d'un physicien comme van der Waals et, aujourd'hui, c'est encore celle d'utilisateurs de fluides industriels, tels que le pétrole ou l'eau sous haute pression qui circule dans le cœur d'une centrale nucléaire. Comme on connaît avec une précision relativement bonne la température, la pression et le volume massique de tous les fluides à leur point critique (ce sont leurs coordonnées critiques), on peut utiliser ces paramètres comme référence pour chaque fluide. Autrement dit, on rapporte la pression, la température et la densité massique mesurées pour un gaz ou un liquide à leurs valeurs au point critique; on dit que l'on utilise des coordonnées « réduites » qui sont, par définition, des nombres sans dimension. Si l'on fait cette opération, très simple, on a alors la surprise de constater que tous les diagrammes de phases sont identiques : toutes les courbes se superposent. On perçoit immédiatement l'avantage de cette situation : si l'on exprime les variables thermodynamiques à l'aide de coordonnées réduites, l'équation d'état est la même pour tous les fluides et toutes leurs isothermes coïncident strictement. C'est ce que l'on appelle la « loi des états correspondants ». Cette loi avait été utilisée par van der Waals pour prévoir la température critique de l'hélium (soit 5,2 K) avant même que l'on ait pu atteindre une température aussi basse, mais alors que Kamerlingh Onnes avait pu déjà tracer les isothermes au-dessus du point critique et, à partir de celles-ci, van der Waals avait pu estimer la température critique de l'hélium par extrapolation. Cette loi a une validité universelle et l'on peut la démontrer à l'aide de la physique statistique, comme l'ont fait de Boer et Michels en 1938. Elle implique que les fluides obéissent en quelque sorte à une équation d'état universelle dont l'expression mathématique dépendra de la forme choisie pour les potentiels d'interaction intermoléculaire. Dans le cas le plus simple, on retrouvera l'équation de van der Waals. L'intérêt de ce constat est évident, il suffirait d'avoir un seul réseau de diagrammes de phases pour étudier un fluide et en déterminer toutes les propriétés, à condition de connaître ses coordonnées critiques qui déterminent le point de référence pour ces diagrammes. En fait, malheureusement, la réalité est moins simple, comme toujours, et l'on constate qu'il existe des écarts notables par rapport à la loi des états correspondants, en particulier au voisinage immédiat du point critique. Ces écarts sont particulièrement importants pour des molécules non sphériques et polaires comme l'eau et l'alcool, et pour des molécules ayant la forme de chaînes comme les hydrocarbures. On retrouve là l'obstacle auquel on se heurte lorsqu'on veut appliquer les méthodes de la physique statistique aux liquides : il est difficile de trouver une forme simple pour les potentiels intermoléculaires de molécules de grande taille et la démonstration de la loi des états correspondants n'est alors plus valable. Cela a conduit le physicien Pitzer, en 1955, à introduire un paramètre supplémentaire pour décrire un fluide qui est appelé « facteur acentrique ». Celui-ci est un nombre sans dimension qui prend en compte le caractère non sphérique du champ de force associé à chaque molécule et qui traduit son écart par rapport à la sphéricité. Pour les fluides mono-atomiques de faible masse atomique, le facteur acentrique est toujours très petit car les atomes sont des particules quasiment sphériques (il est égal à un millième pour l'argon), on a la même situation pour des substances moléculaires dont les molécules ont une forme se rapprochant de la sphère (il est voisin d'un centième pour le méthane), en revanche il est relativement élevé pour des fluides comme l'eau, l'alcool et les hydrocarbures. On peut calculer ce facteur acentrique qui intervient comme un facteur correctif dans les équations d'état. L'introduction du facteur acentrique, caractéristique de chaque substance atomique ou moléculaire, permet de retrouver la loi des états correspondants mais avec une correction et donc une équation d'état universelle pour les fluides.

Ces spéculations sur les conditions d'application de la loi des états correspondants et la validité de telle ou telle forme d'équation d'état ont un intérêt qui n'est pas purement académique. En effet, on peut transposer tous ces concepts élaborés pour les corps purs aux cas des mélanges de fluides, en particulier aux mélanges de polymères et de molécules linéaires que l'on rencontre dans l'industrie chimique et le génie pétrolier. On peut ainsi généraliser les équations d'état obtenues pour les fluides purs, en particulier celle de van der Waals, en introduisant des paramètres caractéristiques des interactions entre les molécules ainsi que leurs facteurs acentriques respectifs. Sur ces bases, on peut prévoir le comportement de mélanges de fluides assez complexes comme, par exemple, les hydrocarbures mélangés souvent à de l'eau et du dioxyde de carbone qui remontent dans le puits d'un gisement pétrolier.

Au-delà du point critique, il n'y a plus de limite

Malgré les difficultés expérimentales que nous avons signalées, il est possible pour un fluide d'atteindre et surtout de « dépasser » son point critique et, en le contournant, de passer continûment de la phase liquide à la phase gazeuse. Pour l'eau, il « suffit » de dépasser la pression de 218 bars et la température de 374 °C; au-delà de ces coordonnées critiques, le fluide est en quelques sorte dans un état intermédiaire entre le gaz et le liquide sans rencontrer de limite physique qui lui imposerait un changement d'état. On constate d'une part que sa densité est élevée comme celle d'un liquide et d'autre part que sa viscosité est faible et proche de celle d'un gaz. On dit que le fluide se trouve dans un état supercritique dans lequel on observe qu'il a des propriétés de solvant remarquable; il peut dissoudre un grand nombre de composés minéraux et organiques. Cette propriété est utilisée dans un certain nombre de procédés industriels d'extraction de constituants d'un mélange, appelée « extraction supercritique ». C'est le dioxyde de carbone qui est le fluide le plus utilisé dans ces procédés car son point critique est bas (28 °C), il est peu coûteux et non toxique. Son seul inconvénient est la valeur relativement élevée de sa pression critique (72,8 bars) qui requiert l'utilisation d'appareils à haute pression. Le principe d'un procédé d'extraction supercritique est simple : il suffit de faire passer le fluide supercritique sur un mélange solide complexe dont on veut extraire un constituant particulier qu'il va dissoudre. On récupère cette substance en opérant une détente, le fluide retourne à l'état gazeux subcritique et celle-ci se dépose. Ce type de procédé est utilisé depuis une trentaine d'années pour extraire des arômes de substances naturelles, mais aussi la caféine du café, et fabriquer ainsi du café décaféiné qui conserve tous ses arômes. On l'utilise aussi pour extraire des vitamines de produits naturels et retirer l'amertume du houblon. Tous les corps organiques ne sont pas solubles dans le dioxyde de carbone, mais l'on peut combler cet handicap en greffant un solubilisant qui a une forte affinité avec le dioxyde de carbone sur des produits organiques, par exemple des polymères que l'on veut séparer d'un mélange.

On commence aussi à utiliser l'eau comme solvant supercritique, même si la valeur élevée de ses coordonnées supercritiques est un handicap. On envisage ainsi l'extraction de composés toxiques dans des déchets organiques par de l'eau supercritique et les Japonais ont mis au point en 1999 un procédé d'alimentation de centrales thermiques en lignite qui serait dissous également dans de l'eau supercritique. On a aussi découvert que celle-ci est un fluide important dans les phénomènes géologiques. Ainsi, l'eau qui sort à haute température et à pression élevée des sources hydrothermales au fond des océans par très grande profondeur (plus de 3000 m de fond) se trouve-t-elle dans un état très proche des conditions de supercriticité et l'on a pu constater sur place, grâce à l'observation par des sous-marins scientifiques, qu'elle dépose près de ces sources des composés minéraux (des sulfures en particulier) qu'elle a dissous en traversant les couches géologiques.

Un siècle s'est écoulé entre la première observation du phénomène d'opalescence critique dans une ampoule de dioxyde de carbone et la mise au point d'installations industrielles pour l'extraction supercritique. Un point singulier sur un diagramme de phases, objet de spéculations académiques, a finalement conduit à des applications industrielles que l'on n'avait pas envisagées *a priori*. C'est une bonne illustration des cheminements de la recherche et de la technologie, et aussi des utilisations à retardement des propriétés d'états de la matière.

On peut prolonger les spéculations dans ce domaine des transitions de phase dotées d'un point critique. Celui-ci, en thermodynamique des changements d'état (un liquide et un gaz par exemple), est en effet un point singulier où deux phases deviennent identiques et cette situation est évidemment généralisable. On peut ainsi définir un point tricritique comme le point particulier où trois phases deviennent identiques. C'est une situation que l'on trouve dans des mélanges de plusieurs liquides. Par exemple, dans une ampoule où l'on a enfermé un mélange de trois liquides, ou mélange ternaire, on observera deux ménisques séparant les trois phases liquides ; on constatera qu'il existe une température et une pression pour lesquelles les deux ménisques disparaissent simultanément : les trois phases sont identiques, c'est un point tricritique. La thermodynamique de ces phénomènes multicritiques est extrêmement complexe car il faut manipuler des potentiels thermodynamiques et des équations d'état pour des mélanges. Elle n'est pas non plus sans intérêt pratique car elle peut s'appliquer à des fluides industriels qui sont souvent des mélanges complexes dont on souhaite prévoir le comportement. Elle constitue encore un domaine ouvert à la frontière de la science et de la technologie.

La métastabilité : des transitions retardées

Dans la séquence d'événements malencontreux qui survinrent lors de l'accident de la centrale nucléaire de Three Mile Island et dont nous avons rappelé le déroulement, l'un d'eux avait pour origine une fuite d'eau sous haute pression survenue sur le circuit primaire de refroidissement du cœur du réacteur nucléaire. Cet accident, dit de « dépressurisation », était déjà pris en compte à l'époque dans les scénarios possibles d'accident nucléaire, et il l'est toujours d'ailleurs. L'eau circulant à haute pression et à haute température dans le circuit primaire d'un réacteur nucléaire, du type de ceux d'Edf en France, est dans un état d'équilibre stable à la pression de 155 bars et à 320° C, autrement dit elle ne se vaporise pas. En revanche, toute chute de pression, provoquée par une brèche se produisant dans le circuit, provoque normalement la détente du liquide qui est suivie de sa vaporisation car celui-ci atteint sur le diagramme de phases la courbe de coexistence liquide/vapeur. Dans une situation accidentelle, cette vaporisation présente des avantages dans la mesure où il se forme alors un système diphasique avec des bulles de vapeur au sein du liquide qui constitue en quelque sorte un « bouchon » ralentissant l'écoulement du liquide dans le circuit et, ainsi, la perte de la capacité de refroidissement. Ce phénomène peut permettre de gagner de précieuses minutes pour mettre en marche un circuit d'alimentation de secours. Malheureusement, la nature peut avoir des ruses et l'on peut se trouver face à une situation où, atteignant les conditions thermiques pour une vaporisation, le fluide demeure en fait à l'état liquide alors que l'on a franchi la courbe de coexistence liquide/gaz sur un diagramme de phases. Le liquide n'est plus stable, on dit qu'il est surchauffé ou, plus généralement, qu'il se trouve dans un état d'équilibre métastable. Cette métastabilité a, toutefois, une limite thermodynamique. Il existe ainsi à une température donnée une pression limite au-dessous de laquelle on ne peut plus maintenir le liquide à l'état surchauffé. Dans un diagramme de phases, tous les points correspondant à la limite de métastabilité sont situés sur une courbe que l'on appelle la « spinodale » (cf. figure 2.1). Lorsque le fluide atteint la spinodale, il se vaporise brutalement et quasiment instantanément. Cette vaporisation qui absorbe de la chaleur peut avoir un caractère explosif (c'est une explosion d'origine thermique) et provoquer la formation d'une onde de choc qui peut causer de graves dégâts sur une installation. C'est, en particulier, un scénario que redoutent les constructeurs de centrales nucléaires, même s'il est peu probable.

L'existence d'états métastables de la matière est un phénomène général. Si l'on refroidit un système à partir d'une température qui se trouve juste au-dessus d'une transition de phase, la phase qui est normalement stable à haute température peut subsister au-dessous

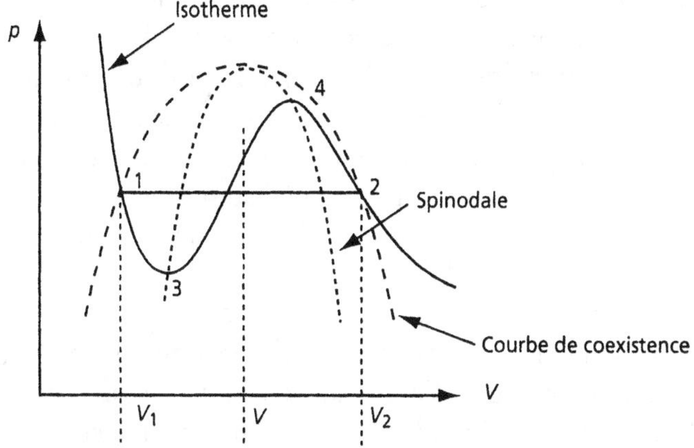

Figure 2.1. Courbe de coexistence et spinodale pour la transition liquide/gaz

Lorsque, à température fixée, on abaisse la pression du liquide le long de l'isotherme (courbe en traits pleins en partant de la partie gauche et haute du plan p, v) on atteint au point 1 la courbe de coexistence (en traits interrompus) où dans les conditions normales le liquide se vaporise. Le long de cette ligne le liquide et le gaz coexistent en équilibre stable. Toutefois, on observe souvent un retard à la vaporisation (surchauffe) et l'on peut poursuivre la détente jusqu'au point 3 : on a un liquide métastable entre les points 1 et 3. Au point 3 on atteint la limite de métastabilité : la surchauffe cesse brutalement et le liquide se vaporise. Le point 3 et ses homologues à différentes températures se trouvent sur la courbe (en pointillés fins) appelée « spinodale » : c'est la courbe limite de métastabilité du liquide (partie gauche) et de la vapeur (partie droite). Le point 4 correspond à la limite de métastabilité de la vapeur.

de la température de transition en dépit du fait que c'est une nouvelle phase qui a l'énergie la plus basse, et qui est donc stable : on dit que le système est sous-refroidi, dans le cas de la transition liquide/solide on parle de surfusion. Inversement, il est souvent possible de maintenir la phase qui est stable à basse température au-dessus de la température de transition : elle est surchauffée. C'est la situation que l'on rencontre, par exemple, dans le cas d'un solide lorsque sa température a dépassé celle du point de fusion mais qu'il ne fond pas.

Si nous reprenons notre analogie entre les diagrammes de phases et les cartes géographiques, nous pouvons assimiler, dans une certaine mesure, une région de métastabilité à une zone franche à la frontière entre deux pays. Ainsi, par exemple, dans la zone franche entre la France et la Suisse établie autour de Genève, par le traité de Vienne en 1815, et qui a survécu au Marché commun, une petite portion de territoire français (correspondant notamment au pays de Gex) bénéficie d'un régime douanier particulier : les marchandises qui y sont importées de Suisse ne subissent pas de droits de douane. La taxation douanière, que nous avons assimilée à une chaleur latente dans une transition de phase, ne s'applique qu'au-delà des limites de la zone franche. Les marchandises suisses qui circulent en territoire français entre la frontière et la limite de la zone franche sont en quelque sorte dans un état métastable, et cette limite, que l'on franchit notamment au col de la Faucille dans le Jura, est l'équivalent d'une courbe spinodale.

Les états métastables jouent un rôle important dans beaucoup de domaines de la science des matériaux, en particulier en métallurgie. Ainsi certains aciers, les aciers martensitiques, sont dans un état métastable car l'alliage de fer et de carbone qui les constitue ne se trouve pas dans un équilibre stable. De même trouve-t-on dans les nuages des gouttes d'eau à l'état liquide jusqu'à la température de -40 °C, alors qu'elles auraient dû se transformer en cristaux de glace ; elles sont surfondues.

Par définition, les états métastables, comme dirait M. de La Palice, ne sont pas stables, et l'on constate d'ailleurs que la présence d'impuretés ou un choc mécanique suffisent à faire cesser la métastabilité et à provoquer la transition de phase qui a été retardée. La thermodynamique nous donne les moyens de prévoir la métastabilité dans un système et surtout les conditions physiques définissant ses limites. La méthode la plus simple consiste encore à manipuler des potentiels thermodynamiques, l'enthalpie libre de Gibbs par exemple, et à en déterminer les minima. Si la fonction mathématique représentant ces potentiels possède, par exemple, deux minima, celui qui correspond à la plus petite valeur du potentiel sera associé à un état d'équilibre stable, l'autre, correspondant à une plus grande valeur du potentiel, sera associé à un état métastable. Sur ces bases on peut, en principe, déterminer la courbe spinodale. Dans le cas des fluides on peut aussi partir de l'équation d'état et étudier une isotherme ou une isobare, la limite de métastabilité est associée à une valeur infinie de la compressibilité, comme pour un point critique d'ailleurs, car des petites fluctuations de pression provoquent des variations très importantes du volume et ainsi un changement de phase. De fait, si l'on excepte quelques cas simples tels que des mélanges binaires de liquides ou de fluides que l'on peut représenter par une équation d'état comme celle de van der Waals ou ses variantes, il est en général très difficile de déterminer les conditions limites de la métastabilité et l'on doit souvent se contenter d'une connaissance empirique du phénomène. De même qu'il est matériellement impossible d'atteindre exactement par l'expérience le point critique, on ne parvient jamais à la limite ultime de métastabilité d'un système car des impuretés, des vibrations mécaniques ou des fluctuations locales de température dans le milieu masquent le phénomène.

L'intervention du temps

Nous avons tous observé les magnifiques arborescences qui se développent sur une vitre lorsque des cristaux de glace apparaissent à sa surface par un hiver rigoureux. Cette observation est une preuve, s'il en était besoin, que les changements d'état ne sont pas des phénomènes instantanés, ils ont une dynamique dont les caractéristiques sont éminemment variables d'un système à un autre : la condensation d'un brouillard sous forme de gouttelettes peut être très lente, alors que la solidification d'un métal liquide, lorsqu'on le trempe, peut être extrêmement rapide.

Il faut souligner aussi que la description thermodynamique des transitions de phase à l'aide des diagrammes ne donne que des informations macroscopiques sur les conditions d'existence des phases (en fonction de la température, de la pression, des concentrations des constituants, etc.), et non sur le temps nécessaire pour passer d'une phase à une autre lorsqu'on fait varier les paramètres thermodynamiques d'un système.

La description dynamique d'un changement d'état suppose d'ailleurs que l'on connaisse au préalable les mécanismes de la transformation que subit un matériau qui sont évidemment très spécifiques de chaque transition. Ceux-ci mettent en jeu, le plus fréquemment, la formation de microstructures qui sont les « noyaux » ou les « germes » de la nouvelle phase qui apparaît au sein de la phase en cours de transformation. C'est un phénomène que l'on appelle la « nucléation » et qui commande la dynamique d'une transition de phase (cf. figure 2.2). On l'observe, par exemple, lorsque des cristaux de glace se forment au sein de l'eau liquide au voisinage de 0 °C et dans une vapeur lorsque apparaissent des gouttelettes de liquide. La nucléation n'est possible que si des atomes ou des molécules constituant une phase peuvent diffuser en son sein pour s'agréger et former les germes de la nouvelle phase. Ainsi, dans la vapeur d'eau, est-il nécessaire que les molécules diffusent pour augmenter la concentration et donc la densité locale pour former petit à petit des gouttes de liquide. Si, à la pression atmosphérique, la température est proche de 100 °C, ces gouttes seront stables et elles vont grossir pour former une phase liquide. La diffusion est le mécanisme clé, même s'il n'est pas le seul, qui pilote le phénomène de nucléation et détermine sa cinétique.

L'apparition d'un germe au sein d'une nouvelle phase suppose la création d'une interface entre les phases initiale et finale ; elle séparera, par exemple, le microcristal solide du liquide qui l'entoure. Or, la création d'une interface consomme de l'énergie, nous en avons tous fait l'expérience en soufflant dans une paille pour fabriquer des bulles de savon ! Il faut donc compenser cette énergie interfaciale. Ainsi, lors d'une solidification, au voisinage immédiat de la transition liquide/solide, le système va compenser cette dépense énergétique en abaissant un potentiel thermodynamique comme l'enthalpie libre de Gibbs par molécule, par passage de la phase liquide à la phase solide ; c'est une transition qui est exothermique.

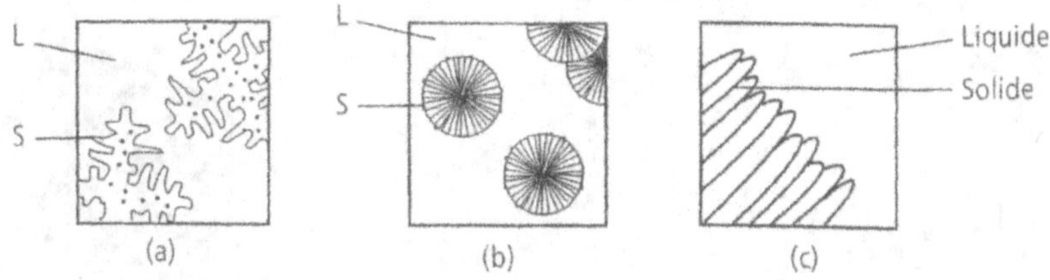

Figure 2.2. Croissance de cristaux

Un changement d'état, tel que la solidification, est amorcé par la formation de micro-structures qui sont des noyaux de la nouvelle phase qui se forment au sein de la phase en cours de transformation. Dans un liquide, près de son point de solidification, apparaissent ainsi des microcristaux prémices de l'état solide, c'est le phénomène de nucléation. Ces cristaux peuvent avoir la forme : de dendrites (a) qui sont l'équivalent d'une arborescence ; de petites sphères ou sphérolites (b) dans les polymères liquides ; de lamelles dans un alliage métallique eutectique (c) où coexistent plusieurs phases de composition différente comme dans certains aciers par exemple.

Certaines transitions de phase sont plus complexes que la solidification ou la vaporisation, néanmoins on trouve, toutes proportions gardées, des situations similaires dans d'autres systèmes. Ainsi, par exemple, la transition magnétique est-elle associée à la formation de microdomaines magnétiques au voisinage de la température de Curie, dont la taille croît au fur et à mesure que l'on se rapproche de la transition. L'orientation de ces domaines est aléatoire et à moins de plonger le matériau dans un champ magnétique extérieur, on obtiendra une aimantation résultante nulle. On a finalement l'équivalent de gouttes ou de microcristaux que l'on appelle des « bulles magnétiques », celles-ci ont trouvé d'ailleurs un certain nombre d'applications en électronique comme, par exemple, le stockage de bits d'information dans une mémoire magnétique. Les interfaces entre deux domaines magnétiques, dénommées « parois de Bloch », jouent un rôle important dans les transitions magnétiques, car c'est au sein de ces parois que l'orientation magnétique change à l'approche de la transition (cf. figure 2.3).

Les phénomènes de nucléation ont été étudiés et modélisés avec un grand luxe de détails, en particulier dans les phases liquide et gazeuse. Sur la base de considérations thermodynamiques simples, en manipulant des potentiels thermodynamiques, on peut montrer qu'il se forme, au sein d'un liquide ou d'un gaz, des noyaux assimi-

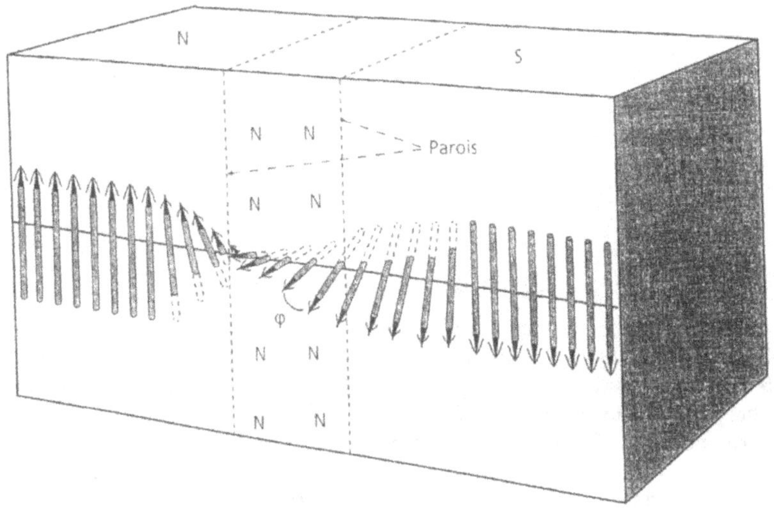

Figure 2.3. Parois magnétiques de Bloch

La transition entre une phase paramagnétique, non aimantée, et une phase ferromagnétique, aimantée, est associée à la formation de microdomaines magnétiques au voisinage de la température de Curie. Leur taille croît au fur et à mesure que l'on se rapproche de la transition. Deux domaines voisins sont séparés par des parois, dites « parois de Bloch » ; au sein de celles-ci l'orientation magnétique change. Dans la phase ferromagnétique tous les microdomaines vont s'orienter dans la même direction si l'on place le système dans un petit champ magnétique extérieur. L'aimantation du matériau ferromagnétique conserve cette orientation lorsqu'on supprime le champ magnétique.

lés à des sphères et que l'on qualifie de « critiques » : tous les germes de taille supérieure à ces noyaux critiques vont pouvoir grossir pour donner naissance à la nouvelle phase stable. En fait, ce modèle thermodynamique, introduit dans les années 1920 par Volmer, a la particularité de montrer que l'on ne peut avoir une transition de phase complète par nucléation que si le liquide est surfondu. Or, un calcul numérique très simple montre que dans le cas de métaux liquides, il faudrait en fait une surfusion de quelques centaines de kelvins pour provoquer la nucléation complète du métal et sa solidification. Ce n'est pas une situation réaliste car l'expérience montre qu'il n'est pas nécessaire, fort heureusement, de réaliser des surfusions d'une telle ampleur pour solidifier un métal liquide. En fait, la transition s'amorce avec des surfusions limitées à quelques degrés car des impuretés présentes dans la phase liquide, même en faible concentration, induisent la nucléation ; on dit que celle-ci est hétérogène. Dans un solide, elle peut s'amorcer sur des impuretés ainsi que sur des défauts ; dans un gaz, des poussières et des ions sont en général les centres d'amorçage de la formation des gouttes.

La nucléation est elle-même un phénomène dynamique car si l'apparition de noyaux formés de quelques molécules est l'étape préalable à toute transition de phase, celle-ci ne suffit évidemment pas, à elle seule, pour obtenir la nouvelle phase : les noyaux formés doivent croître au sein de la phase initiale pour atteindre et dépasser la taille des germes critiques. Cette croissance n'est possible que dans la mesure où les atomes ou les molécules diffusent au sein de cette phase et entrent en collision avec les germes critiques auxquels ils s'agrègent. Si l'on représente par la lettre A une molécule individuelle dans une phase liquide, par exemple, tout se passe comme si l'on avait la formation par un processus de diffusion/collision d'une série de noyaux AA, AAA, AAAA, AAAAA, etc., par une sorte de réaction en chaîne équivalant, en chimie, à une réaction de polymérisation. On peut calculer, en principe, la vitesse de cette réaction, c'est-à-dire la vitesse de nucléation. C'est un problème classique en calcul des probabilités et en physique mais qui n'a pas de solution simple applicable en particulier aux transitions de phase, car dès que la taille des noyaux dépasse quelques dizaines de molécules, les équations deviennent trop complexes. On peut toutefois trouver des solutions numériques pour des noyaux de petite taille. Ces calculs ont été réalisés pour l'aluminium par un métallurgiste, Turnbull, et ils rendent bien compte des résultats expérimentaux. Expérimentalement on peut, en effet, mesurer la variation au cours du temps du nombre de cristallites formées dans un milieu par microscopie optique ou électronique. On a tout intérêt à faire cette mesure sur un système où la vitesse de nucléation est relativement lente, par exemple dans des verres qui cristallisent lentement après un recuit, c'est-à-dire un réchauffement du matériau. Ces mécanismes de nucléation sont désormais bien établis.

Lorsqu'un matériau subit une transition de phase, la dynamique du phénomène peut avoir une incidence considérable sur les propriétés de la nouvelle phase. Ainsi, par exemple, partant d'une phase liquide, on peut former par refroidissement soit un solide cristallin, soit un verre. Si la vitesse de refroidissement est lente, on formera en général un cristal ; en revanche, si le refroidissement est très rapide, on dit alors que l'on réalise une trempe, le liquide peut se transformer en verre. On peut ainsi former des verres métalliques à partir d'alliages liquides si la trempe est très rapide. Un procédé utilisé aujourd'hui consiste à faire fondre brutalement un alliage métallique solide en l'irradiant avec une impulsion de laser, et ensuite à le refroidir brutalement. Lorsqu'on opère une solidification sous forme vitreuse par trempe rapide, on a « court-circuité » le mécanisme de croissance des noyaux cristallins dans la phase mère : ceux-ci ont pu se former par nucléation mais ils n'ont pas eu le temps de croître pour atteindre et dépasser la taille critique, la formation du cristal se trouve bloquée.

La cinétique d'une transition de phase, en particulier une solidification, a une influence directe sur la nature et la taille des microstructures, les microcristaux qui se forment dans un solide. Celles-ci décrivent, de façon générale, l'état microscopique d'un solide à une échelle inférieure à la taille d'un cristal, par exemple, quelques distances interatomiques. Les microstructures qui se forment lors d'une cristallisation peuvent avoir des formes très variées. Celles-ci peuvent être très découpées comme les dendrites ressemblant à des feuilles d'arbre, que l'on observe lorsque le givre se dépose sur une surface plane, une vitre par exemple, lors d'une gelée. Les dendrites sont aussi caractéristiques des germes cristallins qui apparaissent lors de la solidification d'alliages métalliques (cf. figure 2.4). La cristallisation de polymères fondus se produit, quant à elle, à partir de grains sphériques que l'on appelle des « sphérolites ». Il y a donc toute une zoologie des noyaux ou des germes associés aux phénomènes de nucléation avec des modèles théoriques permettant de prévoir les dynamiques spécifiques de chaque espèce de noyaux.

On conçoit bien que les propriétés d'un matériau, en particulier les propriétés mécaniques, vont beaucoup dépendre de la cinétique de la transformation liquide/solide ou solide/solide. C'est un phénomène qui est bien connu des métallurgistes et qu'illustre le comportement des aciers. Si l'on réalise une trempe suffisamment rapide d'un acier, un alliage fer-carbone, avec une vitesse de refroidissement de l'ordre de quelques milliers de degrés par seconde, il se

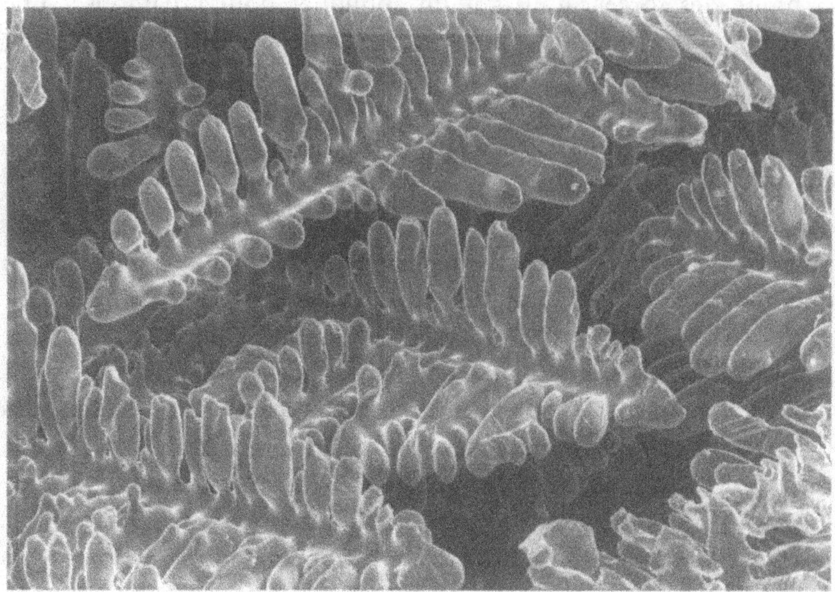

Figure 2.4. Formation de dendrites

Les dendrites sont des microstructures qui se forment dans un liquide en cours de cristallisation. Elles sont des microcristaux qui ont la forme de feuilles d'arbre. On peut les observer lorsque le givre se dépose à la surface d'une vitre. L'image de cette figure a été obtenue dans un alliage métallique observé au microscope électronique.
© Laboratoire de métallurgie, École polytechnique fédérale de Lausanne.

forme une phase solide métastable appelée « martensite ». La martensite, dont la teneur en carbone est de 0,8 %, est dure mais fragile (elle a une résistance limitée à une déformation plastique). On peut diminuer sa fragilité par un traitement thermique en la réchauffant : cette opération provoque la migration des atomes de carbone dans la solution solide et ceux-ci forment alors des précipités d'un carbure de fer, la cémentite. Les microstructures constituées par ces précipités de carbure augmentent la dureté et la limite élastique de l'acier, c'est-à-dire sa capacité à se déformer sans casser. L'exemple de l'acier montre bien que l'importance pratique des phénomènes de nucléation est loin d'être négligeable, bien au contraire. En effet, l'existence dans un solide cristallin de microstructures de petite taille favorise l'élévation de la limite d'élasticité d'un matériau, c'est-à-dire la limite des forces qu'il faut lui appliquer pour lui imposer une déformation permanente. Ces microstructures constituent, en effet, un obstacle à la déformation plastique de la phase solide et elles ont l'avantage, par ailleurs, de bloquer la propagation de fissures à l'intérieur du système, causes de rupture et donc de fragilité. On a donc tout intérêt à favoriser la formation d'un grand nombre de germes et à éviter leur croissance. Ainsi, les céramiques, qui sont des matériaux polycristallins, ont-elles des limites d'élasticité d'autant plus élevées que le diamètre des microstructures qui les constituent est petit.

Les progrès enregistrés dans les techniques de fabrication de matériaux pour l'électronique, en particulier celle des puces électroniques, ainsi que dans celles de la microscopie, ouvrent de nouvelles perspectives à la technologie des matériaux. On commence en effet à fabriquer des matériaux dont la taille est de l'ordre du nanomètre (le milliardième de mètre) et qui sont donc de véritables nanostructures dont les propriétés sont, on le verra, différentes de celles de la matière à plus grande échelle (le micron ou le centimètre). On peut obtenir certains de ces nanomatériaux par un processus de nucléation avec une trempe extrêmement rapide, correspondant à des vitesses de refroidissement qui peuvent atteindre mille milliards de degrés par seconde.

Les mystères de la fusion

La solidification et la fusion sont certainement les changements d'état les plus répandus dans la nature et que l'homme a eu l'occasion d'observer depuis fort longtemps. Les changements climatiques, qui affectent périodiquement notre planète, sont d'ailleurs accompagnés d'une succession de périodes de glaciation et de déglaciation d'une partie de la masse d'eau recouvrant une fraction importante de la surface de la Terre, et qui ne sont rien d'autre que des phénomènes de fusion/solidification. En réalité, bien que ces phénomènes soient connus et analysés depuis très longtemps, on est encore très loin de disposer de théories satisfaisantes pour les décrire et expliquer complètement les mécanismes qui les mettent en jeu. La capacité de prévision des modèles théoriques reste encore limitée, aujourd'hui, dans ce domaine. Les physiciens doivent en fait entreprendre une double approche. Ils doivent caractériser d'une part la transition liquide/solide et d'autre part les modifications des propriétés d'un système à la transition (sa densité, sa chaleur spécifique, son entropie, son aimantation, etc.). C'est une approche thermodynamique qui s'appuie sur les méthodes de la physique statistique. En effet, connaissant les forces intermoléculaires dans le système, on peut espérer prévoir, en principe, les conditions d'une transition et les modifications des propriétés physiques à la transition. Malgré les succès de ces méthodes, on ne peut encore rendre compte, en fait, que d'un nombre limité de transitions liquide/solide. La seconde approche est plus spécifiquement dynamique, ou cinétique, elle vise à identifier les mécanismes microscopiques qui permettent d'expliquer les phénomènes de transition dans les solides et les liquides, en particulier la fusion, les théories de la nucléation permettent de décrire de façon relativement satisfaisante la cinétique d'une solidification.

En admettant que l'on comprenne le mécanisme de la solidification, on doit alors se poser la question suivante : pourquoi un solide fond-il ? C'est l'une des questions que s'étaient posées des physiciens comme J. Black au XVIIIᵉ siècle et celui-ci, observant que la fusion d'un solide, tout comme la vaporisation d'un liquide, n'était pas un phénomène instantané, avait été amené à introduire le concept de chaleur latente à la transition. Ce concept est indéniablement important mais, par lui-même, il n'explique pas grand-chose. Les succès de l'hypothèse atomique pour décrire la structure et les propriétés de la matière, au début du XXᵉ siècle, allaient permettre de bâtir de nouveaux modèles théoriques pour comprendre la fusion. Par définition, on peut dire qu'un solide fond parce qu'il n'est plus stable et que son réseau cristallin, si c'est un cristal, a été déstabilisé. Cette déstabilisation n'est certes jamais instantanée, mais elle peut être très rapide comme l'est parfois la débâcle d'un fleuve au printemps. Les premiers travaux sur la fusion, au début du XXᵉ siècle, avaient en particulier pour objectif de trouver un critère physique simple pour déterminer la condition de perte de stabilité d'un solide et donc de la fusion. Un physicien anglais, F.A. Lindemann[1], a pro-

---

1. F.A. Lindemann, qui était professeur à l'université d'Oxford, fut le conseiller scientifique de Winston Churchill pendant la Seconde Guerre mondiale.

posé en 1910 un modèle simple de la fusion qui conduit à un tel critère. Admettant, fort légitimement, que lorsqu'on élève la température d'un solide, l'amplitude de vibration des atomes de son réseau autour de leur position d'équilibre croît avec la température, Lindemann a émis l'hypothèse que lorsque cette amplitude atteint une certaine fraction de la distance interatomique dans le réseau cristallin, le solide fond. Utilisant un modèle atomique de solide proposé par Einstein pour calculer la chaleur spécifique, Lindemann a pu montrer que pour un solide mono-atomique, un métal par exemple, cette fraction « critique » de la distance interatomique était de l'ordre de 7 % pour tous les systèmes. Ce modèle de Lindemann a le mérite de la simplicité, on pourrait aussi le qualifier de simpliste, et il est fondé sur une hypothèse assez réaliste : des vibrations des atomes finissent par déstabiliser un cristal si leur amplitude qui croît avec la température devient trop grande. Le critère de Lindemann est certes satisfaisant intellectuellement, mais il ne fournit aucune explication fondamentale au phénomène de fusion : pourquoi, en effet, la structure solide perd-elle sa stabilité brutalement à une certaine température qui est celle de la fusion ? Ce phénomène de la fusion est brutal car il se produit souvent sur une plage de température relativement étroite au voisinage de la température de fusion. Avec ce modèle, on reste donc quelque peu sur sa faim.

D'autres modèles ont été proposés pour tenter d'expliquer la fusion. Plusieurs d'entre eux reposent sur l'hypothèse que ce sont des défauts dans la structure cristalline qui constituent en quelque sorte les noyaux ou les centres de déclenchement de la fusion du solide ; ils ne permettent pas de préciser la température de fusion du solide. Un autre modèle plus satisfaisant, dû à J. Frenkel, explique la fusion par l'existence de trous (des défauts dus à l'absence d'atomes sur certains sites) dans une structure cristalline. Au-delà d'une concentration critique de trous, le solide perdrait sa stabilité et fondrait. Frenkel a d'ailleurs introduit, parallèlement, une théorie des liquides qui assimile l'état liquide à un quasi-réseau cristallin constitué par des cellules que peuvent occuper les atomes ou les molécules, mais où de nombreuses cellules demeurent inoccupées, les atomes se déplacent alors d'une cellule à l'autre, conférant ainsi sa fluidité à l'état liquide.

Ni le critère de Lindemann, ni les modèles thermodynamiques

faisant intervenir des défauts ou des trous ne permettent d'expliquer réellement pourquoi un solide perd brutalement sa stabilité et fond en passant à l'état liquide. Depuis une vingtaine d'années, on est convaincu que c'est la surface du solide qui joue un rôle essentiel dans le processus de déclenchement de sa fusion. En effet, des expérimentateurs ont réalisé toute une série d'expériences sur des toutes petites particules métalliques, de quelques microns de diamètre, qui confortent cette hypothèse. Ainsi, par exemple, la température de fusion de particules d'or est abaissée de près de 30 % par rapport à la valeur mesurée sur une grande masse (un lingot par exemple). On constate, en revanche, une élévation de la température de fusion de petites sphères d'argent enrobées dans une couche d'or, elles sont donc surchauffées. On peut interpréter simplement ces observations par le fait que, dans la première expérience effectuée avec de l'or, l'amplitude des vibrations des atomes à la surface d'un solide étant de 1,5 à 2 fois plus élevée que dans sa masse, le critère de Lindemann pour la fusion du solide se trouve *ipso facto* plus vite satisfait et la température de fusion est de ce fait abaissée. La situation est strictement l'inverse pour des particules d'argent enrobées d'or, car les vibrations des atomes à la surface de l'argent subissent des contraintes imposées par les atomes de la couche d'or qui la recouvre; leur amplitude est donc plus faible que dans un solide totalement libre. Dans ce cas, le critère de stabilité de Lindemann n'est satisfait qu'à une température plus élevée, ce qui se traduit par une surchauffe du solide. L'observation de la fusion en surface d'un cristal de plomb plaide en faveur de l'intervention des effets de surface comme facteurs déclenchant la fusion. On peut détecter la fusion de la surface d'un solide par des expériences de diffraction d'électrons ou d'ions à la surface, les spectres de diffraction observés n'étant pas les mêmes, en effet, pour un solide ou un liquide. Ainsi, dans une expérience de diffusion ionique à la surface du plomb, on peut observer que la fusion du métal s'amorce près de 40 K en dessous de sa température de fusion en masse. La surface commence à fondre et l'épaisseur de la couche fondue s'accroît lorsqu'on se rapproche de la température de fusion, elle atteint une vingtaine de couches à 1 K en dessous de la fusion complète. Dans le cas du plomb, tout se passe comme si la fusion était un phénomène quasi continu à la surface et dans les couches atomiques qui en sont proches.

Prévoir les transitions de phase dans des matériaux réels, à partir des principes de la physique quantique et des méthodes de la physique statistique, est l'un des objectifs que s'est fixés depuis longtemps la physique de la matière condensée. Dans le cas des fluides, les physiciens sont parvenus à retrouver des formes classiques d'équations d'état, telles que l'équation de van der Waals et ses variantes. Peut-on aller plus loin et, à l'aide de ces théories microscopiques, trouver un modèle plus satisfaisant que le critère semi-empirique de Lindemann pour la fusion ? De fait l'application de ces approches microscopiques à la transition liquide/solide s'est avérée très difficile et, jusqu'à présent, elle n'a permis de prévoir qu'un nombre limité de transitions. La méthode la plus puissante est celle dite de la « fonctionnelle de la densité », introduite par Kohn dans les années 1970, pour rendre compte des propriétés électroniques de la matière. Elle permet de « prévoir » la solidification de certains systèmes en utilisant, en quelque sorte, deux représentations d'un solide. La première, approximative, consiste à le considérer comme l'équivalent d'un liquide homogène dont la densité serait égale à sa densité moyenne. La seconde, plus conforme à la réalité, envisage le solide comme un milieu dont la densité n'est pas uniforme dans l'espace puisque les atomes sont distribués périodiquement sur un réseau cristallin, sa densité est donc une fonction locale des coordonnées de position des atomes. Les potentiels thermodynamiques, tels que l'enthalpie libre, l'entropie, etc., sont eux-mêmes des fonctions locales par l'intermédiaire de la densité du milieu, d'où le nom donné à la méthode. Calculant complètement les enthalpies libres de Gibbs des phases liquide et solide, on en déduit les conditions thermodynamiques qui permettent de déterminer le point de solidification. Celles-ci, comme on doit s'y attendre, sont très sensibles à la forme choisie pour le potentiel thermodynamique décrivant les interactions entre les atomes ou entre les molécules. Avec cette méthode, on peut aussi vérifier que la fusion satisfait bien au critère de Lindemann. La méthode de Kohn permet de prévoir les conditions de la solidification de liquides sous la forme de solides ayant, par exemple, la symétrie cubique à faces centrées, à partir d'une approche microscopique, qualifiée d'*ab initio* par les spécialistes. En revanche, elle échoue complètement à prévoir une solidification sous la forme d'un cristal de symétrie cubique centrée, ce qui constitue un handicap certain. Cela montre bien la double limitation de la méthode : elle ne prévoit pas toutes les transitions de solidification ; elle ne donne pas d'information sur le mécanisme déclenchant la cristallisation. Elle a l'avantage, en revanche, de bien mettre en évidence le fait que la solidification est une compétition entre deux phénomènes : la contraction du liquide qui tend à augmenter sa densité ; la formation d'une structure périodique amorçant la phase solide. Le premier tend à diminuer l'enthalpie libre du milieu, le second à l'accroître. On observe la transition entre le liquide et le solide lorsque les deux phénomènes se compensent strictement.

On s'est attaqué avec le même type de méthodes théoriques au problème de la fusion qui intéresse aussi bien les métallurgistes que les géophysiciens soucieux de prévoir l'état de la matière dans le noyau central de la Terre. On peut ainsi prévoir, avec une précision de l'ordre de 20 %, la température de fusion du silicium et, avec une précision nettement meilleure, celle de l'aluminium (soit 890 K au lieu de 933 K).

En utilisant des méthodes de simulation de la dynamique moléculaire, des géophysiciens ont aussi calculé la température de fusion du fer en fonction de la pression au centre de la Terre (elle y atteindrait 3 millions de bars), ce qui délimite la frontière entre les noyaux liquide et solide qui constituent le cœur de notre planète. Ils ont ainsi montré que cette température serait d'environ 6 500 K à une profondeur de l'ordre de 5 000 km. C'est une température qui est compatible avec celle que l'on peut mesurer par des expériences en laboratoire en simulant, dans une petite enceinte, les conditions de pression qui règnent à ces profondeurs. Cette enceinte est constituée par une enclume de diamant, le diamant étant un matériau qui permet à la fois de transmettre une pression élevée au système et de faire des mesures optiques qui permettent de détecter la fusion d'un matériau.

En dépit donc de plusieurs décennies de travaux expérimentaux et théoriques, des changements d'état aussi banals que la fusion et, dans une certaine mesure, la solidification demeurent encore largement inexpliqués et imprévisibles. Cet échec partiel de la physique des états de la matière n'empêche évidemment pas de comprendre les propriétés de la matière dans les états liquide et solide. Il montre néanmoins que si les changements d'état sont un paradigme central dans la compréhension des états de la matière, il n'existe pas de théorie unificatrice qui permette de les prévoir et de les expliquer.

CHAPITRE 3

Les états coopératifs de la matière

Dans son numéro de septembre 1986, la revue allemande de physique *Zeitschrift für Physik* publiait un article au titre tout empreint de prudence, « Possibilité d'une supraconductivité à haute température critique élevée dans le système baryum-lanthane-cuivre-oxygène ». Ses auteurs, Alexandre Müller et Georges Bednorz, tous deux chercheurs au laboratoire IBM de Zurich, faisaient état dans cette publication de l'observation d'un état supraconducteur dans une céramique, dont l'un des constituants était l'oxyde de cuivre, à la température de 30 K (c'est-à-dire -243 °C). Cet article déclencha un véritable ouragan scientifique et valut à ses deux auteurs le prix Nobel de physique deux ans après sa publication, ce qui est probablement un record en la matière. La découverte de Müller et Bednorz, en apparence anodine, bousculait en fait nombre d'idées reçues dans le domaine de la supraconductivité. Pour la première fois, en effet, le phénomène était mis en évidence sur un matériau qui n'était ni un métal, ni un alliage métallique, mais un composé minéral, porté à une température de transition (30 kelvins) supérieure à toutes celles observées jusqu'alors. De plus, cette supraconductivité à « haute température » (tout est relatif!) ne semblait pas pouvoir être expliquée par les modèles théoriques acceptés jusqu'alors. Peu de temps après l'annonce officielle de la découverte de Müller et de Bednorz, le physicien américain Paul Chu brisait la « barrière » de la température d'ébullition de l'azote liquide (77 K, soit -196 °C) en découvrant un matériau céramique, constitué d'oxyde de cuivre, de baryum et d'une terre rare, l'yttrium, qui devenait supraconducteur à la température de 90 K, soit nettement au-dessus de la température d'ébullition de l'azote liquide. L'euphorie des chercheurs fut alors à son comble, et le congrès annuel de la Société américaine de physique qui se tenait en mars 1987 à New York fut un véritable happening, un événement qualifié par la presse de « Woodstock de la physique ». Les physiciens pensaient, en effet, qu'après les progrès réalisés en quelques mois sur la voie de la supraconductivité à haute température la possibilité d'obtenir des matériaux supraconducteurs à la température ambiante était à portée de main et l'on imaginait, bien sûr, que ces découvertes ouvriraient la porte à de nombreuses applications technologiques comme, par exemple, la possibilité de transporter le courant électrique sans perte d'énergie dans des lignes électriques, les supraconducteurs étant des conducteurs parfaits de l'électricité. En fait, comme nous le verrons, ces prévisions technologiques relevaient davantage du *wishful thinking* que d'une appréciation réaliste des difficultés qui devaient être surmontées avant de s'engager sur la voie de technologies nouvelles. La supraconductivité à haute température, outre qu'elle était difficile à interpréter, soulevait en effet des problèmes technologiques nouveaux liés, en particulier, à la mise en œuvre pratique de matériaux céramiques.

L'excitation des physiciens, apprenant à la fin des années 1980 la découverte de nouveaux supraconducteurs, s'expliquait d'autant mieux que le chemin avait été fort long depuis que la supraconductivité avait été mise en évidence pour la première fois sur le mercure, par Kamerlingh Onnes, en 1911 en Hollande : en trois quarts de siècle, on n'était parvenu à augmenter que de vingt-cinq degrés seulement la température critique d'observation du phénomène et voilà qu'en trois mois on l'avait fait passer de 30 K à 90 K ! L'excitation retombée, l'interprétation du phénomène de la supraconductivité à « haute température » reste un problème entier, et un pan de la physique des états de la matière demeure en grande partie à explorer. Toutefois, on sait que la supraconductivité est une propriété de la matière qui, comme le ferromagnétisme, la ferroélectricité et la superfluidité, est de nature coopérative car elle ne s'explique que par un comportement collectif des particules ; sa compréhension a d'ailleurs considérablement progressé depuis la fin des années 1970. Les difficultés que l'on rencontre encore, çà et là, pour interpréter certains phénomènes ne doivent donc pas faire oublier les progrès réalisés par ailleurs et qui constituent l'ossature de ce chapitre.

États coopératifs et phénomènes critiques

L'observation fort ancienne des trois états fondamentaux de la matière, le gaz, le liquide et le solide, a mis en évidence des tendances très générales de leur comportement. À haute température et à densité faible, c'est en général un désordre quasi total qui prévaut, les particules constitutives de la matière, atomes, molécules ou électrons, ayant des comportements « individualistes » : personne, si l'on peut dire, ne se soucie de son voisin, sauf, éventuellement, pour éviter d'entrer en collision avec lui. Les choses changent lorsqu'on accroît la densité des particules, et donc de la matière, et que l'on abaisse la température. En effet, un ordre apparaît progressivement avec, dans certaines conditions, un comportement collectif des particules.

La première manifestation de l'existence d'un état ordonné, et la plus notable, est l'apparition d'un réseau cristallin caractérisé par une répartition périodique des atomes ou des molécules dans l'espace. Dans un solide, les atomes vibrent constamment autour de leur position d'équilibre et ces vibrations peuvent être excitées, par exemple thermiquement. La physique quantique associe systématiquement une onde à une particule, c'est la représentation duale de la matière : aux vibrations du réseau cristallin correspondent donc des « quasi-particules » que l'on appelle des « phonons » qui sont aux vibrations acoustiques ce que les photons sont aux ondes lumineuses. Les phonons sont donc une manifestation collective du comportement de tous les solides. Ainsi, par exemple, lorsqu'on élève la température d'un solide, on augmente *ipso facto* l'amplitude des vibrations du réseau et l'on a une émission de phonons. L'état liquide est bien sûr un état intermédiaire entre le gaz, totalement désordonné, et le solide, parfaitement ordonné, mais on trouve aussi, dans cet état, des comportements collectifs dont le plus remarquable est la superfluidité, qui est la propriété de l'hélium liquide d'être doté d'une viscosité nulle à très basse température et que l'on n'observe que sur ce fluide. Les électrons au sein d'un solide, par exemple dans un métal, peuvent aussi, dans certaines conditions, se comporter de façon collective. Les petits moments magnétiques individuels associés à une grandeur quantique, appelée « spin », qui est l'équivalant d'un moment cinétique de rotation propre à chaque électron, peuvent ainsi s'ordonner en bloc dans la même direction et conférer une aimantation permanente au solide : c'est le phénomène du ferromagnétisme. La supraconductivité est également un phénomène de nature collective, les électrons s'apparient dans le solide, surmontant ainsi leur répulsion naturelle, ce qui favorise l'apparition d'un mode de conduction de l'électricité qui est parfait puisqu'il ne s'accompagne d'aucune déperdition d'énergie. Un état coopératif de la matière, solide ou liquide, résulte donc du comportement collectif de particules qui se traduit par l'apparition de propriétés nouvelles. L'existence de phonons dans un solide est incontestablement un phénomène collectif intéressant mais elle ne se traduit pas par l'apparition de propriétés nouvelles, elle n'est pas la signature d'un état coopératif.

On peut comparer ces états coopératifs de la matière au comportement d'une foule de spectateurs attendant dans une salle de théâtre le début d'une représentation. Tout le monde est assis à sa place, l'ordre est presque parfait, équivalant à celui d'un réseau cristallin, mais la foule nombreuse peut être animée de mouvements divers, telle une houle, sifflets et applaudissements suscités par l'impatience des spectateurs sont l'équivalent de nos phonons des ondes acoustiques. Mais cette foule peut être saisie aussi, presque instantanément, d'un mouvement collectif, les spectateurs tournant la tête, comme un seul homme, en direction d'un balcon surplombant la salle où se produirait un événement insolite attirant ainsi tous les regards, un quidam qui agite, par exemple, un grand foulard rouge. L'apparition imprévue de ce personnage a provoqué l'équivalent d'une transition de phase et tous les spectateurs se trouvent dans un état coopératif : tous leurs visages sont orientés dans la même direction, on a l'analogue d'un système aimanté.

Le comportement collectif d'une foule nous donne une bonne image de la réalité physique dans les transitions de phase correspondant à ce que nous avons appelé des « phénomènes critiques ». L'apparition d'une propriété nouvelle, comme le magnétisme et la supraconductivité, correspondant à des états coopératifs, résulte nécessairement d'une interaction forte entre particules voisines, par exemple entre les électrons d'un métal. L'énergie d'interaction doit donc être supérieure à l'énergie d'agitation thermique dans le milieu afin que les comportements collectifs des particules puissent l'emporter sur leur tendance « naturelle » à la dispersion. On notera aussi que la réaction collective des spectateurs dans la salle du théâtre n'a pas été spontanée, dans la mesure où c'est le signal émis par un spectateur agité qui a été l'« excitation » extérieure déclenchant le mouvement d'orientation de la foule dans la salle. Dans le cas de la supraconductivité, ou de la superfluidité, il n'est pas nécessaire d'imposer une perturbation extérieure pour provoquer la transition, il suffit d'atteindre la température critique pour observer le changement d'état. En revanche, la présence d'un champ magnétique, même infinitésimal, imposera la direction d'aimantation pour le système magnétique, lorsqu'on s'approche de la température de Curie, provoquant ainsi une anisotropie dans le matériau ; le champ magnétique a un rôle équivalant, dans ce cas, à celui du foulard rouge agité par le spectateur du balcon de la salle de spectacle.

Rappelons-nous également, car c'est un point essentiel, que les transitions de phase critiques auxquelles sont associés des états avec des propriétés nouvelles, telles que le magnétisme ou la superfluidité, partagent des caractéristiques communes même si, en fin de compte, elles mettent en jeu des forces d'interaction entre particules de nature très différente. Ainsi, les transitions critiques ne sont accompagnées d'aucun dégagement de chaleur latente, et l'on constate également que des grandeurs thermodynamiques comme les chaleurs spécifiques, de systèmes magnétiques ou supraconducteurs par exemple, ont des comportements semblables au voisinage immédiat de la température de transition, elles tendent à croître très fortement. Il est légitime de s'interroger sur la signification profonde de ces similarités de comportement et de tenter d'élaborer une théorie « universelle » capable de rendre compte des phénomènes critiques, c'est-à-dire des transitions de phase du deuxième ordre, tels que le ferromagnétisme, la supraconductivité et la superfluidité. C'est un programme de recherche auquel se sont attelés les chercheurs dans les années 1930 et qui a été mené à bien, finalement, au cours des années 1970. Nous montrerons à la fin de ce chapitre quel en est le point d'aboutissement.

Par anticipation, toutefois, et avant d'aller plus avant dans la description des états coopératifs, il est utile d'introduire une première clé universelle permettant de décrire avec les méthodes de la thermodynamique, de la physique statistique et de la physique quantique les propriétés d'états coopératifs. Cette clé est une grandeur thermodynamique, le paramètre d'ordre, introduite par le physicien soviétique L. Landau dans les années 1930. La notion d'ordre est intimement liée à celle de transition de phase et l'on pourrait d'ailleurs qualifier d'états « supra-ordonnés » les états coopératifs de la matière. Il est donc utile de caractériser l'ordre dans un système par une grandeur thermodynamique ayant, si possible, une interprétation physique simple. L'entropie, on le sait, est la fonction thermodynamique classique qui est représentative du degré d'ordre ou de désordre d'un milieu : l'entropie de la phase liquide d'une substance est ainsi supérieure à celle de la phase solide. Elle a l'inconvénient de ne pas être directement mesurable[1]. C'est la raison, notamment, qui a conduit les physiciens, à la suite de L. Landau, a introduire le concept de paramètre d'ordre, pour les transitions de phase du deuxième ordre auxquelles nous nous intéressons ici; on choisit une variable thermodynamique qui a la propriété de s'annuler à la température de transition critique. Pour un matériau magnétique l'aimantation est le paramètre d'ordre naturel, et l'on peut obtenir directement sa valeur ainsi que sa variation avec la température par des mesures magnétiques. La situation n'est pas toujours aussi simple, cependant, et pour d'autres systèmes, le paramètre d'ordre n'a pas de signification physique évidente. C'est le cas avec la supraconductivité et la superfluidité où le paramètre d'ordre est défini à l'aide d'une grandeur quantique, la fonction d'onde du système que l'on ne peut pas atteindre directement par l'expérience.

On comprend bien que le paramètre d'ordre qui décrit l'état d'un système est une fonction des variables thermodynamiques, comme la température, la pression et éventuellement le champ magnétique, dont il dépend. L'un des objectifs des théories des états coopératifs est précisément de déterminer la loi de variation du paramètre d'ordre, mais aussi celle des grandeurs comme la chaleur spécifique

---

1. On mesure, en revanche, aisément une variation d'entropie lors d'un changement d'état, car elle est directement reliée à la chaleur latente.

ou la susceptibilité magnétique, en fonction des variables thermodynamiques. Toutes ces grandeurs qui ont un comportement singulier à la transition obéissent à des lois que l'on qualifie de critiques ; celles-ci prennent une forme mathématique simple lorsqu'on les exprime à l'aide de variables sans dimension : les écarts de la température et de la pression par rapport à leurs valeurs au point critique du système, rapportés à ces coordonnées critiques. Ces nouvelles variables s'annulent à la transition. Les lois critiques permettent de représenter le comportement de toutes les grandeurs caractéristiques d'un état coopératif par une fonction mathématique très simple : chacune d'elles est proportionnelle à une variable critique élevée à une certaine puissance avec un exposant spécifique[1]. Cet exposant dit « critique » n'est, en général, ni un nombre entier ni un nombre fractionnaire simple.

Les électrons entre désordre et coopération

Les solides sont des assemblages d'atomes constitués de noyaux chargés positivement, où est concentré l'essentiel de la masse, et d'électrons, qui sont des charges négatives. La très grande majorité des propriétés physiques d'un solide dépend de fait de la distribution des électrons qui sont la partie la plus mobile de la matière. Ainsi, si l'on décrit un état de la matière à l'aide de potentiels d'interaction atomique ou moléculaire, comme l'a fait van der Waals, c'est la distribution électronique dans l'espace qui va définir la forme de ces potentiels.

Tous les électrons dans la matière condensée n'ont pas les mêmes propriétés. Les électrons de valence qui sont à la périphérie des atomes ont une énergie plus forte, leur comportement influence très largement les propriétés d'un solide : la nature des liaisons interatomiques, les propriétés chimiques, mécaniques, thermiques, optiques et magnétiques. Ces électrons de valence conditionnent la capacité d'un solide à être un conducteur de la chaleur et de l'électricité. Enfin, certains électrons peuvent être totalement mobiles et se

---

1. Ainsi, si T_c est la température critique de la transition et T la température du système, on introduit la variable critique $\varepsilon = (T-T_c)/T_c$. Toute grandeur X sera proportionnelle à ε^x, où x est appelé « exposant critique ».

déplacer, par exemple, sous l'action d'un champ électrique : ce sont des électrons de conduction. On les trouve en particulier dans les métaux où leur existence explique la propriété de ces matériaux d'être des conducteurs de l'électricité. Dans les matériaux isolants, en revanche, on ne trouve pas d'électrons de conduction. Les deux tiers des éléments de la classification périodique de Mendeleïev sont des solides métalliques qui possèdent un réservoir d'électrons de valence capables de se déplacer facilement dans l'espace, en se délocalisant par rapport à leur atome d'origine. Ces électrons délocalisés constituent un gaz d'électrons de conduction qui confèrent sa forte conductivité électrique au solide. La physique quantique permet de décrire les propriétés de ce gaz d'électrons et le comportement de grandeurs caractéristiques du solide comme les conductivités électrique et thermique.

Si la distinction entre solides conducteurs et isolants est stricte à température nulle, il existe cependant un état intermédiaire avec les corps dits « semi-conducteurs », qui sont des isolants à température nulle mais qui peuvent gagner des électrons de conduction par excitation thermique des électrons situés sur des couches de basse énergie ou par dopage chimique par des impuretés. Le germanium et le silicium sont des matériaux modèles des semi-conducteurs mais on en trouve bien d'autres. Dans la catégorie des bons conducteurs électriques que sont les métaux, on trouve les métaux alcalins comme le sodium et le lithium, dont les atomes fournissent chacun un électron au gaz d'électrons de conduction, les alcalino-terreux tels que le baryum et le calcium en donnent deux. Les métaux nobles, comme l'argent, le cuivre et l'or, cèdent aussi chacun un électron périphérique au gaz d'électrons de conduction.

Un gaz ne constitue pas, *a priori*, un milieu ordonné, bien au contraire, et les électrons, en se déplaçant, entrent en collision avec les multiples microstructures existant dans le milieu cristallin : impuretés, défauts de nature diverse, etc. Ces collisions, sources de dissipation d'énergie, sont à l'origine de la résistance électrique d'un solide conducteur de l'électricité. Cependant, dans certaines conditions, les interactions entre les électrons eux-mêmes peuvent être de nature coopérative et conduire à la formation d'un état ordonné dans le solide. Le ferromagnétisme et la supraconductivité sont typiquement des états ordonnés de cette nature résultant d'un comportement collectif des électrons.

Le phénomène du magnétisme est connu depuis l'Antiquité et il est associé à la propriété que possèdent deux morceaux de fer de s'attirer mutuellement. Ce serait une région montagneuse de Turquie, riche en minerai de fer, et appelée « Magnésie », qui aurait donné autrefois son nom au phénomène. Il existe plusieurs types d'états magnétiques, et seul le ferromagnétisme correspond à un état aimanté de façon permanente en l'absence de champ magnétique. Cette aimantation a pour origine une grandeur associée aux électrons du système, appelée « spin », qui est l'équivalent d'un moment cinétique de rotation intrinsèque aux électrons. Ces spins sont des variables purement quantiques car ils n'ont pas d'analogue strict en physique classique ; pour les électrons individuels, ils ne peuvent prendre que deux valeurs : $+1/2$ et $-1/2$. Pour un atome, le spin résultant est un multiple de cette valeur demi-entière. Dans le cas le plus général, le spin est un vecteur qui peut avoir une composante dans chacune des directions de l'espace. Les spins, auxquels sont associés des moments magnétiques individuels, ont tendance à s'aligner dans une direction commune (on retrouve donc l'analogie avec le comportement de la foule des spectateurs d'une salle de théâtre), mais cette tendance est contrariée par l'agitation thermique dans le milieu. Cette forme de magnétisme va donc dépendre fortement de la température. Ainsi, aux températures élevées, et en l'absence de champ magnétique, l'aimantation globale dans le matériau est nulle, celui-ci se trouve alors dans un état désordonné appelé « paramagnétique ». Ce n'est qu'en abaissant la température au-dessous de la température de Curie qu'il apparaît une aimantation permanente non nulle : le matériau a subi une transition de phase de l'état paramagnétique à l'état ferromagnétique. Les petits aimants individuels associés aux spins des électrons se sont tous alignés dans une direction commune, donnant ainsi naissance à un état coopératif.

Les choses ne sont pas aussi simples que nous venons de le dire. En effet, reprenant nos considérations antérieures sur les changements d'état et, en particulier, sur les notions d'ordre et de désordre, il apparaît que la transition magnétique est associée à une rupture de symétrie : le matériau est moins symétrique dans la phase ferromagnétique que dans la phase paramagnétique. La direction d'orientation de l'aimantation est, en effet, un axe de symétrie de rotation pour le solide ferromagnétique, alors que le système paramagnétique ne possède pas cet axe de symétrie. On peut donc légitimement s'interroger sur la capacité d'un matériau à « choisir » telle orientation magnétique plutôt que telle autre. Après tout, nos spectateurs dans la salle de théâtre avaient tous été incités à tourner la tête en direction du même balcon, parce qu'un quidam y avait agité un foulard rouge. On a, nous l'avons déjà noté, une situation analogue, toutes proportions gardées, dans un solide ferromagnétique. En effet, une observation au microscope électronique révélerait que celui-ci, au-dessous de sa température de Curie, est constitué d'un assemblage de petits domaines magnétiques dont les aimantations ont une orientation aléatoire ; chacun d'eux s'est choisi une direction d'orientation magnétique mais la résultante de ces aimantations microscopiques est nulle. Le système a donc une aimantation macroscopique nulle, ce qui est évidemment un inconvénient majeur, à moins qu'on ne lui ait imposé une orientation privilégiée en le plaçant, par exemple, dans un petit champ magnétique qui provoque un alignement instantané des petits aimants individuels constitués par les domaines magnétiques dans la direction de ce champ. Le champ magnétique est la perturbation extérieure provoquant la brisure de symétrie ; c'est sa seule fonction et sa présence n'est plus nécessaire lorsque le système a acquis son aimantation macroscopique. Sur Terre, le champ magnétique terrestre, qui est très faible[1], peut remplir ce rôle.

Ce n'est qu'à la fin du XIXᵉ siècle que l'on a commencé à comprendre l'origine du magnétisme grâce, en particulier, aux travaux de Pierre Curie. Celui-ci se lança, en 1891, dans une longue série de recherches sur les propriétés magnétiques des solides, depuis la température ambiante jusqu'à 1 400 °C, qu'il devait exposer dans sa thèse de doctorat soutenue à la faculté des sciences de Paris en 1895. Pierre Curie mit en particulier en évidence la loi du comportement de l'aimantation et de la susceptibilité magnétique en fonction de la température, une loi qui porte désormais son nom[2]. Il fut le

---

1. Sa valeur est de 0,5 gauss.

2. Si T_c est la température de Curie, c'est-à-dire la température de transition de phase, au voisinage de T_c, la susceptibilité magnétique χ, qui est le ratio d'une variation d'aimantation à la petite variation de champ magnétique qui l'a engendrée, varie comme $1/T\text{-}T_c$. C'est la loi de Curie-Weiss.

premier à mettre en évidence l'importance d'une brisure de symétrie dans une transition de phase, observant qu'un « corps polarisé magnétiquement possède la même symétrie que le champ magnétique[1] ». Il nota également l'analogie, intuition assez remarquable pour l'époque, entre l'intensité de l'aimantation d'un corps ferromagnétique et la densité d'un fluide, l'état paramagnétique étant comparable à l'état gazeux, et l'état ferromagnétique à un état condensé sous forme d'un liquide. C'est sur ces bases qu'au début du XXe siècle P. Weiss et P. Langevin ont élaboré un premier modèle théorique pour rendre compte des différentes formes de magnétisme.

Aujourd'hui, on a une description satisfaisante des phénomènes magnétiques, même si certaines questions importantes n'ont pas été complètement élucidées. On a ainsi compris que l'aimantation spontanée d'un système magnétique a pour origine le couplage, dans certaines conditions, des spins électroniques localisés sur les différents sites du réseau solide. Le couplage entre les spins et la structure du cristal va déterminer le type d'état magnétique que l'on observe. Ainsi, on vient de le voir, on peut trouver un état où tous les spins sont alignés dans la même direction et qui correspond au ferromagnétisme. Ils peuvent aussi former deux groupes de spins répartis chacun dans un sous-réseau, la moitié des spins occupant un site sur deux, et l'autre moitié les autres sites mais alignés dans des directions antiparallèles, c'est-à-dire opposées. Dans ces conditions, l'aimantation macroscopique résultante est nulle, on dit que l'on se trouve dans un état antiferromagnétique. On peut aussi trouver une situation où les spins dans chacun des deux sous-réseaux n'ont pas la même valeur, et s'ils sont tous orientés dans des directions antiparallèles, l'aimantation macroscopique n'est pas nulle : c'est le ferrimagnétisme[2]. Les spins peuvent aussi être orientés dans la même direction mais être disposés en hélices : c'est l'hélimagnétisme.

Tous les systèmes atomiques et moléculaires ne sont pas aptes au magnétisme. La condition *sine qua non* pour qu'un matériau puisse acquérir une aimantation spontanée, lorsque la thermodynamique le

---

1. Pierre Curie, *Symétrie des phénomènes physiques*, 1897.

2. Les ferrites sont les exemples les plus notables de ferrimagnétiques. Ils ont pour formule générale $MO - Fe_2O_3$, où M est un métal divalent. Fe_3O_4 est un minerai ferrimagnétique bien connu.

permet, est que ses atomes ou ses ions possèdent un moment magnétique résultant de la combinaison des moments magnétiques individuels des électrons qui gravitent sur leurs orbitales atomiques. Or, la physique atomique et celle des quanta nous enseignent que les électrons se répartissent sur des orbites de plus en plus éloignées des noyaux des atomes, correspondant à des niveaux d'énergie différents, et qui forment des couches plus ou moins complètes. Les couches électroniques complètes, c'est-à-dire celles qui ne peuvent plus accepter d'électrons, ne contribuent pas au moment magnétique d'un atome car les moments électroniques individuels des électrons se compensent mutuellement ; seules les couches incomplètes peuvent contribuer à un moment magnétique atomique. C'est le cas d'atomes qui, dans la classification périodique, appartiennent soit à la série des éléments dits de « transition » (avec le fer, le cobalt et le nickel), soit à celle des terres rares dont font partie le gadolinium, le dysprosium, l'europium et quelques autres métaux. Des oxydes et des composés halogénés de ces métaux peuvent être aussi ferromagnétiques ou antiferromagnétiques ; c'est le cas, par exemple, des oxydes de fer qui ont été, dès l'Antiquité, les premiers minerais magnétiques que l'on a découverts.

Pour décrire un système ferromagnétique et la transition de phase magnétique, il est d'abord nécessaire de déterminer la fonction mathématique qui représente l'énergie du système. Celle-ci est la somme de trois termes : l'énergie cinétique des électrons ; leur énergie potentielle d'interaction avec les ions qui constituent le socle du réseau cristallin ; l'énergie électrostatique d'interaction mutuelle. En physique quantique, cette fonction qui est en général très compliquée, appelée « Hamiltonien du système », est très importante car elle est le point de départ de tous les calculs à partir de l'équation de base de Schrödinger. Elle est, en quelque sorte, le point de passage obligé pour toute stratégie qui vise à interpréter un phénomène physique. Puisque les électrons ont un spin associé à un moment magnétique, on peut construire des états correspondant à des spins qui sont soit parallèles, soit antiparallèles. Un principe de la physique quantique, dit « de Pauli », joue alors un rôle de gendarme. Il interdit en effet à deux électrons de même spin de se trouver au même point ; si les deux spins sont parallèles, les électrons sont donc contraints de se maintenir à distance raisonnable l'un de l'autre, cette contrainte n'existe pas si les spins sont antiparallèles. L'énergie électrostatique d'interaction entre deux électrons de spin parallèle est donc plus faible que celle correspondant à la situation où leurs spins sont antiparallèles, cet effet est donc favorable à l'alignement des spins et à leur comportement coopératif qui conduit au ferromagnétisme. Cet effet s'appelle un « phénomène d'échange ». Les éléments de transition comme le fer, le cobalt et le nickel ont précisément une forte énergie d'échange favorable au magnétisme. On peut alors écrire pour un solide ferromagnétique l'Hamiltonien du système. Sa forme la plus générale, dite « de Heisenberg », représente l'énergie totale et, en particulier, la contribution du phénomène d'échange tenant compte de toutes les interactions entre les spins qui sont proches voisins sur les atomes du réseau. On peut aussi simplifier cette forme mathématique qui, on l'imagine, est complexe, en supposant que d'une part les spins ne peuvent prendre que deux orientations, parallèle et antiparallèle à une direction fixée qui sera celle prise par l'aimantation, et que d'autre part les interactions entre spins sont limitées à celles entre sites voisins. On obtient alors la forme dite « d'Ising » de l'Hamiltonien. Pour la petite histoire, on doit noter qu'Ising était un physicien allemand qui, dans les années 1920, a eu la chance que son directeur de thèse lui demande d'étudier un modèle quantique simplifié du magnétisme, et il eut alors l'idée de génie de proposer dans son travail de thèse une forme simplifiée d'Hamiltonien qui porte aujourd'hui son nom. Ising demeura relativement inconnu puisqu'il ne fit qu'une seule publication dans sa vie professionnelle, mais « son » Hamiltonien a été en physique statistique et quantique l'équivalent d'un sésame ouvrant l'accès à la solution à des dizaines de problèmes de physique de la matière condensée.

Partant de cette simplification introduite par Ising, on a alors le choix entre deux stratégies. La première consiste à calculer l'aimantation du système, en supposant qu'elle existe, et à déterminer les conditions thermodynamiques de la transition de phase, en faisant un calcul quantique complet. Cette stratégie s'avère sans issue car le calcul est trop compliqué, il n'a d'ailleurs pu être fait sans approximation que pour un système à deux dimensions par le physicien norvégien L. Onsager, en 1944. Ce calcul représentait un véritable tour de force théorique mais il demeura sans suite. La seconde stratégie s'inspire de la méthode appliquée aux fluides par van der Waals. C'est la méthode dite du « champ moléculaire », imaginée initialement par Pierre Weiss, au début du XXe siècle, en continuité avec les travaux de Pierre Curie. Elle consiste à remplacer toutes les interactions subies par une particule dans le solide, et en particulier par les électrons, par un champ unique appelé « champ moléculaire » ou « champ de Weiss ». Tout se passe comme si dans un solide où les atomes « portent » des moments magnétiques individuels associés à leurs spins, on pouvait remplacer l'ensemble des interactions entre un spin et ses voisins par l'équivalent d'un champ magnétique agissant sur celui-ci et son moment magnétique, et représentant donc l'action collective de tous les autres spins de son voisinage. On simplifie ainsi considérablement le problème que l'on peut résoudre pratiquement à l'aide des méthodes classiques de la physique statistique.

Cette méthode, très puissante, permet de prévoir la transition entre les états paramagnétique et ferromagnétique, et de montrer qu'elle correspond à une transition de phase du deuxième ordre. Elle permet aussi de calculer la température de Curie pour la transition en fonction d'un paramètre qui caractérise l'énergie d'échange, appelé « constante d'échange », et de déterminer le comportement en fonction de la température de grandeurs magnétiques telles que l'aimantation et la susceptibilité magnétique. On retrouve aussi, en particulier, la loi de Curie pour la susceptibilité magnétique. Les prévisions théoriques apportées par cette méthode sont confortées par les résultats expérimentaux, du moins si l'on ne se trouve pas au voisinage immédiat du point de Curie. Les méthodes modernes de mesure telles que la résonance magnétique nucléaire, la diffusion des neutrons et de la lumière ont en effet permis de mettre en évidence des divergences assez nettes entre les prévisions des théories du champ moléculaire et les résultats expérimentaux, lorsqu'on se rapproche, par exemple, à 0,1 °C du point de Curie[1]. On a utilisé des méthodes plus sophistiquées, dérivées de l'approche par les champs moléculaires, mais elles ne modifient pas fondamentalement les

---

1. Les neutrons possèdent un moment magnétique propre qui peut se coupler à celui du matériau magnétique ; ils sont sensibles aux fluctuations de l'aimantation au voisinage du point de Curie. L'intensité d'un faisceau de neutrons diffusés par un système magnétique permet de mesurer sa susceptibilité magnétique.

résultats, et c'est finalement une attaque frontale de l'ensemble des phénomènes critiques qui a permis de donner une interprétation du magnétisme satisfaisante dans les détails. Nous y viendrons à la fin de ce chapitre.

La supraconductivité : pierre philosophale de l'électronique ?

Nous avons mentionné l'anecdote : lorsque Kamerlingh Onnes découvrit la supraconductivité du mercure, en 1911, il fut le premier à être surpris par sa découverte. Il constata que la résistivité du métal, c'est-à-dire sa résistance électrique, s'annulait au-dessous de la température de 4,15 K, alors qu'il s'attendait, en effet, à observer un phénomène inverse, pensant qu'à très basse température le mouvement des électrons de conduction dans un métal allait se figer comme celui des atomes d'un liquide qui se solidifie, et que la résistivité du métal allait fortement croître, voire devenir infinie. Un solide est donc supraconducteur s'il est un conducteur parfait de l'électricité et doté d'une résistivité nulle ou d'une conductivité (la grandeur inverse de la résistivité) infinie. L'apparition de la supraconductivité est associée à une transition de phase qui fait passer le matériau d'un état où il est un conducteur « normal » de l'électricité, c'est le cas d'un métal comme l'aluminium par exemple, à l'état supraconducteur. Cette transition de phase est, comme pour le ferromagnétisme, du deuxième ordre car elle se produit sans chaleur latente. On qualifie aussi de critique la température de la transition de phase. C'est une propriété qui est *a priori* très intéressante puisqu'elle permet d'envisager le transport du courant électrique sans perte d'énergie en ligne causée par l'effet Joule. Elle est relativement rare puisqu'on ne l'avait observée, jusqu'à la fin des années 1980, que dans certains métaux comme le mercure, l'aluminium, l'étain et le niobium, dans des alliages métalliques ainsi que dans un très petit nombre de composés organiques. Depuis lors, le champ des systèmes candidats à la supraconductivité s'est notablement élargi, à la suite des découvertes de Müller et Bednorz, à des céramiques dont le composé de base est un oxyde de cuivre. Tout récemment encore, en 2001, l'observation par des Japonais de la supraconductivité dans le diborure de magnésium, à la température de 39 K, ajoutait une nouvelle catégorie de matériaux à la liste déjà longue des supraconducteurs.

L'absence d'une résistivité électrique est une propriété remarquable d'un matériau supraconducteur mais elle n'est pas la seule. En effet, celui-ci possède aussi des propriétés magnétiques spécifiques : plongé dans un champ magnétique extérieur, on constate que l'induction magnétique au sein du matériau est nulle. Tout se passe comme si le supraconducteur expulsait les lignes de champ magnétique qui tenteraient d'y pénétrer (cf. figure 3.1). Cette propriété est l'effet Meissner et elle est associée à un magnétisme particulier que l'on appelle le « diamagnétisme ». On peut utiliser l'effet Meissner pour faire des expériences de lévitation qui ont toujours beaucoup de succès auprès des écoliers et des étudiants car elles ont un caractère mystérieux. L'une d'elles consiste à approcher au-dessus d'un aimant une petite pastille d'un corps supraconducteur, une expérience très facile à faire avec les supraconducteurs à haute température ; on constate alors qu'elle reste suspendue au-dessus de l'aimant : elle est en lévitation. La force magnétique, associée à la répulsion des lignes de champ magnétique due à l'effet Meissner, équilibre ainsi la force de gravité, expliquant alors le phénomène de lévitation qui ne doit rien à l'occultisme.

L'effet Meissner a toutefois des limites car si l'intensité du champ magnétique est trop élevée, les lignes de champ finissent par pénétrer dans le matériau qui perd alors sa supraconductivité. Il existe en fait deux types de solides supraconducteurs. D'une part, ceux qui manifestent un effet Meissner « strict » : au-delà d'une certaine valeur du champ magnétique, le solide perd sa supraconductivité – c'est le cas de métaux comme le plomb, le mercure et le titane. D'autre part, les systèmes où l'on a une situation intermédiaire : au-dessus d'une certaine intensité de champ (variable d'un matériau à l'autre), les lignes de champ pénètrent partiellement dans le matériau et celui-ci reste supraconducteur – lorsque l'intensité du champ continue à croître, il existe une limite au-delà de laquelle la pénétration des lignes de champ est totale et la supraconductivité cesse alors complètement. L'existence de ces champs « critiques » est un handicap sérieux pour leur utilisation technologique car, pour les supraconducteurs du premier type, les champs critiques sont, en général, peu élevés. En revanche, le second champ critique limite pour les

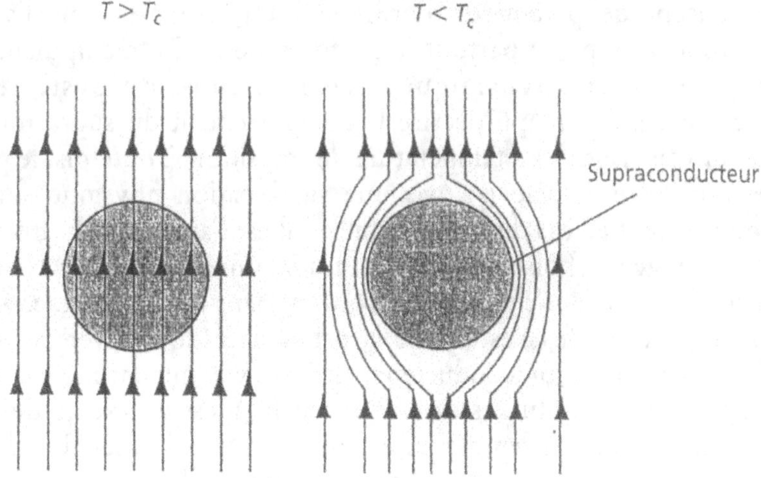

Figure 3.1. Expulsion d'un champ magnétique par un supraconducteur

Si l'on place dans un champ magnétique un matériau conducteur « normal » de l'électricité, les lignes de flux magnétique pénètrent dans la masse du solide. Si celui-ci est un supraconducteur, au-dessous de sa température critique T_c à laquelle apparaît la supraconductivité, les lignes de flux magnétique (représentées par les lignes continues) n'y pénètrent plus, elles sont expulsées. Cette propriété d'un supraconducteur est l'effet Meissner. Si l'on augmente le champ magnétique, les lignes de flux pénètrent, de nouveau, progressivement (dans certains supraconducteurs) et la supraconductivité cesse totalement lorsque le champ est trop intense.

matériaux du second type est relativement plus élevé. Les nouveaux supraconducteurs ont la bonne idée d'appartenir à la seconde catégorie, que l'on appelle « supraconducteurs de type II[1] ».

La supraconductivité est un phénomène physique qui a été la source de beaucoup de tourments pour les physiciens car il s'est avéré difficile de trouver un modèle théorique pour l'expliquer de façon totalement satisfaisante. Après une première tentative du physicien London, dans les années 1930, de modifier les équations de l'électromagnétisme de Maxwell afin d'expliquer le comportement anormal de la conductivité électrique, les physiciens soviétiques

---

1. Les inductions magnétiques limites pour les supraconducteurs du premier type sont inférieurs à 0,1 tesla. Pour les supraconducteurs du second type, les inductions magnétiques limites peuvent atteindre 25 teslas.

Le tesla est l'unité d'induction magnétique, il correspond à un champ magnétique de 10 000 gauss, soit vingt mille fois la valeur du champ magnétique terrestre.

Landau et Ginzburg entreprirent de décrire le phénomène à l'aide du concept de paramètre d'ordre qui est, comme nous l'avons remarqué, un passe-partout très commode. En manipulant un potentiel thermodynamique, l'énergie libre du système en l'occurrence, ils ont pu décrire le comportement du supraconducteur au voisinage de sa température de transition. Toutefois, le paramètre d'ordre associé n'a pas une signification physique simple, contrairement au cas du magnétisme où il est l'aimantation. En effet, on est obligé de choisir une grandeur quantique qui est le carré de la fonction d'onde des électrons se trouvant dans un état supraconducteur dans le solide, c'est-à-dire la probabilité de trouver des électrons dans l'état supraconducteur ; elle est évidemment nulle dans la phase « normale » du système et sa valeur n'est différente de zéro qu'au-dessous de la température critique. Sur ces bases, Landau et Ginzburg ont montré que le matériau supraconducteur pouvait être caractérisé par une longueur dite « de cohérence », qui correspond à la distance spatiale sur laquelle le paramètre d'ordre a une valeur finie dans le matériau au-dessus de sa température critique. On conçoit que cette longueur soit très petite au-dessus de la température de transition et qu'elle tende vers l'infini à la transition car c'est à ce moment précis que l'ensemble du solide devient supraconducteur : les électrons de conduction du métal acquièrent une liberté totale de déplacement sans heurter les obstacles que sont les ions ou les défauts à l'intérieur de la structure.

Cette description de l'état supraconducteur à l'aide du modèle de Landau-Ginzburg est sans aucun doute intéressante, mais elle n'explique pas l'origine du phénomène. On dit d'ailleurs qu'elle a un caractère « phénoménologique ». Ce sont en fait les physiciens américains Bardeen, Cooper et Schrieffer qui, en 1957, ont proposé une théorie microscopique de la supraconductivité, dite « de BCS » (les trois initiales de leurs noms), qui est fondée sur l'hypothèse de l'existence de paires d'électrons dans l'état supraconducteur. En effet, cette théorie part de l'hypothèse qu'il existe dans certains solides une interaction attractive entre les électrons de conduction qui leur permet de surmonter la force électrostatique de répulsion de Coulomb qui, elle, tend à s'opposer tout naturellement à la formation de paires. Cette interaction est indirecte car elle transite par le réseau cristallin du solide : un électron interagit avec les atomes du réseau et le déforme, puis un second électron se couple au premier *via* cette déformation. Toutes proportions gardées, le réseau cristallin est semblable au matelas d'un lit d'enfant dans lequel une mère de famille, par souci d'économie, aurait couché des jumeaux. Ceux-ci, de nature turbulente, essayent de se tenir à bonne distance l'un de l'autre en se repoussant avec force coups de pied, mais le matelas se déformant sous le poids des jumeaux, il se forme un creux en son milieu qui finit par attirer les jumeaux qui se retrouvent ainsi former une paire tels deux électrons d'un supraconducteur !

Dans le réseau cristallin, les paires de Cooper se déplacent sans échange d'énergie avec les ions du réseau : la conduction est parfaite et la résistivité s'annule dans la phase supraconductrice. On peut ainsi penser que plus l'interaction électron-réseau est forte, plus le matériau a des chances d'être supraconducteur. Cela explique que des métaux qui sont de très bons conducteurs électriques, tels que l'argent et le cuivre, ne sont pas supraconducteurs car leurs électrons sont faiblement couplés au réseau, alors qu'en revanche le plomb et l'étain, qui sont des métaux dont la résistivité électrique est plutôt élevée, sont des supraconducteurs. Par ailleurs, si l'on en croit les prévisions du modèle de BCS, on peut penser qu'à haute température l'amplitude de vibration des ions du réseau est trop forte pour permettre le couplage entre les électrons et le réseau de s'établir, et elle empêche donc la formation des paires de Cooper. Cela permet d'expliquer que la supraconductivité se manifeste à basse température, sauf, bien entendu, pour les nouveaux supraconducteurs à base d'oxyde de cuivre découverts en 1986. Dans le cadre de la théorie de BCS, aujourd'hui classique, on peut calculer la température de la transition supraconductrice en fonction de paramètres qui caractérisent le matériau, et l'on montre aussi que l'énergie d'une paire de Cooper et celle de deux électrons non appariés sont séparées par un écart, appelé *gap* en anglais, qui est une fonction de la température et qui s'annule strictement à la température critique. Ce *gap* est une fonction qui varie comme le paramètre d'ordre et qui est donc nulle au-dessus de la température critique. Il représente, en quelque sorte, la cohésion énergétique de la paire d'électrons supraconducteurs.

La découverte des supraconducteurs à haute température par Müller et Bednorz, en 1986, a quelque peu bouleversé ce schéma théorique qui paraissait jusqu'alors satisfaisant. Les nouveaux supraconducteurs, du type des céramiques composées d'oxyde de cuivre, de baryum et d'yttrium, ont l'avantage de posséder une température de transition relativement élevée, supérieure à la température d'ébullition de l'azote liquide, soit 77 K. Des composés supraconducteurs à base de bismuth et de thallium ont été synthétisés avec des températures critiques voisines de 125 K. Le « record » pour la température de transition a été obtenu à 134 K pour un oxyde de cuivre avec des atomes de baryum, de mercure et de calcium ; cette température peut encore être élevée de quelques dizaines de degrés en appliquant une pression sur les matériaux. Ceux-ci ont une structure cristallographique particulière : des plans d'oxyde de cuivre alternent avec des couches où sont insérés des atomes tels que le baryum et l'yttrium (cf. figure 3.2). Toutes les céramiques supraconductrices sont des composés du cuivre, à l'exception d'une seule qui est un oxyde de strontium et de ruthénium. Le phénomène de la supraconductivité dans ces matériaux est donc beaucoup plus difficile à expliquer que dans des métaux supraconducteurs « normaux », tels que le mercure et l'aluminium, ou dans les alliages métalliques. Il n'est pas certain que le modèle théorique de BCS soit totalement pertinent pour comprendre la supraconductivité de ces systèmes qu'il n'avait d'ailleurs pas prévue. Si les paires de Cooper se forment dans le solide, on doit trouver la nature du mécanisme qui préside à leur formation. En effet, les plans d'oxyde de cuivre développent des couplages magnétiques locaux qui sont de type antiferromagnétique, et il existe donc au sein de ces matériaux une compétition entre un ordre magnétique, qui n'est pas favorable à la supraconductivité, et la supraconductivité elle-même, qu'il est essentiel de comprendre pour expliquer le mécanisme de couplage des électrons, nécessaire à la formation des paires d'électrons, qui va provoquer la transition supraconductrice. Ce mécanisme est probablement différent de celui qui préside à la formation des paires de Cooper classiques et qui résulte, dans ce cas, d'une interaction avec le réseau cristallin. Cette question n'est pas encore élucidée et l'on ne dispose donc pas, pour le moment, d'une interprétation complètement satisfaisante du phénomène de la supraconductivité à haute température.

La supraconductivité, dès sa découverte, a suscité de grands espoirs d'applications technologiques. La capacité d'un conducteur électrique de pouvoir transporter un courant électrique sans perte d'énergie en ligne aurait, du moins sur le papier, d'intéressantes

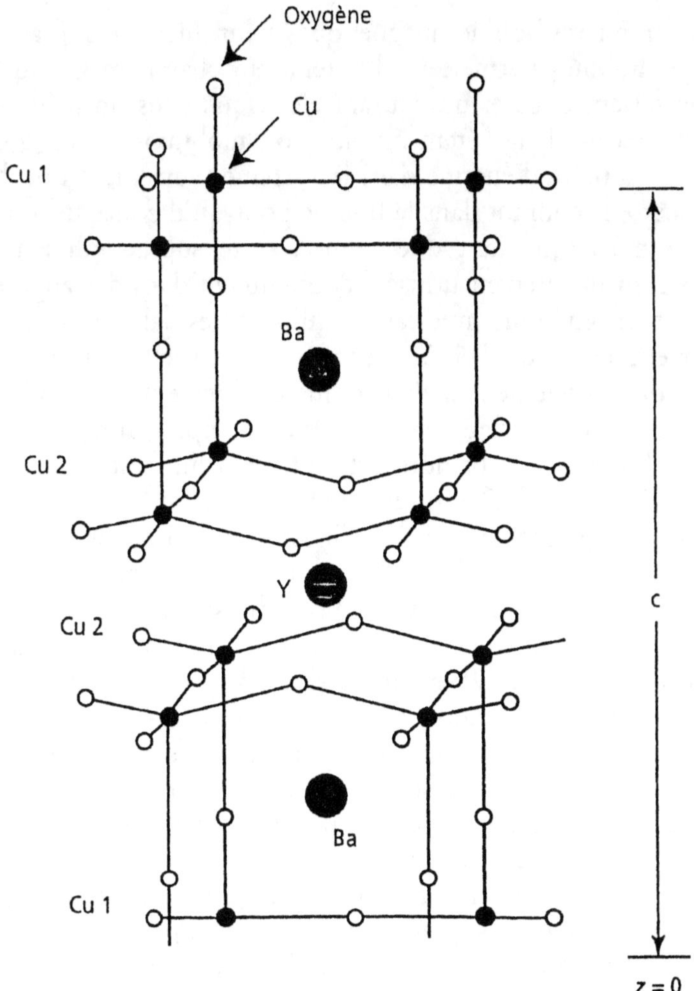

Figure 3.2. Structure cristalline d'un supraconducteur à haute température

Les composés supraconducteurs à haute température sont des oxydes de cuivre. Les premiers qui furent synthétisés étaient à base d'yttrium et de baryum et ils ont une structure cristallographique particulière : des plans d'oxyde de cuivre alternent avec des couches où sont insérés les atomes de baryum Ba et d'yttrium Y. Les structures planes d'oxyde de cuivre jouent un rôle essentiel dans la supraconductivité ; ces plans dans lesquels circulent les électrons sont plus ou moins fortement couplés dans la direction cristallographique c.

perspectives industrielles. Une première étape, au demeurant modeste, a été franchie au cours des années 1960 avec la construction des premières bobines magnétiques à enroulement supraconducteur. Ces bobines permettent d'obtenir un champ magnétique très élevé en faisant circuler un courant électrique dans un métal supraconducteur (un alliage étain-niobium ou niobium-titane), qui peut circuler sans perte d'énergie dans le système ; autrement dit, il suffit de « lancer » le courant dans la bobine pour qu'il continue à parcourir le fil métallique tant que celui-ci reste supraconducteur. Ces bobines sont maintenant utilisées couramment dans des appareils de résonance magnétique nucléaire équipant les laboratoires et qui contribuent, en particulier, à déterminer des structures moléculaires ; on les trouve également dans certains équipements pour l'imagerie par résonance magnétique en usage, par exemple, en médecine.

L'effet Meissner, on l'a noté, est un facteur limitant pour ces technologies. Le courant électrique circulant dans le bobinage crée, en effet, un champ magnétique qui, s'il est d'intensité trop élevée, peut détruire la supraconductivité. Pour les matériaux supraconducteurs dits de type II, la limite supérieure admissible pour les champs magnétiques est relativement élevée, ce qui est favorable aux applications technologiques. Cependant la situation, de ce point de vue, est complexe car la pénétration du champ magnétique dans ces matériaux, lorsqu'elle devient possible, n'est pas uniforme : elle s'effectue sous forme de vortex qui sont en quelque sorte des tubes ou des « spaghettis » traversant de part en part le supraconducteur. On peut mettre en évidence ces vortex par une méthode dite de « décoration magnétique » : elle consiste à étaler une poudre ferromagnétique à la surface du matériau, ses grains vont être attirés par les lignes de flux magnétique et vont se concentrer sur les zones de sortie des vortex qui sont ainsi directement localisés. On remarque alors que les vortex sont disposés à la surface du supraconducteur en formant un réseau triangulaire. Ces vortex jouent un rôle important dans le comportement d'un supraconducteur et ils sont « accrochés » par des défauts de structure dans le solide ou par des impuretés (cf. figure 3.3). Le déplacement des lignes de vortex au sein du système peut être considéré comme une véritable nuisance car il est un facteur de dissipation de l'énergie et il provoque une chute du potentiel électrique. Le noyau central d'un vortex est entouré par un courant électrique circulaire, et le déplacement des lignes de courant autour des vortex peut être comparé, toutes proportions gardées, à un champ de vitesses autour de l'œil d'un cyclone. Pour développer les applications des supraconducteurs, on souhaite donc « accrocher » les vortex pour éviter le déplacement des lignes de flux qui s'accompagne d'une dissipation d'énergie. Des défauts ponctuels dans la structure du matériau sont donc un facteur de stabilisation du supraconducteur. L'enjeu est important, en particulier pour les nouveaux supraconducteurs à haute température dans lesquels l'accrochage des vortex est lié à la structure plane des matériaux. La plupart des électrons dans l'état supraconducteur sont localisés dans les plans parallèles d'oxyde de cuivre qui définissent la configuration des vortex que l'on peut stabiliser en renforçant le couplage entre plans adjacents, par exemple en réduisant la distance qui les sépare ou en métallisant les couches intermédiaires existant entre ces plans par substitution chimique.

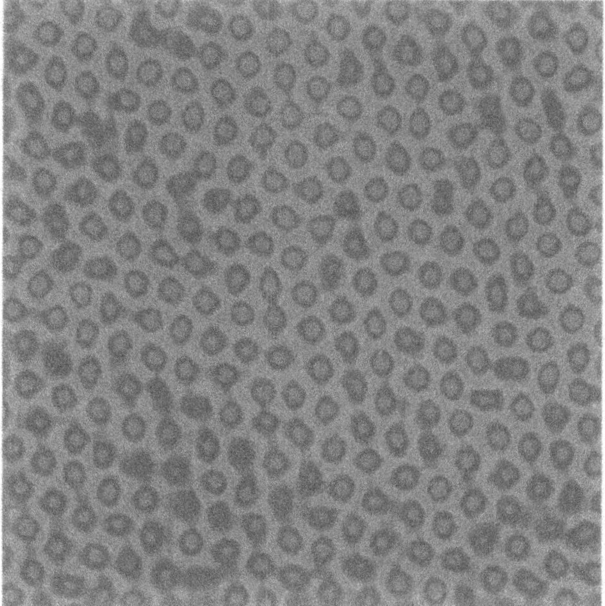

Figure 3.3. Vortex dans un supraconducteur

Les vortex (tourbillons) sont des lignes de flux magnétique pénétrant un matériau supraconducteur à la manière de tubes les traversant de part en part. Cette image de microscope électronique représente des lignes de flux qui ont traversé un matériau supraconducteur à haute température (un oxyde de cuivre). Elles ont été mises en évidence par une méthode dite de « décoration magnétique » : les grains d'une poudre magnétique placée à la surface du matériau sont attirés par les lignes de flux et localisent ainsi les vortex. La séparation entre les taches qui sont les points d'émergence des lignes de vortex est ici de l'ordre du micron. Les vortex forment un quasi-réseau dans le supraconducteur.
Extrait de *Nature*, n° 366, 18 novembre 1993.
© Macmillan Magazines Ltd.

Près d'un siècle après sa découverte, la supraconductivité n'a pas livré tous ses secrets ni répondu à tous les espoirs que l'on fondait sur ses applications technologiques. La fièvre qui avait suivi la découverte d'une supraconductivité à haute température, en 1986, est par ailleurs en grande partie retombée, les progrès de la recherche dans le domaine ayant été beaucoup plus lents que prévu, et la plupart des sociétés industrielles qui avaient décidé, à l'époque, d'y investir des moyens financiers pour la recherche ont arrêté leurs efforts au bout de quelques années. Bien entendu, la possibilité de découvrir des matériaux qui seraient supraconducteurs à la température ambiante reste toujours ouverte même si aucun modèle théorique ne permet de prévoir une telle percée : elle reste l'objectif prioritaire et ultime des travaux sur la supraconductivité. Pour l'atteindre si l'on veut éviter de travailler en aveugle, il est nécessaire de comprendre les phénomènes physiques qui sont à l'origine de la supraconductivité dans les céramiques d'oxyde de cuivre. La découverte, en 2001, de la supraconductivité dans le diborure de magnésium à la température de 39 K ne bouleverse pas fondamentalement la donne. Toutefois, ce nouveau supraconducteur a suscité un très grand intérêt dès sa découverte car son champ magnétique « critique » (qui détruit la supraconductivité) est très élevé et il peut aisément être mis sous la forme de fils.

L'électrotechnique est l'un des secteurs industriels où l'on a toujours envisagé de développer des applications technologiques des supraconducteurs pour réaliser, par exemple, des bobinages de moteurs électriques ou d'alternateurs, ou pour transporter le courant électrique dans des lignes électriques. Le transport par lévitation magnétique est une application envisagée de la supraconductivité : il s'agirait de maintenir en sustentation une charge lourde en utilisant l'effet Meissner qui équilibrerait la force de gravité. Des projets de train à lévitation magnétique utilisant un supraconducteur ont été envisagés en Allemagne et au Japon mais ils ne se sont pas concrétisés. Ce type d'application suppose que l'on puisse mettre sous forme de fils les supraconducteurs à haute température qui, jusqu'à nouvel ordre, sont des céramiques, matériaux fragiles car cassants. Cela constitue un nouvel obstacle à surmonter, de nature technologique cette fois-ci, mais les applications en micro-électronique des supraconducteurs sous forme de couches minces, par exemple dans des ordinateurs, ou sous forme de détecteurs de champs magnétiques poseraient sans doute moins de problèmes techniques.

La ferroélectricité ou le monde complexe des charges électriques

Un atome et une molécule sont constitués par une architecture assez complexe de noyaux atomiques et d'électrons. Ces derniers qui gravitent autour des noyaux peuvent être assimilés à un nuage de charges électriques négatives. Les nuages électroniques d'atomes voisins sont en interaction mutuelle, ce qui peut provoquer leur déformation. Cette interaction est aussi à l'origine, on l'a vu, des potentiels interatomiques ou intermoléculaires qui jouent un rôle clé dans les fluides et en particulier dans des changements de phases comme la liquéfaction et l'ébullition. Dans les situations d'équilibre normales, les centres de gravité des charges électriques positives et négatives des systèmes atomiques ou moléculaires coïncident, mais il existe un certain nombre de cas où les centres de gravité des charges positives et négatives sont distincts.

Cette séparation des charges se traduit par l'apparition d'un dipôle électrique, appelé encore « moment dipolaire électrique ». Cette situation est, toutes proportions gardées, semblable à celle que l'on trouve dans un aimant microscopique constitué de deux « masses » magnétiques de signes opposés, séparées par une certaine distance. Les masses magnétiques seraient l'équivalent des charges électriques, mais elles n'ont pas d'existence réelle car on ne peut pas séparer physiquement les masses magnétiques positives et négatives. La recherche des « monopôles » magnétiques, l'équivalent des charges électriques, est d'ailleurs un objectif de la physique des hautes énergies.

Dans la plupart des solides cristallins, on a une coïncidence parfaite des centres de gravité des charges et il n'existe donc pas de dipôle électrique permanent dans le matériau : on dit aussi que celui-ci n'est pas polarisé. Cependant, dans certains cristaux, on peut parvenir à modifier la répartition des centres de gravité des charges électriques par variation de température. Cela induit *ipso facto* la formation de dipôles électriques permanents et l'apparition d'une polarisation électrique qui est la résultante des moments individuels.

Ce phénomène d'apparition d'une polarisation électrique spontanée s'appelle la « ferroélectricité », par analogie avec l'apparition d'une aimantation permanente dans un ferromagnétique. Un matériau ferroélectrique possède, par définition, un moment dipolaire électrique macroscopique permanent en l'absence de champ électrique. À température élevée, les dipôles électriques individuels des ions sont orientés de façon aléatoire dans le solide, on dit qu'il est dans un « état paraélectrique ». Puis, lorsqu'on abaisse la température, ces dipôles subissent une transition à une température appelée « température de Curie » : en l'absence de champ électrique, les dipôles électriques individuels s'orientent dans une direction commune, le solide devient ferroélectrique. Il a alors subi une transition de phase paraélectrique/ferroélectrique. Pour qu'un matériau puisse être ferroélectrique, il est nécessaire que les centres de gravité des charges électriques, négatives et positives, soient distincts, et donc que le cristal soit dépourvu de centre de symétrie. La transition de phase ferroélectrique peut être accompagnée ou non de chaleur latente, et elle est donc indifféremment du premier ou du deuxième ordre, mais elle est toujours du premier ordre en présence d'un champ électrique.

Dans un très grand nombre de solides, l'apparition de la ferroélectricité est induite par un changement de la structure cristalline. C'est ainsi le cas pour une classe de matériaux appelés « pérovskites », à laquelle appartient, par exemple, le titanate de baryum qui a une transition de phase à 120 °C provoquée par un déplacement collectif des ions dans le cristal. Dans le cristal de phosphate de potassium dihydrogéné, représenté sur la figure 3.4, une transition à la température de -150 °C est provoquée par le déplacement des atomes d'hydrogène dans le solide. Ainsi, en dessous de cette température critique, ceux-ci se bloquent de façon privilégiée dans une position dans le réseau, et un ordre apparaît alors dans le système associé à une polarisation électrique non nulle.

On peut également obtenir une polarisation électrique en comprimant certains cristaux : sous l'effet de l'application d'une contrainte extérieure, il apparaît une polarisation électrique. Inversement, l'application d'un champ électrique à ce même matériau engendre une déformation élastique. C'est le phénomène de la piézoélectricité dont on doit la découverte, en 1880, à Pierre et Jacques Curie

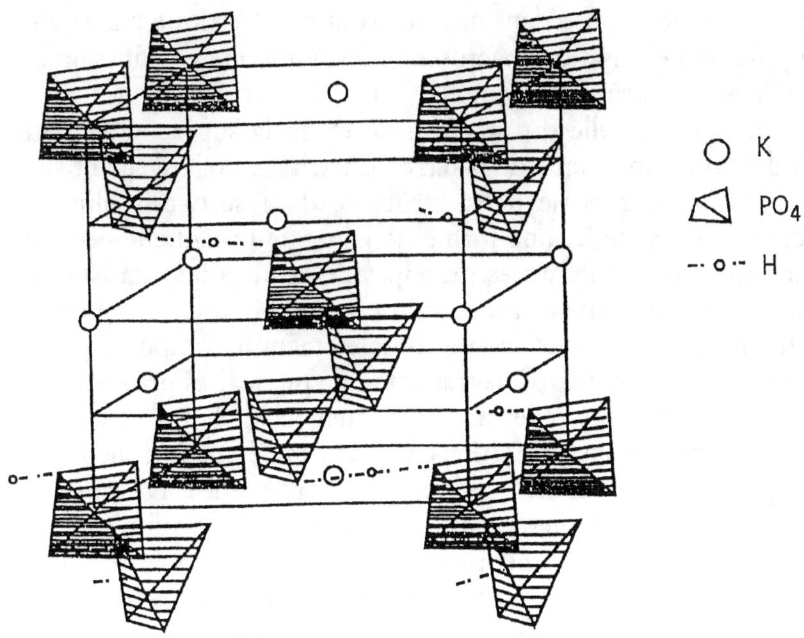

Figure 3.4. Structure d'un cristal ferroélectrique

On représente ici la structure du réseau d'un cristal ferroélectrique qui est un diphosphate de potassium. Les petits tétraèdres sont les ions phosphates PO_4, les ions potassium K sont insérés dans le réseau et les atomes d'hydrogène peuvent occuper deux positions d'équilibre entre deux tétraèdres voisins (sur les lignes représentées en traits interrompus). La transition entre les états paraélectrique et ferroélectrique est déclenchée par les mouvements des atomes d'hydrogène. En dessous de la température critique de transition ceux-ci se bloquent dans une position dans le réseau et un ordre apparaît, associé à une polarisation électrique permanente.

sur un cristal de quartz. Il faut remarquer que si tous les ferroélectriques sont piézoélectriques, la réciproque n'est pas vraie : un solide peut être piézoélectrique sans être nécessairement ferroélectrique (c'est le cas du quartz par exemple). Dans un matériau piézoélectrique, c'est l'application d'une contrainte extérieure qui, provoquant le déplacement des centres de gravité des charges électriques, induit une polarisation électrique dans le cristal. Le phénomène a donc une origine mécanique alors que la véritable ferroélectricité a une origine thermique. On trouve également une situation analogue à celle rencontrée dans les matériaux antiferromagnétiques lorsque dans un solide existent deux sous-réseaux, chacun possédant une polarisation électrique mais de signe opposé, la polarisation macroscopique résultante est ainsi nulle. Le solide est antiferroélectrique.

Comparée à celle du magnétisme et de la supraconductivité, la modélisation théorique de la ferroélectricité est relativement simple. A partir d'un modèle de la structure du réseau cristallin, on se donne, par exemple, une forme de l'énergie potentielle des ions et sur cette base, utilisant les principes de la physique statistique, on calcule très facilement la polarisation électrique du système. Avec cette méthode, on peut décrire complètement le comportement d'un ferroélectrique et prévoir la transition de phase. Les prévisions théoriques, par exemple celles du comportement de la polarisation électrique et de la constante diélectrique du matériau en fonction de la température, sont toutes vérifiées par l'expérience. De ce point de vue, les ferroélectriques sont des matériaux idéaux qui n'ont réservé aucune surprise aux théoriciens, contrairement aux ferromagnétiques et aux supraconducteurs. La raison en est, sans doute, que les forces au sein des matériaux, d'origine électrique, étant à longue portée, les théories du type « champ moléculaire », à la van der Waals, s'appliquent parfaitement bien à ce type de situations.

Le liquide superfluide : un supraconducteur de la chaleur

Tous les liquides, que ce soient des éléments ou des composés moléculaires, possèdent deux propriétés facilement mises en évidence : ils sont pourvus d'une viscosité qui est à l'origine d'une déperdition d'énergie lorsqu'ils s'écoulent dans un tube, en particulier un capillaire ; ils se solidifient lorsqu'on abaisse leur température. Or l'hélium, de ce point de vue, a un comportement totalement atypique à basse température. En effet, une fois que l'on fut parvenu à le liquéfier, on s'est aperçu qu'il était impossible de le solidifier, même en abaissant sa température jusqu'au zéro absolu[1]. Qui plus est, si, partant de la pression atmosphérique avec de l'hélium liquéfié au voisinage de la température de 4 K, on abaisse progressivement sa température, on constate alors que la phase liquide change brusque-

---

1. Avec les techniques des très basses températures, on peut atteindre, aujourd'hui, une température d'un millionième de kelvin.

ment de comportement à la température de 2,17 K : elle devient « superfluide ». Une nouvelle phase apparaît. Celle-ci est transparente comme l'hélium « normal » mais, alors qu'un liquide ordinaire bout avec une agitation quasi permanente (sa surface n'est pas plane mais frissonnante, perturbée par des vaguelettes), l'ébullition que l'on provoque par pompage sur l'hélium liquide s'effectue sans aucune agitation, la surface étant parfaitement plane comme celle d'une mer d'huile. Par ailleurs, on constate que l'hélium superfluide s'écoule sans frottement dans un tube capillaire : sa viscosité s'est annulée. On peut réaliser d'autres expériences curieuses avec ce liquide. Ainsi, par exemple, lorsqu'il est contenu dans un vase Dewar, on remarque que l'hélium superfluide est capable de grimper le long de ses parois en y formant un film liquide, escaladant la face intérieure du récipient telle une courroie de transmission ou un escalator, puis il dépasse sa partie supérieure et redescend en glissant sur la paroi extérieure de la même manière, jusqu'à épuisement du contenu du récipient.

En fait, la situation est bien plus complexe qu'il n'y paraît. L'hélium, qui est le deuxième élément de la classification périodique de Mendeleïev, est présent, à l'état naturel, sous la forme de deux isotopes : l'hélium 4, le plus abondant, a un poids atomique égal à 4, et l'hélium 3, présent à l'état de trace dans l'hélium naturel, a une concentration de l'ordre du dix millième. Or, si c'est initialement dans l'hélium 4 qu'a été découverte, en 1938, la superfluidité, simultanément par P. Kapitza à Moscou et J.F. Allen et A.D. Misener à Cambridge, ce n'est que bien plus tard, en 1973, que l'on parvint à mettre en évidence la superfluidité de l'hélium 3 (isotope de masse atomique 3) en dessous de la température de 2,7 millikelvins (soit 2,7 millièmes de kelvin).

On a cru pouvoir expliquer initialement la différence de comportement des deux isotopes de l'hélium par leurs spécificités statistiques. En effet les propriétés statistiques des particules que sont des noyaux atomiques dépendent du caractère pair ou impair de leur nombre de masse : les noyaux dont le nombre de masse est impair sont ce que l'on appelle des « fermions », alors que ceux dont la masse est un nombre pair sont des « bosons » (ils sont formés respectivement de nombres impair et pair de protons et de neutrons). Le poids atomique de l'hélium 4 étant pair, son noyau est donc un boson, tandis que celui de l'hélium 3 étant impair, son noyau est un fermion. Les propriétés statistiques de ces deux types de particules sont très différentes et l'on avait donc attribué le fait que l'hélium 3 ne semblait pas manifester la propriété de superfluidité à sa spécificité statistique. Cette interprétation fut évidemment remise en cause lorsqu'on constata que l'hélium 3 était aussi superfluide. Les physiciens se rattrapèrent alors, ils proposèrent que les noyaux d'hélium 3 puissent s'apparier pour former une pseudo-particule dont le nombre de masse est pair, si bien que leurs propriétés statistiques ne se distinguent plus dès lors de celles de l'isotope pair.

La transition de phase qui permet de passer dans l'hélium du liquide normal au superfluide a toutes les caractéristique des transitions du deuxième ordre : elle se produit sans chaleur latente et elle est associée à une forte anomalie de la chaleur spécifique du liquide qui croît très fortement à la température de transition. Si l'on mesure avec précision cette chaleur spécifique, et que l'on porte les valeurs mesurées sur un graphique en fonction de la température, on constate alors que la courbe obtenue a la forme de la lettre grecque *lambda*, d'où le nom de « point lambda » donné au point de transition qui est l'équivalent d'un point de Curie.

Tout comme la supraconductivité, découverte près de vingt ans auparavant, la superfluidité est un phénomène difficile à interpréter. On ne peut y parvenir avec les modèles théoriques de la physique classique, et l'on peut qualifier l'état superfluide de typiquement quantique. Revenons, en effet, à nos considérations sur les propriétés statistiques des atomes d'hélium. Le noyau d'hélium 4 qui est un boson peut occuper différents niveaux d'énergie avec une fonction de probabilité, ou de distribution, dite « de Bose-Einstein ». C'est pourquoi d'ailleurs on appelle « bosons » les noyaux de ce type. Le noyau d'hélium 3, dont le nombre de masse est impair, est un fermion qui obéit, lui, à une statistique totalement différente, celle de Fermi-Dirac, qui a donné son nom aux particules de cette espèce. Or, les bosons ont, eux, une propriété très spécifique d'origine quantique : à très basse température, une proportion substantielle de ces particules peut occuper l'état fondamental d'énergie individuelle, c'est-à-dire l'état d'énergie nulle. Autrement dit, tous les bosons ont tendance à s'entasser dans le même état d'énergie nulle. Ce phénomène curieux, prévu par Einstein en 1925, porte le nom de

« condensation de Bose-Einstein », on ne peut l'observer qu'au-dessous d'une certaine température, dite « température de Bose ». Au-dessus de cette température, le gaz de particules se comporte de façon normale, plusieurs particules peuvent certes occuper le même état d'énergie, mais leur nombre n'excède que rarement quelques unités. Les fermions, quant à eux, ont un comportement radicalement différent car ils sont soumis à une contrainte sévère, le principe d'exclusion de Pauli, qui interdit strictement à deux fermions d'occuper le même état d'énergie. On ne peut donc pas trouver un phénomène de condensation de Bose-Einstein dans un gaz de fermions.

C'est sur la base d'une compréhension des propriétés statistiques de la matière que F. London et L. Tisza ont expliqué, en 1938, le comportement de l'hélium à partir d'un modèle dit à « deux fluides ». Ceux-ci ont émis l'hypothèse que l'hélium liquide superfluide est constitué de deux composants : d'une part un fluide normal dont les atomes n'ont pas subi la condensation de Bose-Einstein, d'autre part un superfluide dont les atomes sont condensés dans l'état fondamental d'énergie nulle. Les atomes du fluide normal sont bien localisés spatialement : ils occupent un élément de volume bien délimité du récipient où l'hélium est stocké. En revanche, les atomes d'hélium superfluide sont totalement délocalisés dans l'ensemble du liquide : ils se trouvent partout à la fois dans le volume qui leur est imparti. Sous forme d'un condensat de Bose-Einstein, le fluide a un comportement quantique macroscopique, et la transition superfluide observée à la température de 2,17 K est de fait une transition de phase quantique. Au-dessous de la température critique, la température de condensation, la concentration de la phase superfluide croît lorsqu'on abaisse la température. Ce modèle à deux fluides a été perfectionné ultérieurement par Landau, puis par Feynman qui introduisit un terme représentant l'énergie d'interaction entre les atomes d'hélium.

Le phénomène de condensation de Bose-Einstein explique bien les propriétés de l'hélium superfluide. La délocalisation spatiale des atomes condensés dans l'état d'énergie libre explique, en particulier, le fait que le superfluide est un véritable supraconducteur de la chaleur. Dans un liquide normal, au voisinage de l'ébullition, des points chauds dans le volume et sur les parois du récipient provoquent une ébullition locale du fluide et donc une remontée de bulles à sa surface qui, en la crevant, sont à l'origine d'une agitation quasi permanente de l'interface liquide/vapeur. Dans une phase superfluide, en revanche, la délocalisation des atomes au sein du volume liquide rend possible un transport instantané de la chaleur d'un emplacement à un autre, permettant ainsi d'effacer toute inhomogénéité de température existant dans le milieu : la vaporisation de l'hélium s'effectue alors sans agitation à travers une interface quasiment plane. L'absence de viscosité de la phase superfluide de l'hélium est aussi une conséquence directe de la condensation de Bose-Einstein. En effet, lorsqu'on force l'hélium superfluide à s'écouler à travers un tube capillaire, il occupe instantanément tout l'espace disponible à l'intérieur du tube, et il s'écoule sans perte d'énergie et sans frottement sur les parois.

Enfin, le physicien soviétique V.P. Peshkov a observé, en 1946, que la propagation du son dans le liquide superfluide était également singulière. Celui-ci peut, en effet, transporter une vibration appelée « second son ». Une onde sonore ordinaire provoque dans un milieu une oscillation de sa masse volumique (c'est-à-dire la densité) qui est en phase avec celle de la pression. Ce son « ordinaire » peut évidemment se propager dans la phase superfluide, mais il existe aussi un autre mode de propagation où la densité du fluide normal et celle du superfluide oscillent en opposition de phase avec la même amplitude, la masse totale ne subissant aucune perturbation. Dans ce mode de vibration, l'entropie du fluide normal oscille, alors que celle du superfluide reste nulle. On peut donc espérer exciter ce mode de vibration en produisant un choc thermique dans le superfluide, et il se manifestera alors par des oscillations locales de température que l'on a effectivement observées expérimentalement.

Toutes les considérations précédentes s'appliquent à l'hélium 3. En effet, si le noyau de cet isotope est un fermion, en s'appariant avec un noyau voisin il constitue une quasi-particule dont la masse est paire et, devenant ainsi un boson, il est susceptible de subir le phénomène de condensation de Bose-Einstein que l'on observe effectivement au-dessous de la température très basse de 2,7 mK. En fait, on a pu mettre en évidence par des mesures de résonance magnétique nucléaire que l'hélium possède plusieurs phases superfluides distinctes qui sont anisotropes et magnétiques. C'est d'ailleurs une faible attraction magnétique qui permet à des paires d'atomes d'hélium 3 de se constituer, provoquant ainsi la condensation de Bose-Einstein.

La superfluidité apparaît dans la galaxie des phénomènes de transitions de phase comme une singularité qui est associée à une statistique quantique. Pour l'instant, et contrairement à la supraconductivité, aucune application technologique n'est envisagée pour la superfluidité. Il est clair que les conditions très particulières d'observation du phénomène, les très basses températures, constituent un handicap difficilement surmontable à la mise en œuvre de techniques utilisant l'hélium superfluide. Toutefois, comme on le verra dans un prochain chapitre, on a pu observer, en 1995, la condensation de Bose-Einstein, à très basse température, dans des vapeurs d'atomes tels que le sodium et le rubidium ; le front de la recherche s'est ainsi de nouveau déplacé vers les transitions de phase d'origine quantique.

L'universalité des phénomènes : un concept clé

Dans un numéro spécial publié à la fin de l'année 1999, le célèbre magazine scientifique britannique *Nature* brossait un tableau des grandes questions scientifiques qui restent encore ouvertes et, abordant le champ de la physique des transitions de phase et des états de la matière, un physicien, Ben Widom, posait la question provocatrice suivante : que savons-nous aujourd'hui qui n'était pas connu au temps de van der Waals, il y a de cela un siècle ? Les découvertes de la supraconductivité et de la superfluidité, ainsi que les théories modernes des transitions de phase fondées sur une approche quantique des phénomènes sont bien évidemment des apports essentiels à la connaissance de la matière, postérieurs à van der Waals, mais il n'en demeure pas moins vrai que celui-ci, en proposant la théorie du « champ moléculaire » pour expliquer et modéliser la transition liquide/gaz, a donné aux physiciens un cadre théorique qui leur a permis de comprendre pratiquement tous les phénomènes de transition de phase.

Les résultats expérimentaux accumulés pendant des décennies, et en particulier ceux obtenus à l'aide des techniques les plus modernes comme la résonance magnétique nucléaire, la diffusion de la lumière et des neutrons, ont mis en évidence le fait qu'au voisinage d'une transition de phase du deuxième ordre des grandeurs physiques de même nature (les chaleurs spécifiques, la compressibilité d'un fluide, la susceptibilité magnétique d'un aimant et bien sûr les paramètres d'ordre tels que l'aimantation) ont un comportement très similaire. Autrement dit, ces grandeurs obéissent au voisinage de la température de transition de phase à des lois identiques, appelées « lois critiques », que l'on peut représenter par les mêmes fonctions mathématiques à l'aide des variables critiques simplifiées que nous avons définies au début de ce chapitre. Chaque grandeur est proportionnelle à une variable critique élevée à une certaine puissance avec un exposant spécifique, l'exposant critique, qui est en principe le même quelle que soit la nature de la transition de phase. Même si les forces d'interaction dans ces systèmes physiques très différents ne sont évidemment pas de même nature, les phénomènes critiques ont un certain caractère d'« universalité », que l'on ne retrouve pas dans les transitions du premier ordre comme l'ébullition ou la solidification. Van der Waals avait déjà constaté que l'on pouvait décrire le comportement des fluides à l'aide de coordonnées « réduites », c'est-à-dire en rapportant la température, la pression et la densité à leurs valeurs au point critique; les isothermes et les équations d'état étaient alors identiques pour tous les fluides. Cette loi, dite « des états correspondants », était la première manifestation du caractère universel des transitions critiques.

Les physiciens ont été évidemment frappés par l'universalité des phénomènes critiques qui impliquait l'existence de modèles génériques en physique statistique susceptibles de les expliquer et de les prévoir. Après 1930, ils ont recherché des modèles qui auraient eu cette capacité de prévision. Les théories à la van der Waals, qui étaient toutes fondées sur l'hypothèse de l'existence d'un champ moléculaire représentant les mécanismes d'interaction entre les particules, ont permis, en première approximation, de trouver la plupart des lois de comportement critique avec les exposants critiques appropriés pour les transitions de phase.

C'est le physicien soviétique L. Landau qui, le premier, est parvenu à modéliser de façon très simple le comportement universel des phénomènes critiques en utilisant le concept de paramètre d'ordre. Il est parti du constat qu'une transition critique se manifestait par une anomalie d'un potentiel thermodynamique décrivant l'évolution d'un système (un fluide, un solide ferromagnétique, etc.) et il a supposé qu'on pouvait représenter ce potentiel sous la forme d'une expression analytique simple qui est une fonction du paramètre d'ordre (l'aimantation par exemple)[1]. Des manipulations simples de cette fonction permettent de déterminer les conditions d'équilibre du système (elles correspondent à un minimum), de prévoir les conditions de la transition de phase et de calculer les exposants critiques qui leur sont associés. Appliquée à un fluide près de son point critique et à un système magnétique, au voisinage du point de Curie, cette théorie de Landau permet de retrouver d'une part les prévisions de l'équation d'état de van der Waals, et d'autre part celles du modèle de Weiss pour le magnétisme.

Toutefois, à partir de 1960, les progrès des techniques expérimentales et les mesures systématiques de grandeurs comme la densité et la compressibilité des fluides au voisinage immédiat de leur point critique (on s'approchait à un centième de degré du point critique), entreprises notamment au National Bureau of Standards des États-Unis[2], ont mis en évidence des écarts par rapport au comportement prévu par les théories classiques du type de celle de van der Waals. En particulier, les exposants critiques déterminés expérimentalement avaient des valeurs différentes de celles calculées avec le modèle de Landau et admises jusqu'alors. Il a donc fallu revoir complètement l'arsenal théorique qui avait permis d'expliquer avec succès, pensait-on, les phénomènes critiques. Les techniques expérimentales ont très clairement joué un rôle clé dans ce tournant. C'est en effet la possibilité de mesurer avec une plus grande précision des grandeurs thermodynamiques, comme la densité, la compressibilité, la susceptibilité magnétique et surtout la température, qui ont permis de découvrir que les lois critiques n'étaient pas celles que l'on croyait. Le concept d'universalité a mis, dès lors, les physiciens sur

---

1. Landau a montré que l'on pouvait développer en série un potentiel thermodynamique, tel que l'enthalpie libre de Gibbs par exemple, en fonction du paramètre d'ordre. Chaque terme de la série est un coefficient dépendant de la pression et de la température.

2. Celui-ci (NBS) est devenu le National Institute of Standards and Technology (NIST), il est en quelque sorte l'équivalent d'un Bureau national des poids et mesures. Le NIST a son siège à Gettysburg, dans la banlieue de Washington.

la voie d'une solution à ce problème. Ils ont constaté que les théories classiques des phénomènes de transitions de phase avaient le grave défaut de ne pas prendre en compte les fluctuations d'une grandeur thermodynamique clé telle que le paramètre d'ordre. Celles-ci sont des variations locales de nature statistique : lorsqu'on s'approche d'un point critique, les fluctuations de grande longueur d'onde du paramètre d'ordre, c'est-à-dire à longue portée, deviennent très importantes car le système est en train de s'organiser (ou de se désorganiser). Elles tendent alors à dominer les propriétés du système dans la région critique, tant et si bien qu'au voisinage du point critique, quel que soit le système physique, les détails de sa structure ne comptent plus et son comportement a un caractère collectif. Il suffit donc de calculer les grandeurs physiques, telles que l'aimantation, à une échelle qui est, schématiquement, celle de la portée de ces fluctuations.

Si l'on reprend le parallèle que nous avons fait entre le comportement d'une foule de spectateurs dans un théâtre et un milieu physique subissant une transition de phase, on conçoit que la taille des spectateurs ainsi que la façon dont ils sont disposés dans la salle importent peu lorsqu'un personnage apparaît au balcon en agitant un foulard rouge, et que tout le monde tourne la tête pour diriger son regard dans sa direction. Les mouvements de tête des spectateurs sont ici l'équivalent des fluctuations thermodynamiques du paramètre d'ordre, ils se sont propagés dans toute la salle, donc sur une très grande échelle, provoquant ainsi un phénomène analogue à une transition de phase. En physique des états de la matière, on dit aussi que les grandeurs thermodynamiques obéissent à des lois d'échelle, une notion qui a été introduite dans les années 1970 par les physiciens Domb, Kadanoff et Widom. En bonne logique, sur la base de ce constat, on peut penser que les lois critiques avec les exposants critiques qui leur sont associés ne vont pas dépendre de la structure atomique détaillée du système, mais qu'elles vont être déterminées par les fluctuations à longue portée dans les systèmes. On peut donc comprendre que ces comportements auront un caractère universel dicté par des modèles génériques capables de prévoir n'importe quel type de phénomènes. C'est l'hypothèse de base de la théorie élaborée par le physicien américain K.G. Wilson au début des années 1970 et qui permet de trouver toutes les lois critiques.

Ce modèle théorique part de l'hypothèse fondamentale que l'effet des fluctuations du paramètre d'ordre, au voisinage du point critique, ne sera pas modifié si l'on change l'échelle d'observation du phénomène, à condition de travailler à une échelle qui est à la fois supérieure à la distance entre les sites du réseau constitué par les particules du milieu et inférieure à sa taille. Sur cette base, Wilson a introduit une technique de calcul, dite « du groupe de renormalisation », empruntée à la physique des particules. Elle consiste à calculer par étapes la probabilité de distribution des états du système en éliminant petit à petit les détails de sa structure. Ainsi, par exemple, dans un réseau représentant un solide magnétique, on doit, en principe, prendre en considération tous les électrons avec leur moment magnétique individuel qui sont localisés sur tous les sites, afin de calculer l'aimantation mais, pour les besoins du calcul, on peut aussi constituer des petits blocs, correspondant à des domaines magnétiques, en prenant un site sur deux et en remplaçant les aimants individuels par l'aimantation moyenne de ces petits blocs : c'est une opération de renormalisation (cf. figure 3.5). On procède ainsi par itérations successives en éliminant progressivement les détails de la structure du système. Au voisinage du point critique, les fluctuations de l'aimantation opérant à une grande échelle, on conçoit que l'ensemble des blocs de sites avec les grandeurs physiques associées à leurs électrons « renormalisés » vont représenter de mieux en mieux la réalité physique. On calcule, à chaque étape de l'opération, la nouvelle forme de la probabilité des états du système qui permet, en physique statistique, de calculer des variables comme l'aimantation. On peut considérer qu'au point critique cette fonction converge vers une forme limite invariante pour toute nouvelle opération de renormalisation. Il en va de même pour toutes les grandeurs physiques caractéristiques du système, en particulier l'énergie. En étudiant leur évolution lorsqu'on change d'échelle d'observation à chaque opération de renormalisation, on peut déterminer les valeurs précises des exposants critiques pour des systèmes quelconques à une, deux ou trois dimensions qui sont en général différentes de celles obtenues avec les théories classiques. La théorie de Wilson a pratiquement résolu tous les problèmes que posait la détermination des exposants critiques et ses prévisions sont toutes vérifiées par l'expérience.

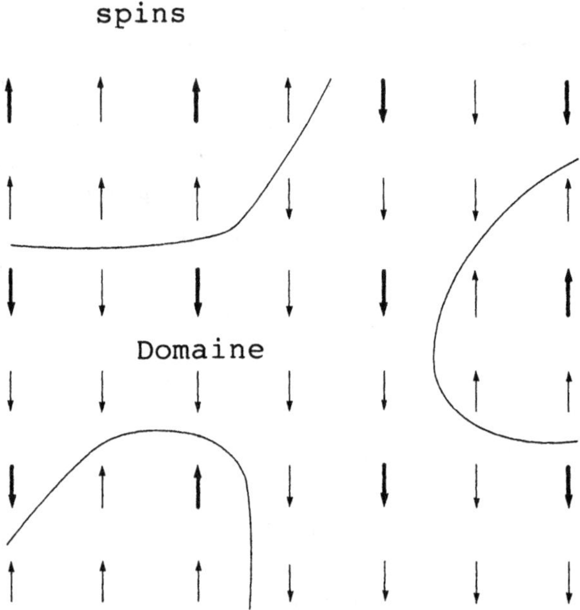

Figure 3.5. Opération de renormalisation

Dans un réseau solide magnétique chaque site est occupé par un atome, avec ses électrons auxquels est associée une variable quantique appelée « spin ». À chaque spin correspond un petit moment magnétique représenté par une flèche. Ces moments magnétiques constituent des petits blocs correspondant à des domaines magnétiques qui vont tous contribuer à l'aimantation. Pour calculer celle-ci on devrait effectuer une sommation sur tous les sites du réseau, mais on peut aussi procéder par étapes, en ne faisant d'abord la sommation que sur un site sur deux (on remplace chaque aimant représenté par une flèche par une flèche en gras sur la figure). On répétera ensuite cette opération, mais à chaque fois on remplace les aimantations individuelles par l'aimantation des petits blocs (les flèches en gras sont plus épaisses pour indiquer que l'on doit effectuer cette opération). C'est une opération de décimation appelée encore « renormalisation »; elle est à la base de la théorie de Wilson des phénomènes critiques. Elle permet de calculer les grandeurs physiques caractéristiques d'un système, comme par exemple son aimantation.

C'est ainsi que s'est clos, au début des années 1980, un chapitre important de la physique statistique appliquée à l'étude des phénomènes de transitions de phase qui avait été ouvert, un siècle auparavant, par van der Waals.

De nouveaux enjeux ?

Les succès de la théorie de Wilson des phénomènes critiques signifient-ils, pour autant, que tout a été dit dans ce domaine ? Cela n'est pas certain et le front de la recherche se déplace vers des zones d'ombre qui demeurent. On possède certes un cadre théorique qui permet de modéliser l'ensemble des phénomènes, mais ce n'est pas pour autant que l'on comprend tous les mécanismes qui sont à l'œuvre dans certains types de transitions de phase. La situation est particulièrement complexe lorsque les phénomènes sont de nature quantique et mettent en jeu des comportements collectifs de particules, les électrons dans un supraconducteur et les atomes d'hélium dans la superfluidité. Plus récemment, la découverte d'une magnétorésistance géante dans des composés ferromagnétiques conducteurs, des oxydes de manganèse et de lanthane, mettait en évidence un nouveau type de comportement collectif des électrons. Cette magnétorésistance se manifeste par l'apparition d'une très grande résistance électrique lorsqu'on applique à un solide conducteur un champ magnétique. On a, en quelque sorte, une transition de phase qui est provoquée non pas par la variation de la température mais par un autre paramètre, en l'occurrence le champ magnétique. Dans ce cas, ce ne sont plus les fluctuations thermodynamiques classiques qui jouent un rôle au voisinage de la transition mais des fluctuations quantiques qui affectent l'état d'une variable en particulier et sa localisation. L'effet de ces fluctuations n'est plus piloté par la température mais par une grandeur comme le champ magnétique. Cet effet subsisterait d'ailleurs à la température du zéro absolu où toutes les fluctuations thermiques classiques sont gelées, alors que les fluctuations quantiques sont encore possibles car elles sont une conséquence du principe d'incertitude d'Heisenberg. Ces nouveaux matériaux magnetorésistifs sont utilisés, notamment, dans des dispositifs d'enregistrement et de lecture magnétiques d'images et de sons sur des disques.

Ces transitions de phase, que l'on qualifie parfois de « quantiques », sont un sésame qui permet une approche théorique du phénomène de supraconductivité à haute température, découvert en 1986 par Müller et Bednorz, et qui demeure encore une énigme. Le comportement collectif des électrons dans les oxydes de cuivre où le phénomène se manifeste est en effet complexe. Les électrons dans ces matériaux, constitués par des couches parallèles d'oxyde de cuivre entre lesquelles s'intercalent des ions comme le baryum et l'yttrium, balancent entre la supraconductivité et le magnétisme. C'est une situation d'autant plus paradoxale que l'effet Meissner interdit pratiquement à un supraconducteur de se trouver dans un état magnétique. Il existe, en effet, des interactions magnétiques entre les ions du cuivre dans le solide que l'on qualifie, dans ce cas, d'« antiferromagnétique quantique dilué ». La dilution provient de dopants comme le baryum qui apporte des charges mobiles aux couches d'oxyde de cuivre. Le système, pour une certaine concentration critique du dopant, subirait une transition de phase magnétique, il deviendrait antiferromagnétique. La supraconductivité interviendrait en abaissant la température en dessous de 100 K selon un mécanisme qui demeure totalement incompris.

La stratégie de la recherche dans ce domaine consiste donc à tenter de comprendre le mécanisme qui déclenche la supraconductivité, puis à modifier la composition et la structure des matériaux, en jouant sur la concentration des dopants pour essayer d'élever la température de transition. La voie est étroite mais praticable, même si aucune percée décisive n'a été enregistrée dans le domaine depuis la découverte des matériaux à température critique élevée (130 K aujourd'hui). Toutefois, la supraconductivité risque de demeurer un phénomène extraordinaire, au sens propre du terme, sans véritable perspective technologique majeure. Sauf percée scientifique, toujours difficile à prévoir, la supraconductivité, comme la fusion thermonucléaire contrôlée dans un autre domaine, sera peut être considérée dans vingt ans comme un monstre sacré de la recherche que le XXe siècle aura légué au XXIe.

Pour s'en tenir au seul champ de la technologie, il est très probable que des matériaux où se manifestent des transitions de phase classiques comme les ferromagnétiques et les ferroélectriques n'aient pas encore dit leur dernier mot. Ainsi a-t-on élaboré des nouveaux matériaux magnétiques, tels que des alliages magnétiques amorphes, c'est-à-dire ayant les propriétés de verres, composés de fer, de nickel et de bore. Le bore est un métalloïde, comme le phosphore et le soufre, dont les propriétés sont différentes de celles des métaux mais, à des concentrations comprises entre 15 et 20 %, il peut former des alliages avec certains métaux qui sont des verres. Ces alliages, qui sont mis en général sous la forme de films minces et de rubans, sont utilisés dans des dispositifs électromagnétiques à faible puissance, notamment les systèmes d'enregistrement du son et de l'image tels que les nouveaux disques DVD. Comparés aux matériaux magnétiques classiques, ils ont l'avantage de résister beaucoup mieux à la corrosion chimique.

Les ferroélectriques et les piézoélectriques sont utilisés de façon classique dans de nombreux dispositifs électriques et électromécaniques. Les propriétés piézoélectriques de matériaux comme le quartz, de céramiques comme les titanates de plomb et de zirconium, sont mises en œuvre dans des générateurs et des détecteurs d'ondes ultrasonores : des sonars et des hydrophones dans la marine ; des dispositifs médicaux pour détruire les calculs rénaux ; des microphones ; des accéléromètres tels ceux qui équipent les airbags des voitures. La synthèse de matériaux ferroélectriques qui sont des polymères organiques, tels que le polyfluorure de vinylidène (PVF), utilisés dans les dispositifs de détection d'ultrasons, est probablement une innovation marquante dans ce domaine.

Les applications électro-optiques des matériaux ferroélectriques se sont aussi considérablement développées car ce sont des matériaux non linéaires : la fréquence d'une onde électromagnétique qui les traverse peut être changée, ainsi que la vitesse de propagation de la lumière (une onde lumineuse de couleur verte peut être ainsi transformée en une onde de couleur bleue). Des céramiques piézoélectriques et des cristaux ferroélectriques comme le niobiate de sodium sont utilisés pour leurs propriétés électro-optiques dans différents systèmes de télécommunication optique.

La montée en puissance des technologies de l'information a considérablement stimulé la mise en œuvre des phénomènes associés aux transitions de phase et de propriétés comme le magnétisme et la ferroélectricité dans tous les systèmes de traitement, de diffusion et de stockage de l'information sous forme analogique (un signal électrique) et, depuis les années 1990, sous forme digitale. Ainsi envisage-t-on d'utiliser des films ferroélectriques dans des mémoires pour le stockage d'information en mettant à profit la capacité de microdomaines ferroélectriques à changer l'orientation de leur polarisation électrique très rapidement. C'est sur un principe analogue que fonctionnent les disques magnétiques, les DVD, l'aimantation d'un micro-aimant d'un film magnétique pouvant être modifiée quasiment instantanément par une impulsion laser qui provoque un échauffement local, et un passage du matériau à une température au-dessus de son point de Curie où il perd alors son aimantation. En se refroidissant en présence d'un petit champ magnétique local, le matériau récupérera son aimantation orientée dans la direction de ce champ, on aura ainsi effacé puis stocké un bit d'information associé à une direction d'aimantation locale.

On peut affirmer que, dans une certaine mesure, il y a une connivence objective entre les technologies de l'information et la physique des phénomènes critiques. En effet, les technologies de l'information reposent en grande partie sur l'extrapolation d'une logique binaire (un bit d'information correspond au nombre 0 ou 1), tandis que les transitions de phase, par définition, représentent le passage d'un état physique à un autre : un matériau est ou n'est pas ferromagnétique (dans ce cas il est paramagnétique). Une transition de phase est l'équivalent d'une commutation ou du passage du nombre 0 à 1 en système numérique binaire. Cette opération est d'autant plus facile qu'elle ne représente aucune dépense d'énergie si la transition de phase est du second ordre puisqu'elle s'effectue sans chaleur latente. C'est en particulier l'intérêt des matériaux magnétiques lorsqu'on peut les utiliser au voisinage de leur point de Curie, chose que l'on sait faire. C'est pourquoi les applications technologiques des supraconducteurs n'auront une réelle ampleur que si l'on peut manipuler de tels matériaux à des températures proches, sinon supérieures, de la température ambiante en présence ou non de champs magnétiques, ce qui reste, pour l'instant, hypothétique.

Pourra-t-on, un jour, réaliser la synthèse de polymères qui posséderaient des propriétés comme le ferromagnétisme, la ferroélectricité, voire la supraconductivité ? C'est une question que l'on peut se poser. On perçoit bien les avantages qu'auraient de tels matériaux que l'on pourrait mettre en forme aisément. C'est déjà le cas du PVF, on vient de le voir, et rien n'interdit donc de penser que l'on ne puisse y parvenir.

La physique des états de la matière aura été intimement associée à la grande révolution technologique qu'a léguée le XXe siècle, celle des technologies de l'information. La percée massive de l'informatique n'a été possible que grâce à l'introduction du transistor et des circuits intégrés mettant en œuvre les propriétés de l'état semi-conducteur de matériaux comme le silicium. Les techniques de l'informatique et des télécommunications ont ensuite suscité la mise en œuvre de matériaux spécifiques comme les films magnétiques, les ferroélectriques, ainsi d'ailleurs que les verres pour les fibres optiques.

Dans la plupart des systèmes, ce sont les électrons qui ont été les personnages centraux de cette révolution technologique qui a, peu à peu, changé nos modes de pensée, nos modes de communication et d'action. Sans les percées qu'ont représentées la physique statistique et la mécanique quantique, il n'aurait pas été possible de comprendre et de modéliser les comportements collectifs de ces particules et leur rôle dans l'apparition de nouveaux états de la matière. Le programme que s'étaient fixé les scientifiques dans ce domaine a été largement mené à bien, si l'on excepte quelques obstacles de taille, comme la compréhension de la supraconductivité à haute température, qui n'ont pu être surmontés. Aujourd'hui ce sont les photons des ondes lumineuses qui jouent les premiers rôles, demain ce seront peut-être les états quantiques de particules comme les atomes et des spins des électrons qui interviendront de façon privilégiée.

Chapitre 4

To be or not to be ?
Les états « indécis »

La visite des ateliers des verreries de Murano, dans la lagune de Venise, est l'un des *must* des parcours touristiques classiques pour ceux qui visitent cette région d'Italie. Le verre est, depuis très longtemps, le produit phare de l'artisanat local que les Vénitiens ont réintroduit en Europe, au XIIIe siècle, grâce à leurs relations commerciales avec les Byzantins. Le verre n'est d'ailleurs pas un matériau récent et il a très certainement fasciné les civilisations de l'Antiquité. Solide transparent, il avait beaucoup de propriétés communes avec les cristaux. Coloré, il imitait certaines pierres précieuses ; il avait de plus l'avantage de pouvoir être fabriqué à partir du sable, une matière première abondante et peu coûteuse. Les Babyloniens et les Égyptiens ont, très probablement, été à l'origine de la fabrication des premiers verres, un peu plus de deux millénaires avant notre ère. De nos jours, quarante siècles environ après l'invention de ces matériaux, la mise au point de verres dotés d'une transparence quasi parfaite a permis de construire des réseaux de fibres optiques qui sillonnent le sous-sol de nos villes et les fonds océaniques, en transmettant à distance conversations téléphoniques, données diverses et images ; le verre est, dans une large mesure, le support matériel de la société de l'information dans laquelle nous sommes entrés aujourd'hui.

Matériau solide connu depuis des millénaires, le verre est, en fait, à lui seul un véritable paradoxe. En effet, il peut être obtenu à partir d'une substance qui est polycristalline, les grains de quartz qui sont des constituants du sable, après deux transitions de phase très classiques, la fusion et la solidification, mais ce n'est pas pour autant qu'il peut être considéré comme un cristal dont il n'a d'ailleurs pas toutes les propriétés mécaniques et optiques. Qui plus est, on constate que seul un certain nombre de solides, après fusion, peut se transformer en verre. Le verre est incontestablement un solide mais, comme d'autres matériaux dont nous traiterons dans ce chapitre, il constitue un état de la matière « indécis » dont les propriétés sont elles-mêmes une transition entre le liquide et le solide cristallin. La compréhension de l'état vitreux, nous le verrons, demeure aujourd'hui encore un véritable défi scientifique.

Les cristaux liquides : entre l'état liquide et le solide cristallin

Un cristal fond lorsque l'énergie thermique, qui tend à créer le désordre, devient supérieure à l'énergie d'interaction intermoléculaire qui stabilise la structure périodique du cristal tout en assurant sa cohésion. Cette structure est alors brisée par l'agitation thermique et l'ordre résultant du positionnement moléculaire est détruit. Les molécules sont libres de se déplacer d'une manière aléatoire dans le système devenu liquide. En revanche, si les molécules ont une forme très anisotrope du type d'un bâtonnet, on peut observer un processus différent. À une certaine température (température de fusion du cristal), l'énergie thermique peut être suffisante pour détruire l'ordre cristallin provenant du positionnement moléculaire, tout en étant insuffisante pour s'opposer aux interactions moléculaires responsables de l'ordre d'orientation : toutes les molécules sont alors orientées dans la même direction dans le milieu. On dit dans ce cas que l'on a obtenu une phase mésomorphe ; les centres de gravité des molécules sont répartis aléatoirement dans le milieu mais celles-ci conservent une orientation privilégiée. On est donc en présence d'un état liquide fortement anisotrope. Lorsqu'on augmente sa température, cette phase liquide ordonnée donne naissance à la phase isotrope du liquide normal, l'énergie thermique est alors suffisante pour supplanter la contribution de l'énergie intermoléculaire qui favorise l'alignement des molécules : la phase mésomorphe fond. La fusion se produit en quelque sorte en deux étapes successives avec ce type de matériau.

Dans un « vrai » cristal dont les molécules ont une forme de bâtonnet, celles-ci possèdent à la fois un ordre de positionnement (leurs centres de gravité sont situés sur des sites formant un réseau périodique) et d'orientation, elles sont orientées en tout point dans la même direction. La rupture de l'ordre de positionnement, caractéristique d'un solide cristallin, provoque l'apparition d'une phase mésomorphe, appelée encore « cristal liquide ». Les cristaux liquides sont donc des phases intermédiaires entre les phases liquide et solide, qui constituent, elles aussi, un état « indécis ».

Ce sont des composés organiques qui peuvent former des substances moléculaires fortement anisotropes favorables à l'existence de cristaux liquides. Plusieurs milliers de molécules organiques de ce type formant des phases mésomorphes ont été identifiées aujourd'hui. Une molécule organique constituée par deux noyaux aromatiques et appelée en abrégé le « MBBA[1] », est la plus classique. Le cholestérol, dont l'importance biologique est considérable, en est une autre.

Selon la géométrie moléculaire, le système, initialement à l'état cristallin, peut passer par une ou plusieurs phases mésomorphes avant de se transformer en un liquide complètement isotrope. Les transitions peuvent s'effectuer soit en faisant varier la température, soit sous l'influence d'un solvant. C'est le mésomorphisme thermotropique qui se manifeste lorsqu'on élève la température qui est le plus courant et qui connaît le plus grand nombre d'applications technologiques.

La découverte des cristaux liquides ne fut possible qu'à partir du moment où les techniques d'analyse microscopique eurent été bien développées, c'est-à-dire au XIXe siècle. La première phase cristal liquide fut sans doute observée par le physicien allemand Virchow, en 1853, par microscopie. Il s'agissait d'une substance, la myéline, qui entoure le cylindre formé par les nerfs. Ultérieurement, en 1888, un autre physicien allemand, Lehmann, qui étudiait le phénomène de fusion sur un composé organique, le benzoate de cholestéryl, observa un phénomène inhabituel : celui-ci semblait avoir deux points de fusion. Lorsqu'il était chauffé, le cristal fondait d'abord à la température de 145,5 °C, en formant un liquide trouble, puis il fallait atteindre la température de 178,4 °C pour que le liquide se cla-

---

1. MBBA : N-(4-méthoxybenzylidène)-4'-butylaniline.

rifie complètement et subitement. Lors du refroidissement, les phénomènes inverses se produisaient. Si les cristaux qui sont dotés d'une structure périodique tridimensionnelle, bien définie à l'échelle atomique, ont deux indices de réfraction (ils sont biréfringents), en revanche, les liquides dont les molécules sont distribuées aléatoirement dans l'espace sont, eux, caractérisés par un indice de réfraction unique. Lehmann et son collègue Reitnizter, surpris de constater que la phase liquide intermédiaire du benzoate de cholestéryl possédait une biréfringence, décidèrent d'appeler cette phase « cristal liquide ». Cette dénomination fut reprise, ultérieurement, par le minéralogiste français G. Friedel.

Les phases cristal liquide que l'on peut obtenir dépendent évidemment du motif moléculaire caractéristique du matériau. On distingue en général les phases dont les molécules ont des formes allongées, d'une part, et celles constituées de molécules discotiques, d'autre part. Sur ces bases, on a établi une sorte de zoologie des cristaux liquides. On a ainsi trois grandes classes de matériaux associées à des substances dont les molécules ont une forme allongée et sont rigides : les nématiques, les cholestériques et les smectiques. Les phases nématiques, représentées sur la figure 4.1, sont constituées de molécules ayant la forme d'un bâtonnet (leur nom a pour origine le mot *nematos*, qui signifie « bâton » en grec), qui sont identiques à leur image dans un miroir et que l'on qualifie d'« achirales ». Le MBBA, déjà cité, est un exemple de cristal liquide nématique, la

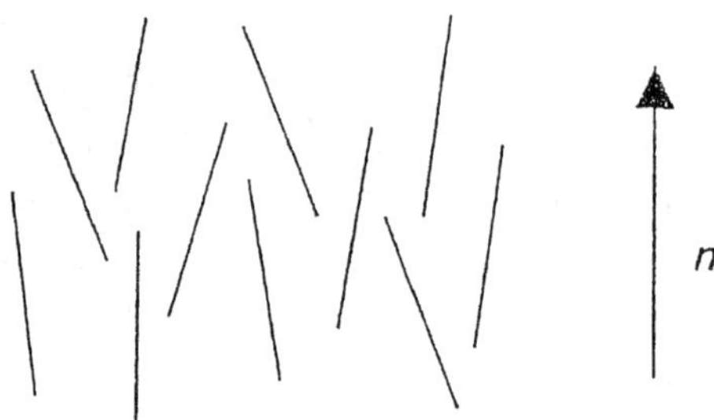

Figure 4.1. Phase nématique

Dans un cristal liquide nématique, les molécules qui ont la forme de petits bâtonnets s'orientent toutes dans une même direction, mais leurs centres de gravité sont distribués de façon aléatoire dans le milieu. On a une phase intermédiaire entre un liquide et un cristal. Lorsqu'on élève la température du cristal liquide, les orientations moléculaires deviennent aussi aléatoires, on observe une transition cristal liquide/liquide isotrope.

température de transition entre les phases solide et nématique est de 22 °C, le nématique devenant un liquide isotrope à 47 °C.

Lorsque les molécules sont de type bâtonnets mais ne sont pas superposables à leur image dans un miroir (on dit alors qu'elles sont « chirales »), on obtient des phases cholestériques. Cette dénomination rappelle qu'elles ont été mises en évidence, pour la première fois, sur des dérivés du cholestérol. Si l'on observe la structure tridimensionnelle d'un cholestérique, on constate, sur la figure 4.2, que dans un plan les molécules possèdent toutes la même orientation mais aussi que celle-ci change de manière hélicoïdale dans le matériau sur une longue période. Celui-ci est donc caractérisé par une périodicité spatiale qui correspond, en fait, à la moitié du pas de l'hélice de la structure. Les valeurs typiques de cette période spatiale

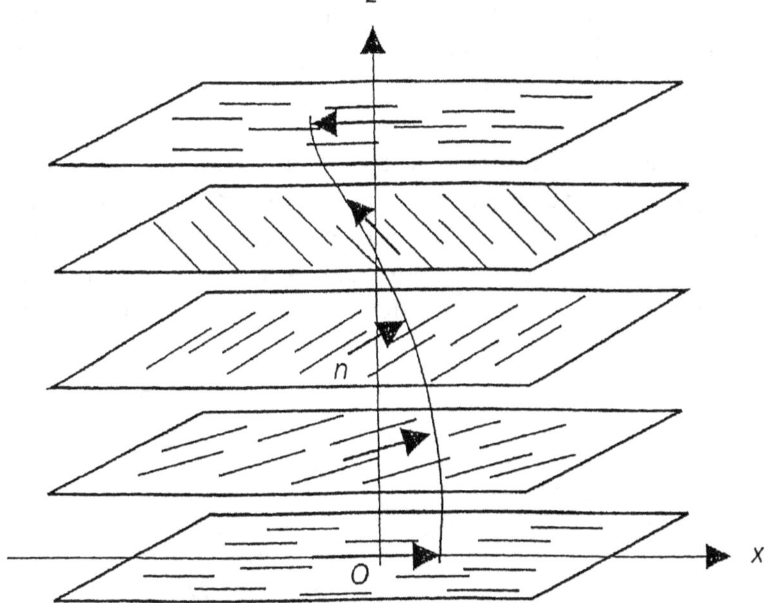

Figure 4.2. Phase cholestérique

Les molécules qui ont la forme d'un bâtonnet ont encore leurs centres de gravité dispersés au sein du milieu, on observe qu'elles ont toutes la même orientation dans un plan mais que celle-ci change d'un plan à l'autre : entre deux plans voisins l'orientation des molécules a tourné. Ce changement d'orientation est périodique car le petit vecteur qui représente la direction d'une molécule tourne lorsqu'on se déplace dans le matériau comme si la flèche du vecteur décrivait une hélice. Cet ordre d'orientation est caractéristique d'une phase cristal liquide cholestérique. La périodicité spatiale de l'orientation correspond à la moitié du pas de l'hélice.

sont très supérieures à la taille des molécules ; elles sont de l'ordre de 300 nanomètres pour le cholestérol.

Les cristaux liquides smectiques constituent une troisième famille de phases mésomorphes qui ont des structures en couches, telles que celles de la figure 4.3. Leurs molécules ont encore la forme de bâtonnets qui ont une orientation préférentielle variable d'une substance à l'autre. Pour certaines d'entre elles celle-ci est perpendiculaire au plan des couches, pour d'autres elle est inclinée par rapport à la verticale suivant un angle qui dépend de la nature des molécules. L'épaisseur des couches moléculaires, au sein desquelles les centres de gravité des molécules sont distribués aléatoirement, est bien définie et elle est mesurable par diffraction des rayons X ; elle est approximativement égale soit à une, soit à deux fois la longueur des molécules. Les phases smectiques sont, elles aussi, des substances organiques dont la structure comporte, par exemple, deux noyaux aromatiques sur lesquels sont greffés des radicaux plus ou moins linéaires.

La synthèse organique joue, bien évidemment, un rôle clé dans l'élaboration des phases cristal liquide. On a pu ainsi obtenir des mésomorphes à partir de molécules discotiques, c'est-à-dire qui sont plates et ont la forme d'un disque. Les premières substances de ce type qui ont été étudiées étaient des mélanges obtenus par pyrolyse de brais de pétrole. Un bon modèle de molécules discotiques est en fait constitué par un noyau aromatique sur lequel on a substitué

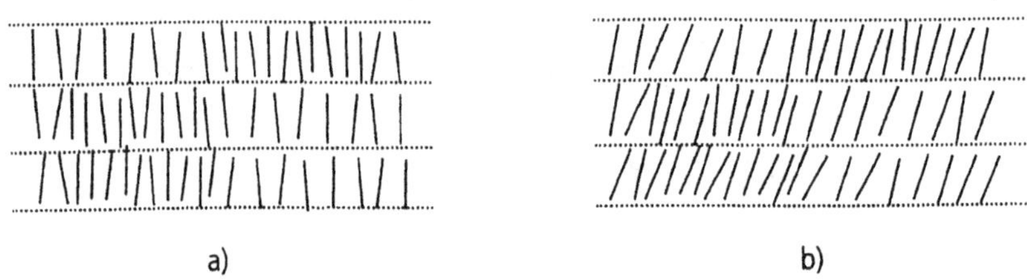

a)   b)

Figure 4.3. Arrangements moléculaires dans les phases smectiques

Les molécules de forme allongée sont disposées en couches de même épaisseur. Dans certaines phases cristal liquides smectiques (a), l'axe d'orientation préférentielle des molécules est perpendiculaire aux couches. Dans d'autres phases smectiques (b), tous les axes d'orientation sont inclinés d'un même angle par rapport à la normale aux couches. La répartition des centres de gravité des molécules est totalement aléatoire au sein de chacune des couches.

tous les protons du cycle benzénique par le même radical. Il existe aussi toute une zoologie des phases discotiques. Pour certaines d'entre elles, les molécules sont empilées plus ou moins régulièrement de manière à former des colonnes qui sont soit sans corrélation de position entre elles, soit disposées de manière à former un réseau géométrique régulier qui peut être soit hexagonal, soit rectangulaire, etc. On obtient aussi l'équivalent de phases nématiques avec des substances dont les centres de gravité des molécules sont disposés aléatoirement, mais qui sont localisés, en revanche, dans des plans qui sont parallèles.

Les cristaux liquides sont des phases où, par définition, il existe un ordre d'orientation qui résulte des forces d'interaction entre les molécules. La transition de phase entre le liquide totalement iso-trope et le cristal liquide se manifeste par l'apparition relativement brutale de cette orientation : le système passe de façon discontinue d'un état désordonné à un état ordonné. Conformément à la classific-cation thermodynamique des changements d'état, cette transition de phase à laquelle est d'ailleurs associée une chaleur latente, en général très faible, est du premier ordre.

Tous les concepts élaborés et mis en œuvre pour rendre compte de l'ordre et des phénomènes coopératifs dans les différents états solides de la matière sont transposables aux cristaux liquides. En particulier, la notion de paramètre d'ordre introduite par L. Landau s'applique parfaitement aux liquides mésomorphes. Le choix du paramètre d'ordre est dicté par des considérations physiques simples : il doit être une fonction d'une variable qui caractérise l'orientation privilégiée des axes des molécules. On choisit de prendre comme paramètre d'ordre, par exemple dans le cas d'une phase nématique, la valeur moyenne d'une fonction trigonométrique simple de l'angle entre l'axe des molécules, et la direction d'un axe de référence[1]. Les approches théoriques que l'on peut entreprendre sont fondées sur des modèles simples. Ceux-ci dérivent en fait des théories dites « de champ moléculaire » qui, à partir de la théorie de van der Waals des fluides, ont été appliquées à l'étude des phéno-

---

1. Si θ désigne l'angle entre l'axe d'une molécule et une direction de référence, le paramètre d'ordre $\langle S \rangle$ est défini par $1/2\langle 3\cos^2\theta - 1\rangle$, où $\langle \ \rangle$ représente la moyenne statistique sur toutes les orientations des molécules. Si le système est totalement désordonné (liquide), $\langle \cos^2\theta \rangle = 1/3$, et $\langle S \rangle = 0$. S'il est complètement ordonné (cristal liquide), $\theta = 0$ et $\langle \cos^2\theta \rangle = 1$ et $\langle S \rangle = 1$.

mènes coopératifs dans des systèmes comme les ferromagnétiques et les ferroélectriques. Cette stratégie comporte, *grosso modo*, deux variantes. La première, la plus simple, consiste à utiliser la méthode mise au point par L. Landau en représentant un potentiel thermodynamique, l'énergie libre par exemple, par une expression analytique fonction du paramètre d'ordre. Les conditions d'équilibre correspondent aux valeurs du paramètre qui minimisent cette fonction. C'est la méthode très simple utilisée par le physicien français P.G. de Gennes, et qui permet de calculer le paramètre d'ordre d'une phase nématique. La seconde méthode, proposée par les Allemands Maier et Saupe en 1960, consiste à modéliser de façon simple les interactions intermoléculaires, en supposant que l'effet conjoint des interactions répulsives et attractives entre les molécules maintient celles qui sont les plus proches voisines à une distance fixe, quelle que soit leur orientation relative. Un calcul classique de physique statistique, analogue à celui que l'on effectue pour traiter le magnétisme, permet d'en déduire l'orientation moyenne des molécules et donc le paramètre d'ordre, ainsi que sa variation en fonction de la température. Les deux méthodes donnent des résultats très voisins qui rendent bien compte des résultats expérimentaux. On peut, en effet, atteindre indirectement le paramètre d'ordre en mesurant des grandeurs physiques qui lui sont associées. Certaines, comme la biréfringence et le dichroïsme circulaire, sont associées à l'anisotropie optique des molécules, ce sont elles qui ont permis de découvrir les cristaux liquides, d'autres sont liées à l'anisotropie magnétique des substances que l'on peut aussi mesurer.

La résonance magnétique nucléaire (RMN) est également un moyen indirect d'atteindre le paramètre d'ordre d'une phase nématique. La RMN est, en effet, une technique spectroscopique très puissante qui permet de déterminer des structures moléculaires, et la forme des spectres obtenus dépend de la dynamique des mouvements et des interactions entre les protons (c'est-à-dire les noyaux des atomes d'hydrogène) des molécules; ces spectres sont très différents pour les phases liquide isotrope d'une part et nématique d'autre part, et l'on peut repérer la transition de phase à l'aide de l'évolution du spectre et en déduire ainsi le paramètre d'ordre et sa variation avec la température.

On a abouti, au début des années 1980, à une vision relativement claire des propriétés des cristaux liquides dont on peut rendre compte avec des modèles classiques. La situation est toutefois un peu plus complexe lorsqu'on applique des champs extérieurs à la phase mésomorphe, en particulier des champs électrique ou magnétique, auxquels sont sensibles les molécules des cristaux liquides. On trouve notamment une transition, dite « de Frederiks », où l'axe des molécules dans la phase nématique change d'orientation pour s'aligner avec celle du champ magnétique. La valeur relativement faible des tensions électriques qu'il faut appliquer au matériau pour provoquer la rotation des molécules rend possibles des applications simples de cette transition sur laquelle sont fondés les dispositifs d'affichage numérique à cristaux liquides, tels que ceux mis en œuvre dans les montres et dans un grand nombre d'appareils de mesure.

Les phases mésomorphes sont des milieux complexes par leur composition chimique, néanmoins la floraison de changements d'état auxquels elles sont associées peut être modélisée de façon relativement satisfaisante, et l'état cristal liquide laisse peu de place à des développements théoriques nouveaux. En revanche, le champ d'application des propriétés de ces phases n'a cessé de s'élargir, et c'est dans le domaine des technologies qui leur sont associées que des innovations sont toujours possibles. Dès 1930, des physiciens avaient suggéré que les nématiques pourraient être utilisés pour réaliser des dispositifs d'affichage beaucoup plus économes en énergie que les tubes cathodiques, mais les premières tentatives échouèrent, parce que les molécules disponibles à l'époque n'étaient pas suffisamment stables chimiquement lorsqu'elles étaient exposées à la lumière et à la chaleur. Il fallut attendre 1960 pour qu'une famille de nématiques stables, les alkyl-cyanobiphenyl, soit synthétisée, ce qui a permis de réaliser les premières cellules d'affichage utilisant un cristal liquide nématique. Dans un tel dispositif, qu'illustre la figure 4.4, une mince couche de cristal liquide se trouve emprisonnée, prise en sandwich en quelque sorte, entre deux plaques constituées à la fois de polariseurs croisés pour la lumière et d'électrodes entre lesquelles on peut appliquer un champ électrique. La lumière qui se propage dans le milieu ne peut traverser la couche de cristal liquide que si sa polarisation, qui est perpendiculaire à sa direction de propagation, tourne lorsqu'elle traverse la phase nématique entre

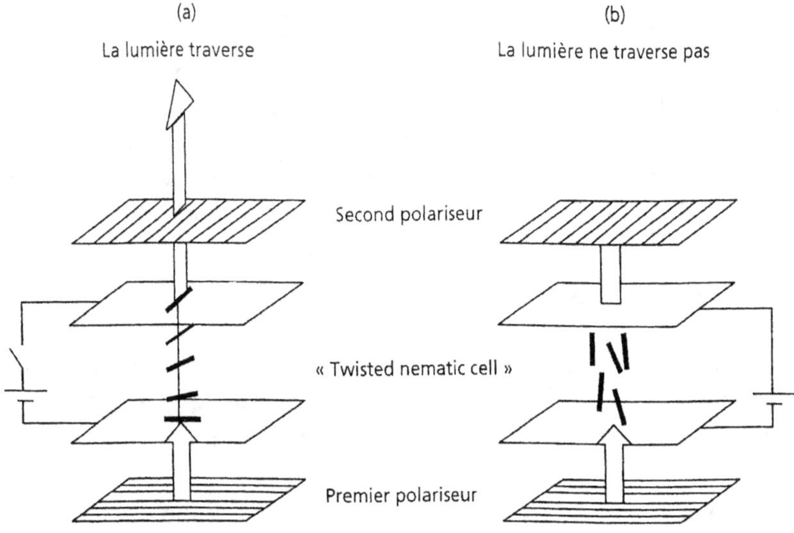

Figure 4.4. Principe d'une cellule à affichage utilisant un cristal liquide nématique

Une mince couche de cristal liquide est emprisonnée entre deux plaques constituées de polariseurs croisés pour la lumière et d'électrodes entre lesquelles on peut appliquer un champ électrique. La lumière ne peut traverser la couche de cristal liquide que si sa polarisation, qui est perpendiculaire à sa direction de propagation, tourne d'un angle de 90° lorsqu'elle traverse la phase nématique entre les deux polariseurs croisés. En effet, le second polariseur ne laisse passer que la lumière polarisée perpendiculairement à celle qui est parvenue à traverser le premier, puisqu'on les a « croisés ». Cela n'est possible que si les molécules nématiques sont elles-mêmes orientées parallèlement aux plaques et que si leur axe d'orientation tourne d'un angle de 90° en passant d'une plaque à l'autre. Pour ce faire, on a enduit les deux plaques d'un polyimide, un polymère transparent, qui, lorsqu'il est frotté dans une direction, va orienter dans cette direction les molécules qui sont en contact avec lui. En frottant les plaques dans deux directions perpendiculaires, les molécules du nématique vont donc subir une torsion entre les plaques inférieure et supérieure de façon à changer de 90° leur direction d'orientation. La lumière qui a traversé le premier polariseur est polarisée dans la direction des molécules du nématique, cette polarisation tournera donc de 90° en traversant le cristal liquide ce qui lui permettra de passer à travers le second polariseur. Si maintenant on ferme le circuit électrique (b), le champ électrique va aligner les molécules dans sa direction, c'est l'effet Frederiks : elles sont toutes orientées perpendiculairement aux polariseurs. La lumière ne pouvant plus tourner lorsqu'elle traverse le cristal liquide, elle est arrêtée par le second polariseur. C'est le principe d'une *twist nematic cell* dans un dispositif d'affichage numérique. Un petit objet (un chiffre par exemple) immergé dans la cellule est visible ou occulté selon que le circuit électrique est ouvert ou fermé.

les deux polariseurs qui sont croisés. Cela n'est possible que si les molécules nématiques sont elles-mêmes orientées parallèlement aux plaques, et que si leur axe d'orientation tourne continûment en passant d'un plan à l'autre. Pour ce faire, on enduit les deux plaques d'un polyimide, un polymère transparent, qui, frotté dans une direction, a la particularité d'orienter dans cette direction les molécules du nématique avec lesquelles elles sont en contact. Il suffit donc d'opérer cette friction dans deux directions perpendiculaires pour forcer les molécules du nématique à subir une torsion dans la tranche du liquide, qui permet à la lumière de changer de polarisation, et donc de passer à travers le second polariseur. Si on applique alors un champ électrique, la transition de Frederiks provoque la rotation de tous les axes des molécules du nématique, qui s'orientent toutes perpendiculairement aux plaques des polariseurs. Dans cette configuration, les molécules du nématique ne provoquent plus la rotation de la polarisation de la lumière qui passe à travers le cristal liquide et, de ce fait, celle-ci ne peut plus traverser le second polariseur : elle n'est plus transmise par la cellule, occultant ainsi, par exemple, un symbole ou un chiffre gravé sur un support matériel dans ladite cellule. Des chercheurs d'IBM ont proposé, en 2001, de remplacer cette technique d'orientation des molécules nématiques par frottement (quelque peu archaïque !) par l'irradiation d'un revêtement inorganique placé sur les deux plaques des polariseurs, réalisée par un bombardement ionique : en modulant leur énergie, on peut faire varier l'orientation des molécules.

Des dispositifs de ce type peuvent être mis en œuvre pour réaliser des afficheurs de petites dimensions, tels que des montres digitales. On peut penser aussi que l'on parviendra à fabriquer, sur ce principe, des écrans de télévision à haute résolution et de grandes dimensions. Certains types de cristaux liquides smectiques, synthétisés plus récemment, ouvrent des perspectives plus intéressantes que les nématiques. On a pris conscience de l'intérêt particulier que pourraient présenter des fluides ferroélectriques obtenus à partir de molécules chirales (c'est-à-dire qui ne sont pas superposables à leur image dans un miroir car elles présentent une dissymétrie) susceptibles de subir une commutation électro-optique rapide. Certains smectiques, dotés de chiralité, ont la propriété d'être ferroélectriques, et l'on a construit, dans les années 1990, des écrans plats d'excellente définition avec ces matériaux. On a synthétisé aussi, en 1996, des phases smectiques dont les molécules ont la forme de bâtonnets rigides mais courbes, semblables, en quelque sorte, à des bananes. Ces molécules sont chirales mais leurs temps de commutation, c'est-à-dire de réorientation sous l'action d'un champ électrique, étant cent fois plus courts que ceux obtenus avec les mélanges de cristaux liquides nématiques conventionnels, ces matériaux ouvrent des perspectives d'applications très intéressantes, en particulier pour les écrans plats de postes de télévision et d'ordinateurs.

Enfin, il faut souligner que les cristaux liquides ont trouvé des applications comme matériaux structurels. Des fibres ont ainsi été fabriquées à partir de polymères lyotropes qui forment des phases mésomorphes en solution concentrée. C'est le cas des fibres de kevlar, qui ont une résistance à la rupture supérieure à celle de l'acier. Le xylar est un autre copolymère aromatique présentant une phase cristal liquide, stable jusqu'à 420 °C, qui a une bonne résistance à la corrosion. Il est utilisé en aéronautique et dans l'industrie automobile. Les araignées sécrètent aussi un fil de soie très résistant qui est un cristal liquide.

Les phases cristal liquide, qui existent en très grand nombre, ont des propriétés intermédiaires entre les états liquide et solide. Ce sont en quelque sorte des phases dans une situation de transition qui leur confère une réactivité à des champs électriques ou magnétiques ; celle-ci peut être mise en œuvre dans de nombreuses applications. Découvertes initialement sur des systèmes biologiques, la myéline qui constitue la gaine des nerfs, les phases mésomorphes jouent un rôle très important dans les organismes vivants. Elles sont, notamment, un composant clé des membranes cellulaires qui délimitent l'interface entre les cellules et leur environnement, et qui contrôlent ainsi leurs échanges mutuels d'énergie et de matière. Elles sont constituées d'un film liquide qui baigne dans un autre liquide non miscible, qui est, lui, une bicouche de phospholipides, au sein duquel sont intégrés du cholestérol, des protéines et des polysaccharides. Les phospholipides tendent à orienter leur chaîne perpendiculairement au film, et ils forment ainsi un liquide bidimensionnel ordonné. Les molécules de cholestérol, une autre phase mésomorphe, sont intercalées entre les phospholipides. Cette structure complexe d'une membrane cellulaire, qui est un milieu partiellement ordonné, est un système hautement dynamique, car les différentes molécules qui le composent se déplacent les unes par rapport aux autres, tout en restant dans leur monocouche, ce qui confère une plasticité au système biologique.

Les systèmes hors d'équilibre : terra incognita *de la physique ?*

La plupart des éléments et des composés solides forment, en fondant, des liquides dont la viscosité est faible et, par abaissement de la température, ceux-ci se solidifient de nouveau pour former un solide cristallin. Il existe, en revanche, des matériaux qui, fondus, sont des liquides dont la viscosité est très élevée. Ainsi, par exemple, l'eau reste-t-elle à l'état liquide au voisinage de son point de solidification, y compris à l'état surfondu, et conserve sa fluidité associée à une viscosité relativement faible. En revanche, un composé organique tel que le glycérol forme un liquide très visqueux avec une consistance quasiment sirupeuse au voisinage de sa solidification, en particulier lorsqu'il est surfondu. Lorsqu'on refroidit ces liquides très visqueux au-dessous de leur point de fusion, ceux-ci ne se solidifient pas instantanément, ils restent dans un état de surfusion, la viscosité du liquide croissant fortement lorsqu'on abaisse la température, puis ils se « figent » pour former un solide qui est un verre. Les diagrammes de rayons X que l'on peut réaliser avec un verre révèlent que celui-ci ne correspond pas à un solide cristallin : les atomes ou les molécules qui le constituent ne sont pas disposés périodiquement sur un réseau (cf. figure 4.5). On dit que le liquide a subi une « transition vitreuse » et que l'on a formé un « état vitreux ».

On sait depuis des millénaires, nous l'avons noté, que de nombreux liquides se transforment en verres lorsqu'on les refroidit. L'oxyde de silicium, la silice, est ainsi l'exemple type d'un matériau qui forme un verre, et le verre à vitre d'usage courant est un mélange de silice et d'oxydes de calcium et de sodium. De nombreux composés organiques forment également des verres, le glycérol est l'un d'eux, mais certains sels fondus, comme le mélange de nitrates de potassium et de calcium, subissent aussi une transition vitreuse. Si tous les éléments et toutes les substances moléculaires ne sont pas

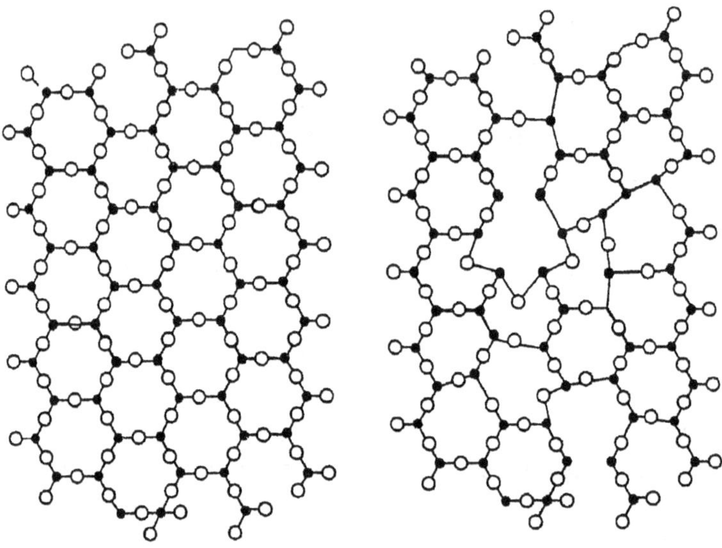

Figure 4.5. Réseau cristallin et aléatoire à deux dimensions

On a représenté sur la figure de gauche un réseau strictement périodique à deux dimensions constitué par une substance moléculaire avec deux types d'atomes (points en noir et cercles). Les diagrammes de rayons X révèlent un ordre parfait avec des angles de 120° entre les liaisons comme dans une structure en « nid d'abeille ». Sur la figure de droite la même substance a formé un verre à partir de la phase liquide surfondue, l'ordre de position et de disposition des liaisons entre atomes a disparu sauf dans quelques microstructures locales.

susceptibles de former des verres, la très grande diversité des matériaux qui présentent le phénomène de transition vitreuse laisse cependant perplexe et l'on ne comprend pas encore très bien pourquoi certaines molécules, ou certains éléments de la classification périodique de Mendeleïev (le soufre par exemple), ont la propriété de pouvoir former des verres. C'est une question qui a été abordée pour la première fois, en 1932, par un physicien, Zachariasen.

On a constaté aussi que l'addition d'un élément, même à l'état de trace, peut empêcher la cristallisation d'un autre élément : c'est le cas, par exemple, de l'arsenic et du chlore qui sont ajoutés pour stabiliser les films vitreux (ou amorphes) de sélénium, qui sont utilisés en xérographie, et qui conduisent ainsi à la formation d'un verre. On peut aussi éviter la cristallisation d'une substance, en la déposant sur un substrat solide à partir de l'état gazeux, ou en réalisant une trempe rapide de la phase liquide suivie d'un choc. C'est une méthode qui est utilisée, en particulier, pour obtenir de l'eau sous forme vitreuse. On est aussi amené à opérer une distinction entre un verre et une phase amorphe : une phase amorphe va cristalliser rapidement lorsqu'on la réchauffe, tandis qu'un verre va repasser progressivement dans un état liquide lorsqu'on élève sa température. On obtient souvent des phases amorphes à partir de dépôts en couches minces d'alliages métalliques ou de mélanges métal-métalloïde à partir d'une phase vapeur. Les phases amorphe et vitreuse sont toutes deux des variantes d'un état solide désordonné.

On peut donc faire au moins deux constats. Le premier est que certaines substances à l'état liquide correspondent à des topologies, c'est-à-dire des architectures moléculaires, qui favorisent la formation de verres, c'est ainsi le cas de très nombreux oxydes de métalloïdes, comme ceux de silicium, de germanium et de bore qui sont associés à des liaisons chimiques covalentes fortes. Le second est que la transition vitreuse est un phénomène où la dynamique joue un rôle essentiel. Il existe schématiquement deux constantes de temps qui caractérisent cette dynamique, et qui contrôlent la transition vitreuse. La première correspond au temps nécessaire à la cristallisation d'un volume donné de la phase liquide, tandis que la seconde est un temps de relaxation interne, ou structurale, caractéristique des réarrangements des molécules dans le matériau lorsqu'on abaisse sa température et qu'il tente de retrouver l'équilibre. Deux phénomènes peuvent alors se produire successivement. Si la vitesse de refroidissement du liquide est suffisamment grande, on peut éviter la cristallisation du liquide car les noyaux cristallins de la phase solide n'ont pas le temps de se former : on passe dans l'état liquide surfondu. Si on assimile le liquide à un ensemble de « cages » occupées par des molécules, le volume de ces cages diminue lorsqu'on abaisse la température et une coopération entre molécules voisines est donc nécessaire pour que l'une d'elles puisse s'échapper de sa cage initiale et diffuser entre ses voisines ; le temps caractéristique de ce phénomène est en général long, c'est le temps de relaxation interne. Lors de la surfusion, celui-ci croît très fortement et peut atteindre des valeurs astronomiques. Les molécules ne peuvent pas retrouver leur position d'équilibre lorsque le liquide est refroidi et que sa viscosité augmente considérablement : à la température de vitrification, elles se figent dans leur position dans le milieu pour former un solide désordonné, qui est un verre où tous les mouvements sont bloqués. Le verre doit être considéré comme un système hors d'équilibre. Si l'on est un physicien puriste, on peut toutefois considérer que le verre est, partiellement, dans un état d'équilibre métastable car l'état vitreux a un contenu énergétique supérieur à celui de la phase cristalline stable correspondante (qui serait le quartz dans le cas d'un verre de silice). On peut d'ailleurs passer de l'état vitreux à l'état cristallin par un choc mécanique ou thermique (par élévation brutale de température dans ce cas).

La théorie des systèmes hors d'équilibre, dont font partie les verres, demeure un cauchemar des physiciens car il n'est pas possible de leur appliquer les méthodes classiques de la physique statistique. La physique du chaos, les phénomènes de turbulence dans les fluides sont ainsi des domaines où demeurent de nombreuses inconnues, et la turbulence a d'ailleurs acquis la réputation d'être un « cimetière des théories ».

La transition vitreuse garde aussi ses mystères. Dans un système physique classique (un liquide, un gaz, un solide cristallin), toutes les configurations microscopiques des particules sont accessibles, elles correspondent à des niveaux d'énergie différents qu'elles peuvent occuper, tandis que dans le cas d'un verre des relaxations de structure sont bloquées, le mouvement des molécules étant figé, certaines configurations énergétiques sont ainsi interdites. Tout le problème est donc de trouver un minimum global de l'énergie dans un système où l'on a un très grand nombre de minima locaux voisins pour l'énergie. Tout se passe comme si l'on pouvait représenter l'énergie des molécules d'un verre par une surface qui serait constituée par une série de montagnes russes avec des vallées plus ou moins profondes séparées par des sommets. Si l'on se trouve en présence d'une multitude de sommets peu élevés séparant des vallées peu profondes, chacune représentant un minimum de leur énergie potentielle (cf. figure 4.6), les molécules peuvent sauter aisément d'une vallée à l'autre et l'on conçoit que le système a du mal à se trouver dans un état d'équilibre mécanique ou thermodynamique ; on a donc des mouvements locaux de relaxation. Il existe aussi des situations correspondant à des verres où le « paysage » représentant l'énergie potentielle du milieu comporte un nombre plus restreint de vallées séparées par des sommets relativement élevés, et où les molécules pourraient être animées de mouvements collectifs à longue portée, leur permettant de sauter d'une vallée à l'autre, c'est-à-dire de passer d'un minimum énergétique à un autre. Avec ce type de modèle énergétique, l'état cristallin correspondrait à la vallée la plus profonde et au minimum absolu de l'énergie, l'état vitreux serait associé aux vallées moins profondes dans lesquelles seraient figées les molécules du verre.

Si l'on revient un instant à la situation du liquide surfondu avant qu'il ne se transforme en verre, on peut considérer que ses molécules sont peu à peu piégées dans des « cages » formées par leurs voisines au sein du milieu et que leur retour à l'équilibre, la relaxation structurale, s'opère grâce au mouvement collectif de ces cages. Lorsqu'on

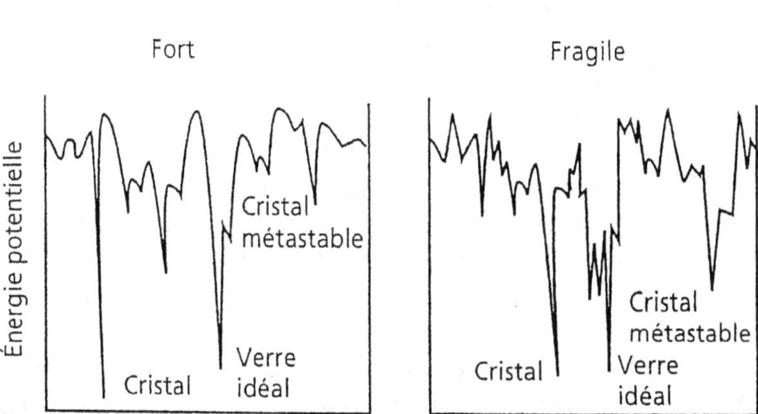

Figure 4.6. Énergie potentielle de liquides surfondus

L'énergie d'interaction entre les molécules d'une substance qui forme un verre à partir d'une phase liquide surfondue est une fonction avec un grand nombre de minima et de maxima. La phase cristal correspondrait à un minimum très profond du potentiel d'interaction (puits de potentiel). On trouve deux types de situations. La première (a) correspond à un liquide surfondu « fort » : le potentiel n'a qu'un nombre restreint de minima (correspondant à un équilibre métastable) séparés par des maxima élevés qui constituent une « barrière » énergétique difficile à franchir. Un verre idéal ou fort correspondra à un minimum relativement profond. La seconde situation (b) est celle de liquides dits « fragiles » : le potentiel a de très nombreux minima et le système a du mal à trouver une situation d'équilibre car il peut « sauter » plus aisément d'un minimum à l'autre. Les liquides fragiles forment des verres moins stables. Les oxydes comme la silice correspondent à des liquides et des verres forts. Des substances organiques comme le glycérol forment des verres faibles.

continue à abaisser la température, ces cages occupent un volume croissant dans le liquide, mais la relaxation devient de plus en plus lente, les molécules ne peuvent plus se déplacer et la viscosité du liquide surfondu tend à croître considérablement. Au voisinage de la température de vitrification, les petits mouvements locaux rapides de relaxation, associés sans doute à des modes vibratoires, deviennent possibles, tandis que les cages finissent par se bloquer et les mouvements collectifs deviennent impossibles : le liquide se fige et vitrifie. Cette théorie qui fait intervenir deux modes de relaxation, ou de retour à l'équilibre, a été baptisée « théorie des modes couplés ». Elle a le mérite de bien décrire le comportement du système avant la vitrification, mais elle laisse dans l'ombre la nature et le rôle exacts du mode local de relaxation des molécules, en particulier dans la phase vitreuse elle-même.

Ces considérations énergétiques ont conduit le physicien néo-zélandais A. Angell à proposer, en 1985, une classification des verres fondée sur l'étude du comportement de la viscosité d'un très grand nombre de liquides surfondus qui forment des verres. Il distingue ainsi les liquides forts, correspondant à des systèmes où l'énergie potentielle posséderait un nombre limité de minima (les « vallées » de la surface représentant le « paysage énergétique », séparées par des barrières de potentiel, les « sommets », relativement élevées), et les liquides faibles ou fragiles, caractérisés par un très grand nombre de minima énergétiques locaux, séparés par des « pics » peu élevés. Des oxydes, comme la silice et l'oxyde de germanium, sont typiquement des liquides forts avec des structures où les molécules forment des réseaux analogues à des chaînes de polymères, mais sans ordre cristallin dans la phase vitreuse qui résiste en général à des dégradations thermiques. Les systèmes ioniques, des sels fondus comme des nitrates et des composés organiques comme le glycérol et l'éthanol, sont des liquides faibles, formant des verres beaucoup plus fragiles thermiquement : réchauffés au-dessus de leur température de vitrification, toutes les microstructures figées dans le milieu tendent à disparaître et l'état vitreux avec elles. Cette classification a le mérite de bien mettre en évidence l'importance des situations énergétiques rencontrées dans les verres ; il reste à voir si elle débouchera sur une théorie unificatrice des états vitreux et liquide surfondu qui forment un continuum thermodynamique.

Le fait que les verres soient des liquides figés, obtenus à partir d'une phase surfondue, implique qu'ils ne sont pas dotés d'une structure périodique comme les cristaux. C'est une caractéristique fondamentale de l'état vitreux. Toutefois, le désordre dans un verre est loin d'être total et comparable à celui d'un gaz ou d'un liquide ordinaire. Considérons ainsi le verre de silice. Celle-ci est une molécule constituée par un atome de silicium qui se trouve au centre d'un tétraèdre, et qui est engagée dans des liaisons chimiques avec quatre atomes d'oxygène occupant les sommets du tétraèdre. Les tétraèdres, tels ceux qui sont représentés sur la figure 4.7, ont des sommets communs formant ainsi un réseau tridimensionnel équivalant, en quelque sorte, à un polymère. Dans un cristal, tel que le quartz par exemple, dont la structure est périodique, les tétraèdres sont disposés de façon régulière dans l'espace, les angles correspondant aux liaisons entre l'oxygène d'un sommet et les atomes de silicium de deux tétraèdres voisins ayant la même valeur. Dans le verre, en revanche, ces angles varient dans le milieu entre 120° et 180°, ce qui est un facteur de désordre. On peut cependant mettre en évidence l'existence d'un ordre local sur des petites distances (égales ou inférieures à 1 nm) par des techniques expérimentales comme la microscopie électronique à haute résolution et la diffusion des

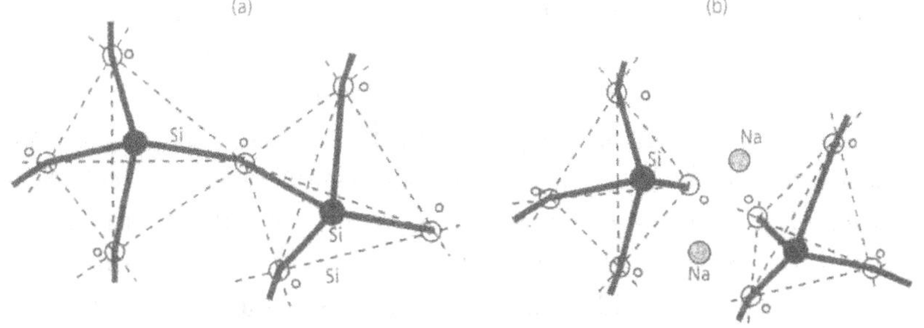

Figure 4.7. Réseau de silice dans un verre

Dans un verre de silice (a), le silicium se trouve au centre d'un tétraèdre SiO_4 dont les sommets sont occupés par des atomes d'oxygène, des tétraèdres voisins ont un sommet commun mais il y a un désordre dans les liaisons Si-O-Si qui forment des angles compris entre 120° et 180° ; dans le cristal de quartz (formé aussi de silice), en revanche, les angles entre liaisons ont la même valeur. En introduisant de l'oxyde de sodium dans la silice fondue (b), les atomes d'oxygène supplémentaires s'intercalent dans le réseau et provoquent la rupture de certaines liaisons, accroissant ainsi le désordre.

rayons X et des neutrons. On observe ainsi des petites régions au sein d'un verre de silice qui correspondent à des microcristaux de tridymite ou de cristobalite. Lorsqu'on ajoute à la silice un oxyde qui ne forme pas à lui seul un verre, par exemple l'oxyde de sodium, les atomes d'oxygène supplémentaires introduits s'intercalent dans le réseau, provoquant la rupture d'une partie des liaisons entre tétraèdres, un mécanisme qui est favorable à la formation du verre. Le mélange de silice et d'oxyde de sodium est utilisé, en particulier, pour fabriquer le verre à vitre.

Si l'état vitreux garde une partie de son mystère, ses applications technologiques, elles, ont connu des développements spectaculaires au cours des années 1980. Ce sont leurs propriétés optiques qui confèrent leur importance technique et industrielle aux verres classiques, fabriqués en particulier à partir d'oxydes. Matériaux transparents à la lumière, les verres sont utilisés pour fabriquer des récipients pour divers usages, ainsi que des fibres optiques capables de transmettre un signal lumineux sur un long trajet (plusieurs dizaines de km) sans atténuation. On sait fabriquer aujourd'hui des fibres optiques qui n'absorbent ni ne diffusent la lumière (en particulier le rayonnement infrarouge), et qui sont donc le milieu idéal pour les télécommunications optiques. La mise au point de ces fibres optiques a permis de réaliser des câbles utilisés dans les réseaux de télécommunications aussi bien terrestres que sous-marines, et l'on peut penser qu'elles ont largement contribué à l'avènement des technologies de l'information. Ainsi, par exemple, le câble transatlantique de télécommunications sous-marines TAT 14, qui doit être opérationnel en 2001, sera capable de transmettre par ses fibres optiques sept millions de conversations téléphoniques simultanées. Le domaine des verres n'est pas limité à des substances moléculaires telles que les oxydes. De très nombreux polymères à l'état solide sont connus pour former des matériaux amorphes à l'état solide; c'est le cas, ainsi, du plexiglas, un polymère organique utilisé pour ses qualités optiques proches de celles des verres.

Alors que les verres industriels classiques peuvent être obtenus par simple refroidissement d'un liquide, il faut, en revanche, utiliser des méthodes de refroidissement plus draconiennes pour fabriquer certains verres spéciaux. Les techniques de trempe très rapide mises au point à partir de 1970 ont permis de réaliser de véritables percées technologiques. La méthode la plus brutale (dite du « canon ») consiste à projeter par une onde de choc le liquide refroidi sur un support solide froid. On utilise aussi, aujourd'hui, des lasers de puissance pour réaliser la fusion en surface d'un matériau, par une impulsion brève, lorsque la couche superficielle se refroidit aussi vite qu'elle a fondu, celle-ci se solidifie alors en formant un verre. On a ainsi fabriqué des matériaux métalliques amorphes à l'aide de ces techniques de trempe rapide. Ceux-ci sont en général des mélanges de métaux (comme le nickel et le manganèse) et de métalloïdes (comme le silicium, le carbone, le germanium et le bore), ou des alliages métalliques, à base de cobalt, de nickel, de niobium, etc. Ces verres ou amorphes métalliques ont une résistance mécanique plus élevée que celle des phases cristallisées homologues. Ils sont en général très résistants à la corrosion car ils ont peu de défauts. Un très grand nombre d'entre eux sont ferromagnétiques et on les utilise sous forme de films et de rubans dans les transformateurs et les moteurs électriques.

La stabilité de la plupart des phases vitreuses, qui sont des structures figées n'évoluant qu'avec des constantes de temps qui sont de l'ordre du millénaire, voire davantage, est un atout qui a permis d'envisager leur utilisation pour stocker des déchets radioactifs provenant, en particulier, du retraitement des combustibles des centrales nucléaires. L'intérêt d'un tel type de stockage provient de la stabilité des matériaux vitreux que l'on peut fabriquer à partir de solutions liquides des déchets nucléaires, ces verres n'étant pas, en principe, sensibles aux fluctuations thermiques engendrées par la décomposition des déchets. On conçoit qu'il est important, à terme, de finir par comprendre les origines, ainsi que les limites de la stabilité des verres dont les usages industriels ont connu des mutations profondes à la fin du XXe siècle.

Entre liquide et solide : la matière molle

Nous avons tous l'habitude de consommer de la gélatine qui accompagne fréquemment des produits alimentaires, tels que la charcuterie ou certaines pâtisseries, plus rarement les *gellies* colorées et insipides dégustées par les Britanniques. La gélatine constitue une phase solide qui a une apparence et une consistance particulières : elle est totalement homogène, transparente lorsqu'elle est pure, elle se déforme facilement sous l'action d'une faible pression mais la déformation cesse avec la pression appliquée. On dit que la gélatine est un gel. C'est une phase désordonnée que l'on qualifie parfois de « matière molle », par opposition avec un solide cristallin ou un verre. Il existe de très nombreux exemples de phases gel, plus ou moins semblables à la très classique gélatine qui est aussi, rappelons-le, le matériau de base des films photographiques ; les laits gélifiés en agroalimentaire, les peintures laquées et de nombreux cosmétiques sont ainsi des gels.

La fabrication d'un gel est, en pratique, une opération relativement simple. Pour obtenir un gel, on doit partir d'au moins deux constituants : un solvant, qui peut être de l'eau, et un soluté. Le soluté est un composé moléculaire qui est le plus souvent un polymère (une protéine dans le cas de la gélatine). À l'état initial, on a un mélange fluide que l'on appelle un « sol » ; c'est une solution d'un soluté dans un solvant, qui peut se transformer, en abaissant la température, en une matière compacte analogue, dans une certaine mesure, à un solide qui est le gel. On a donc provoqué une transition de phase particulière qui permet de passer du sol au gel, et que l'on appelle la « gélification » ou encore « transition sol/gel ».

Pour obtenir un gel, il est nécessaire, bien entendu, que la concentration du soluté soit suffisante. Dans certains cas, le solvant doit être également plus ou moins acide. Le solvant et le soluté forment ensemble, dans l'état gel, un réseau tridimensionnel dont la constitution est caractéristique de la gélification : on ne peut plus les distinguer dans la nouvelle phase qui est homogène. On qualifie aussi souvent la gélification de « prise en gel », ce qui a l'avantage de montrer l'imbrication complète des constituants dans le nouvel état.

Les gels sont connus depuis fort longtemps, mais ils n'ont été décrits pour la première fois qu'en 1861 par T. Graham dans un ouvrage consacré aux colloïdes ; toutefois ce sont les progrès enregistrés, dans la seconde moitié du XXe siècle, dans la compréhension des polymères qui ont fortement contribué à clarifier les propriétés des gels et les concepts qui permettent de les expliquer. Les travaux de J. Flory et ultérieurement ceux de P.G. de Gennes ont, en particulier, permis de mieux comprendre le phénomène de gélification.

Lorsqu'on sait que deux matériaux aussi différents l'un de l'autre que la gélatine et le caoutchouc vulcanisé sont tous les deux des gels, on conçoit que la compréhension de l'état gel n'a rien d'évident. Ces deux solides ont certes des propriétés mécaniques voisines, sinon identiques, puisqu'ils sont tous deux élastiques, mais leurs propriétés thermiques sont notablement différentes. En particulier, un gel de gélatine redevient fluide lorsqu'on le réchauffe, la gélification dans ce cas est donc réversible, et on dit alors que la gélatine est un gel physique. En revanche, un morceau de caoutchouc ne retournera pas à l'état liquide lorsqu'on élève sa température (c'est au moins un comportement heureux pour les pneus d'automobile ou de vélo !), il se décomposera en finissant par brûler. La gélification de ces gels, qualifiés de « chimiques », est donc un phénomène irréversible. Ces comportements très contrastés des gels tendent à montrer que leurs propriétés et leurs mécanismes de gélification vont dépendre de la nature des liaisons entre le milieu dissous, des chaînes macromoléculaires, et le solvant.

Dans le cas des gels physiques, tels que la gélatine, les interactions, ou les liaisons, entre les chaînes polymériques constituant le matériau de base (le collagène qui est une protéine), et entre celles-ci et le solvant qui est l'eau, sont de nature physique. Ce sont des liaisons hydrogène dont l'existence s'explique par un phénomène d'attraction entre la charge électrique positive des noyaux d'hydrogène, très nombreux dans le soluté et le solvant, et la charge négative des nuages électroniques d'atomes d'oxygène présents, en particulier, dans les molécules d'eau. Ces liaisons hydrogène jouent le rôle de ponts entre les constituants moléculaires du système et l'énergie qui leur est associée est faible, elle est de l'ordre de l'énergie d'agitation thermique du milieu. Mais ces liaisons ont une extension spatiale et elles forment un réseau tridimensionnel qui contribue à donner une certaine cohésion au gel (cf. figure 4.8). Contrairement au solide cristallin classique, ce réseau est totalement désordonné, les molécules du solvant et du soluté, liées faiblement entre elles, se distribuent aléatoirement dans l'espace. La faiblesse de cette énergie de liaison explique aussi que la gélification de ces gels est thermiquement réversible. Ces gels physiques sont caractéristiques de nombreuses phases constituées avec des solutés qui sont des polymères naturels. Le collagène, qui est la molécule de base de la gélatine, est ainsi extrait de la peau et des os de mammifères, tels que les vaches et les porcs, mais aussi de poissons. On peut également fabriquer des gels physiques en partant de polysaccharides que l'on trouve dans les plantes et les bactéries. Les pectines, qui sont des composants structurels de la peau des fruits, sont ainsi des polysaccharides formant des gels dont on peut contrôler la formation en ajoutant des ions calcium au solvant, ou en faisant varier son acidité. Les gels de pectine interviennent ainsi dans la fabrication des confitures du type des gelées ; la gélification est particulièrement réussie avec des fruits acides comme le citron, l'orange ou le coing.

Le mécanisme de gélification est différent dans le cas des gels chimiques où le réseau tridimensionnel est formé par une véritable réaction chimique entre les chaînes polymériques. Ces liaisons, très classiques en chimie, sont appelées « covalentes » car elles

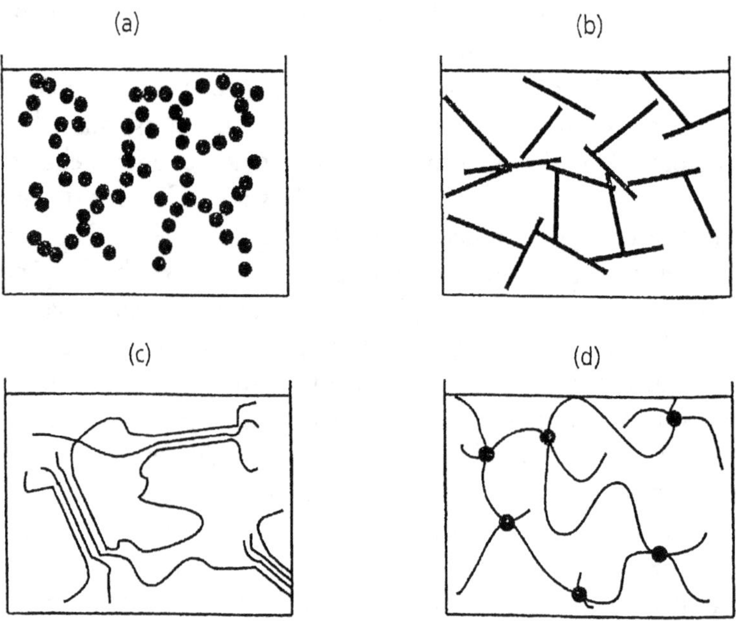

Figure 4.8. Les différents types de structures de gels

Un gel est un assemblage tridimensionnel associant un soluté et un solvant liquide. Les molécules dissoutes peuvent être sous la forme d'agrégats de particules colloïdales sphériques (a), de particules ayant la forme de bâtonnets (b), de polymères formant entre eux des liaisons physiques faibles (c) ou chimiques fortes (d).

impliquent le partage d'électrons appartenant aux nuages électroniques des atomes du système. Les zones de liaison peuvent être considérées comme ponctuelles, elles constituent en quelque sorte des nœuds d'un réseau tridimensionnel qui sont distribués aléatoirement dans l'espace. Les gels chimiques sont formés de façon irréversible car la destruction des liaisons covalentes, qui sont plus solides que les liaisons hydrogène des gels physiques, entraîne une dégradation des chaînes polymériques constitutives du gel qui ne permet donc plus sa reconstitution.

Les gels de polyacrylamide et de polystyrène ainsi que le caoutchouc vulcanisé sont des exemples de gels chimiques. Le caoutchouc vulcanisé est constitué à partir d'une solution d'un polymère, le polyisoprène, en solution avec du soufre : la vulcanisation crée des ponts entre les chaînes polymériques par l'intermédiaire des atomes de soufre. Les gels de silice, appelés encore « hydrogels de silice », sont de nature minérale et ils appartiennent aussi à la catégorie des gels irréversibles ; ils forment un réseau tridimensionnel avec des chaînes d'atomes de silicium et d'oxygène qui peuvent être reliées entre elles par l'intermédiaire de liaisons hydrogène qui renforcent la structure du gel.

Le gel, qu'il soit physique ou chimique, a des propriétés thermiques et mécaniques spécifiques. Au moment de la gélification, la viscosité de la phase sol est très élevée, elle devient même quasiment infinie au seuil de gélification. Au-delà, le gel est doté d'une élasticité : il est mou, comme une matière plastique. Si l'on essaye de détecter l'existence d'une chaleur latente associée à la gélification (un dégagement de chaleur comme dans le cas de la solidification d'un liquide), on trouve que celle-ci est très faible, mais en tout cas non nulle, contrairement à la situation dans un verre où l'on ne trouve pas de chaleur associée à la vitrification.

En fait, les études des propriétés thermiques des gels tendent à montrer, au moins pour les gels physiques, que comme les verres ils ne se forment pas dans un état d'équilibre. Systèmes tridimensionnels désordonnés, les gels s'apparentent à la fois à des polymères qui occuperaient tout l'espace disponible, et à des verres. On conçoit donc qu'il est difficile de modéliser les propriétés d'un état de la matière aussi « indécis ». Une approche théorique du problème de la gélification a été proposée, en 1976, par les physiciens P.G. de

Gennes et D. Stauffer. Elle est empruntée à la mécanique des fluides et plus particulièrement à la théorie dite de la « percolation ». Celle-ci, introduite par un autre physicien, J.M. Hammersley, en 1957, permettait de décrire une situation géométrique de nature statistique : le passage d'un fluide à travers un réseau de canaux répartis au hasard au sein d'un solide et dont certains sont bouchés. La percolation n'est rien d'autre que le passage à travers ce réseau, plus ou moins filtrant, du fluide qui essaye de se frayer un chemin à travers les canaux ouverts (cf. figure 4.9). C'est un phénomène que connaît bien toute personne qui fait un café en faisant passer de l'eau chaude à travers la poudre de café contenue dans le filtre d'une cafetière. L'eau percole à travers le réseau des microcanaux qu'ont constitués les grains de la poudre de café, certains d'entre eux étant bouchés, d'autres ouverts, permettant ainsi le passage du liquide qui devient un nectar au bout de son difficile parcours, aléatoire mais toujours réalisé avec succès, en fin de compte...

Quel rapport existe-t-il, pourrait-on se demander, entre le réseau tridimensionnel constitué par un gel et la gélification d'une part, et

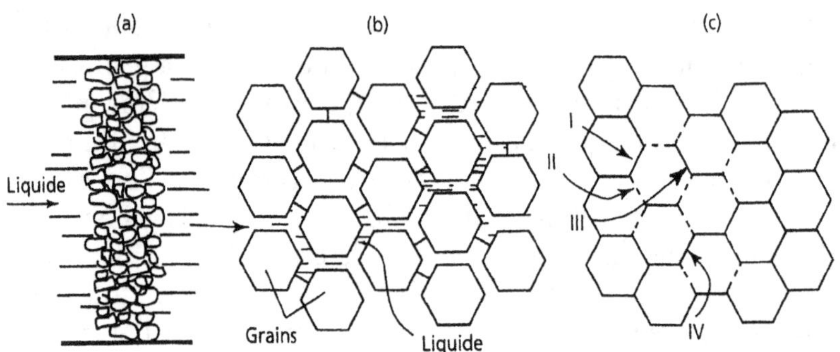

Figure 4.9. Écoulement dans un milieu poreux et phénomène de percolation

Un liquide s'écoule lentement à travers un milieu poreux (a), c'est le phénomène de percolation (il se produit dans un filtre avec du café). On peut modéliser le réseau de pores du matériau en représentant les canaux ouverts ou fermés, le liquide s'écoule à travers les canaux ouverts de la gauche vers la droite (b). Un schéma équivalent est représenté sur la figure (c) : un trait plein représente un canal ouvert et un trait interrompu un canal fermé ; on a une « percolation de liaison » ; le chemin I correspond à un canal ouvert, II est un canal fermé, III est un chemin partiellement ouvert et IV correspond à un chemin de percolation traversant tout le matériau.

le phénomène de la percolation d'autre part ? L'analogie entre les deux systèmes peut se comprendre à l'aide d'un schéma (cf. figure 4.10) où les canaux ouverts permettant l'écoulement du fluide sont représentés par une liaison, un petit trait (comme celui reliant deux croix dans un jeu de morpions), symbolisant une connexion entre sites voisins. Un chemin de percolation complet, permettant le passage du fluide de part en part du système (l'eau qui circule à travers le café du filtre par exemple), est ainsi représenté par une série infinie de sites connectés par des liaisons. Ces sites connectés sont l'équivalent d'un amas, ou noyau, qui se forme dans une solution en cours de gélification. Les chaînes du polymère présents dans le soluté s'agrègent progressivement en établissant des liaisons entre elles et avec le solvant, pour former petit à petit un gel : au-delà d'une certaine densité de liaisons on franchit le seuil de gélification, tout le système se prend en gel et constitue un réseau tridimensionnel connecté. L'amas macroscopique homogène qu'est le gel est l'équivalent du réseau de microcanaux dans le milieu poreux que

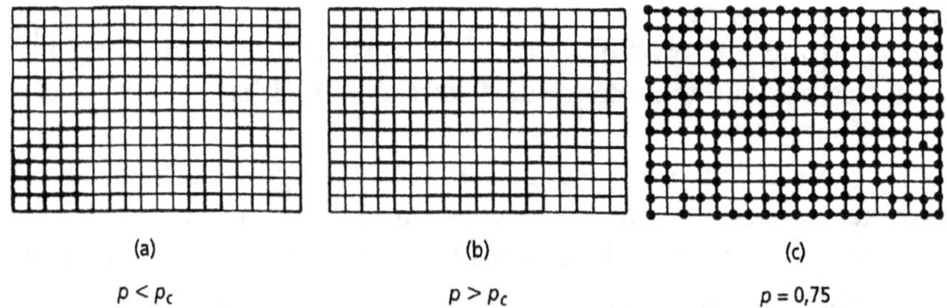

Figure 4.10. Percolation à deux dimensions

On a simulé un phénomène de percolation, comme celui de la figure 4.9, sur un réseau rectangulaire à deux dimensions. a) Tous les sites sont supposés occupés par une particule (une molécule par exemple) sur le réseau et l'on établit progressivement des liaisons entre voisins avec une probabilité p. Si p est inférieur à un seuil critique p_c, seules des connexions limitées sont établies. b) Si p est supérieur à p_c, tout le réseau est interconnecté. c) On prend sur cette figure une autre configuration : seule une fraction p des sites est occupée et on établit progressivement des liaisons entre les sites. On constate que si p est supérieur à 0,75, on a une connexion complète du réseau. La percolation est équivalente de la formation d'un gel. Lorsque p est supérieur au seuil critique p_c de percolation, tout se passe comme si on avait un réseau connectant le soluté et le solvant et formant le gel ; p_c est équivalent de la température de gélification.

constitue la poudre de café. Le modèle mécanique de la percolation peut donc être transposé pour décrire les effets liés à l'augmentation du nombre de connexions dans un milieu désordonné en cours de gélification. Ce modèle, dont on peut simuler l'évolution numériquement, prévoit une transition brutale lorsque le nombre de connexions entre les molécules du sol dépasse un seuil critique : au-delà de ce seuil, on a un amas moléculaire qui se forme en occupant tout le volume disponible, et le système se prend en gel. Ce seuil critique de percolation correspond à la transition de gélification.

On a dans le gel une situation analogue à celle que l'on trouve dans le milieu poreux : lorsque la fraction des microcanaux qui sont ouverts dans la poudre de café dépasse un certain seuil (les trois quarts par exemple), le liquide peut la traverser de part en part, et sortir du filtre pour s'écouler dans la cafetière ou la tasse placée dans le percolateur du barman. Cette opération de percolation se déroule en général sans problème et rapidement, mais chacun a pu aussi faire l'expérience de filtres à café dans lesquels le café « passait » avec une lenteur désespérante (c'était notamment souvent le cas dans les wagons-bars de la Sncf!). En utilisant un modèle de percolation, on peut calculer les principales grandeurs caractéristiques des propriétés d'un gel; on peut prévoir, en particulier, l'évolution de la viscosité et du module élastique du gel au voisinage du seuil de gélification. Les prévisions de ce modèle sont raisonnablement vérifiées par l'expérience.

Le modèle de percolation a le grand avantage de bien décrire les propriétés macroscopiques, notamment mécaniques, des gels. Fondé sur une approche très globale des phénomènes, par analogie avec le processus de la percolation, ce modèle ne fournit aucune explication de nature microscopique de la gélification. Or, dans certains gels physiques, comme ceux formés par des polymères d'origine biologique, le processus de gélification dépend très fortement de la forme, ou plus exactement de la conformation des molécules. C'est, en particulier, le cas de la gélatine qui est, en quelque sorte, le modèle du gel physique. Le polymère de base pour fabriquer une gélatine, par exemple à usage agroalimentaire, est le collagène. Celui-ci est une protéine qui, à l'état natif dans la peau par exemple, se présente sous la forme de fibres constituées par des hélices à trois brins enroulés les uns autour des autres (cf. figure 4.11). L'ADN, l'acide désoxyribonucléique, qui est le polymère de base de la biologie et de la géné-

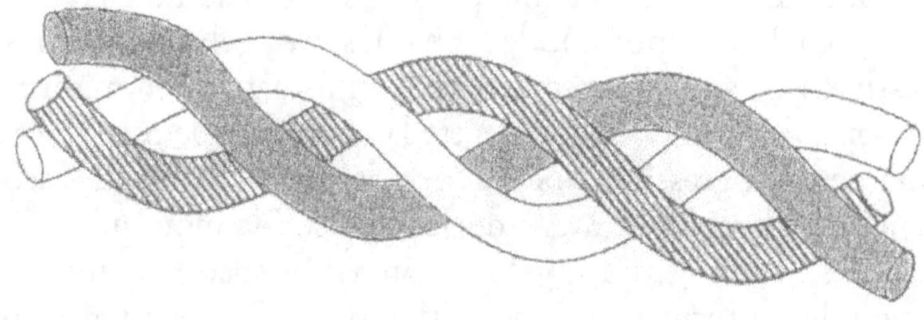

Figure 4.11. Structure du collagène

Le collagène, extrait de la peau et des os, est formé par trois chaînes de conformation hélicoïdale enroulées ensemble et formant une triple hélice. Le pas de l'hélice est de 8,6 nm; il est constant : l'hélice est stabilisée par des liaisons hydrogène entre les chaînes.

tique moléculaires, a, quant à lui, une conformation en double hélice. Ces conformations en triple ou double hélice confèrent une stabilité à la structure d'un polymère, on trouve par ailleurs également une conformation hélicoïdale dans le prion, qui est une protéine qui joue un rôle clé dans le déclenchement de la maladie dite de la « vache folle ». La triple hélice du collagène est une très grosse macromolécule dont chaque brin a une masse moléculaire d'environ 100 000 (c'est-à-dire équivalant à cent mille fois celle d'un atome d'hydrogène) et une longueur de 300 nanomètres (c'est-à-dire 0,3 micron). Dans la pratique, on réalise dans l'industrie une opération appelée « dénaturation du collagène », qui est obtenue en dissolvant dans une solution aqueuse, acide ou basique, à température élevée, le collagène prélevé sur des tissus animaux ou des os. Cette opération déstabilise les liaisons existant entre les chaînes et provoque leur séparation totale ou partielle sous forme de brins moléculaires individuels et donc la disparition de la conformation en triple hélice. Les polymères sont alors sous la forme de pelotes, analogues, en quelque sorte, à des spaghettis informes, les brins individuels constituant la gélatine de base[1]. En solution, à température élevée, les chaînes de gélatine ont la conformation d'une pelote. Lorsqu'on abaisse la température, au-dessous d'environ 30 °C, et

---

1. Le mot « gélatine » désigne à la fois les brins polymériques qui sont le matériau de base pour préparer un gel et le gel lui-même obtenu après la gélification.

que la concentration en gélatine est suffisante (elle doit être supérieure à 0,5 % en poids), les chaînes de gélatine subissent progressivement un changement de conformation en reformant, petit à petit, des triples hélices : c'est la transition pelote/hélice. La solution perd progressivement ses propriétés de liquide, sa viscosité s'accroît considérablement, elle devient un solide mou qui garde sa forme : c'est l'état gel. La gélification est associée à une transformation de conformation, la transition pelote/hélice qui déclenche le phénomène. On a donc un état de la matière, intermédiaire entre le liquide et le vrai solide organisé, qui doit son existence à un changement de conformation d'une molécule. Dans le cas du gel de gélatine, constitué avec de l'eau comme solvant, les protons des molécules d'eau jouent un rôle essentiel dans la gélification car ils contribuent à former des liaisons (ce sont des liaisons hydrogène). L'état d'équilibre final n'est atteint qu'au bout d'un temps très long qui correspondrait, en fait, à la renaturation complète des triples hélices en collagène, c'est-à-dire à la forme native du collagène. On peut établir des relations entre les grandeurs qui caractérisent les propriétés mécaniques du gel de gélatine, la viscosité et l'élasticité, et la fraction d'hélices qui sont reformées dans la solution.

La température de fusion et la vitesse de gélification d'une gélatine dépendent de façon critique de la nature du collagène et donc de son origine biologique. Les collagènes des différentes espèces animales (vache, poulet, poisson, etc.) diffèrent par la composition en acides aminés des brins de polymère. Ainsi, par exemple, les moules produisent une sécrétion de nature protéique, le byssus, qui leur permet de se fixer sur un solide comme un rocher. Ce byssus est un collagène qui a une température de fusion relativement élevée puisqu'elle est d'environ 90 °C. On pourrait donc l'utiliser pour fabriquer des gélatines fondant à température élevée. Des poissons vivant dans des mers froides, comme les morues, ont, en revanche, des collagènes donnant des gélatines dont la température de fusion est relativement basse (20 °C environ). L'épidémie de la « vache folle » et sa variante, la « tremblante du mouton », touchent des animaux qui fournissent, par leurs ossements, une part très importante de la matière première pour fabriquer la gélatine. Les fabricants de ce matériau s'en sont inquiétés car l'utilisation de certaines gélatines est désormais restreinte pour des raisons sanitaires. Ainsi commencent-ils à produire des gélatines à partir de peau de poisson pour diversifier l'origine de leur matière première de base. Ils sont donc à la recherche de poissons qui seraient les plus favorables à la production de ces nouvelles gélatines.

Les gels physiques, obtenus à partir de biopolymères comme la gélatine et les polysaccharides, sont un état de la matière où la conformation des molécules joue un rôle essentiel dans les propriétés du matériau. Ils constituent, en quelque sorte, un pont entre la physique et la biologie. Nombre de ces gels sont utilisés dans l'agroalimentaire pour fabriquer des gelées et des épaississants : ce sont des agents texturants, car ils modifient la structure d'un aliment (une gelée ou une crème est une matière molle mais avec plus ou moins de consistance). C'est la raison pour laquelle on utilise des gels ainsi que la gélification dans la fabrication de gelées (pour faire des charcuteries ou des confitures), des yaourts, des crèmes glacées et certaines sauces.

La gélification implique, par définition, la formation d'un réseau tridimensionnel associant un soluté (en général un polymère) et un solvant. Une quantité importante de solvant peut être absorbée par le soluté : le réseau va alors gonfler en formant un gel. Ce gonflement, proportionnel à la quantité de liquide absorbée, peut être très important, ce qui permet aux gels de « pomper » en quelque sorte une grande quantité de liquide. C'est le principe mis en œuvre dans des matériaux appelés « grains d'eau » (constitués par de l'amidon greffé sur du polyacrylonitrile) utilisés pour les cultures et le jardinage, et qui fixent des quantités importantes d'eau dans la terre. On les utilise également dans les couches-culottes pour bébé où la matière première est une poudre qui peut absorber mille fois son poids d'eau, en formant un gel grâce auquel l'enfant est maintenu, en principe, au sec.

Les gels possèdent la propriété de pouvoir se contracter ou se gonfler en réaction à des modifications de leur environnement physique ou chimique (la présence de sels ou de charges électriques par exemple), ce qui ouvre des perspectives nouvelles d'application. Ainsi, par exemple, un gel de polyacrylamide se contracte lorsqu'il est soumis à un champ électrique, car la chaîne du polymère porte des charges électriques, et il pourrait donc, en principe, jouer le rôle de « muscle artificiel ». On pourrait alors utiliser ce type de gels pour transformer leur énergie chimique en énergie mécanique dans le génie biomédical, ou pour réaliser des dispositifs mécaniques pour des robots.

Certains gels ont aussi la particularité d'être déstabilisés par des vibrations mécaniques, et de se fluidiser sous leur action. C'est évidemment le type de propriétés que l'on cherche, en principe, à éviter. Le phénomène correspondant s'appelle la « thixotropie », c'est une propriété structurelle de certains matériaux tels que les argiles, les cires, les cristaux liquides et certains pétroles très visqueux. On pense que des tremblements de terre particulièrement violents peuvent provoquer, par les vibrations qu'ils engendrent, un phénomène de thixotropie dans des terrains argileux. Si des immeubles ont été construits sur ces terrains, leurs fondations peuvent être déstabilisées lors d'un tremblement de terre, et ils peuvent s'effondrer. C'est le phénomène qui s'est sans doute produit lors du tremblement de terre de Kobé au Japon, en 1995, dans certaines zones argileuses touchées par les secousses sismiques et qui avaient été construites en bord de mer.

On trouve donc avec les gels un état de la matière dont les propriétés établissent une bonne liaison entre la physique, la physico-chimie, la mécanique et la biologie. Ces milieux d'une constitution relativement banale, formés souvent d'ailleurs à partir de produits naturels, préfigurent sans doute ce que sera l'évolution des technologies des matériaux dans un proche avenir où la manipulation de molécules d'origine biologique sera une voie de passage pour la réalisation de nombreux dispositifs techniques.

Les colloïdes : un état fragile

Des suspensions solides au sein d'un liquide ont la fâcheuse tendance à se séparer en deux phases : un liquide d'une part, et un solide d'autre part. Ce phénomène de démixtion a l'inconvénient majeur de faire disparaître une phase qui était dans un état mécanique et thermodynamique instable, et qui pouvait avoir des propriétés physiques intéressantes.

Les Chinois avaient observé, dès l'Antiquité, qu'une fine suspension aqueuse de noir de carbone ne décante plus, en se séparant de la solution, lorsqu'on lui ajoute de la gomme arabique, qui est un polymère naturel. Ce mélange, qui n'est autre que l'encre de Chine, ne subit donc plus de transition de démixtion lorsqu'on l'agite mécaniquement, il reste homogène car il est stabilisé par un additif. Il constitue ce qu'on appelle un « système colloïdal ». On observe, en revanche, un phénomène rigoureusement inverse lorsque, constatant que le vin contenu dans un fût devient trouble, le vigneron provoque la séparation des particules organiques en suspension dans le liquide en ajoutant un polymère (de l'albumine de blanc d'œuf ou de la gélatine) dans le vin. Cette opération est le collage du vin ; elle est associée à une transition de phase, la floculation.

L'état colloïdal[1] est donc constitué par une substance dispersée dans un solvant et dont les molécules se regroupent pour y former des agrégats moléculaires appelés « micelles ». La taille de chaque micelle dépend évidemment du système et varie de quelques nanomètres à deux cents nanomètres. Le colloïde est donc un état intermédiaire entre le solide et le liquide dont la stabilité, toute relative, est conditionnée par l'existence de charges électriques de même signe qui sont présentes dans les micelles, en particulier dans une couche superficielle qui constitue, en quelque sorte, un enrobage électrique de ces particules. Les charges des micelles sont compensées par la présence, dans la solution, d'ions portant des charges électriquement opposées à celles des micelles (cf. figure 4.12).

Les charges électriques s'opposent à la coagulation du système, elles le stabilisent, jouant, en quelque sorte, le rôle du ciment qui permet de construire un mur de briques. Si d'ailleurs on applique un champ électrique à un système colloïdal, on observe que toutes les particules en suspension dans le milieu vont se déplacer en direction de l'une des électrodes, ce qui provoque la déstabilisation du système. Dans les phases colloïdales constituées par des particules d'hydroxyde de fer, d'aluminium ou de chrome, celles-ci portent une charge positive, tandis que les particules colloïdales d'or, d'argent, de silice, d'amidon et de gomme arabique sont, elles, chargées négativement. Certaines phases colloïdales sont naturelles comme le lait et le sang (le solvant est un milieu liquide dans ce cas), l'agate et les opales correspondent à un système où les particules

---

1. L'origine étymologique du terme « colloïde » est la même que celle du mot « colle », ils proviennent tous deux du grec *colla*, qui signifie « colle ».

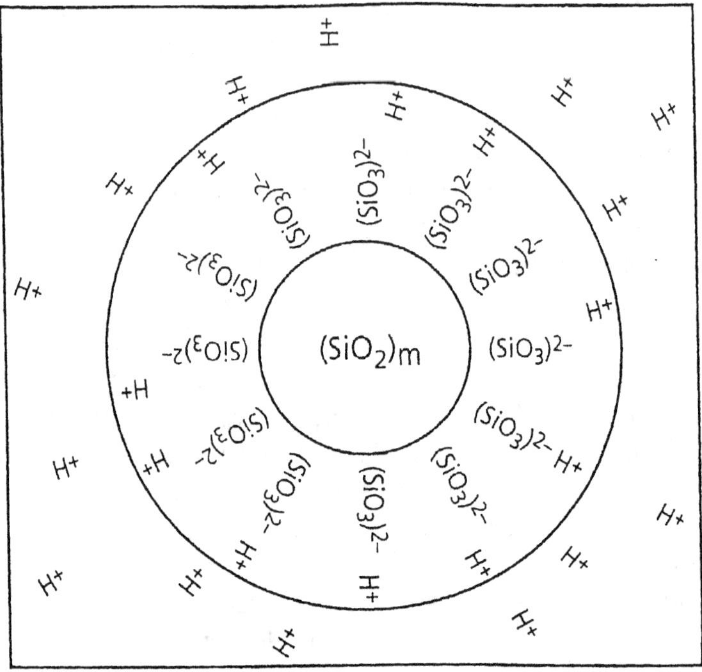

Figure 4.12. Structure d'une micelle

La micelle qui est représentée ici est constituée par un noyau de silice $(SiO_2)_m$. La surface de ce noyau a réagi avec l'eau pour former de l'acide silicique qui est ionisé. L'ensemble est globalement électriquement neutre, les charges négatives $(SiO_3)^{2-}$ étant équilibrées par les ions H^+ qui forment ensemble une double couche électrique.

sont suspendues dans un milieu solide. D'autres sont d'origine industrielle et on les trouve ainsi dans l'industrie chimique et pétrolière, ou dans la métallurgie. On rencontre également des phases colloïdales où le milieu dispersant est un gaz, c'est le cas des aérosols, des brouillards ou des mousses.

La stabilité de l'état colloïdal est directement déterminée par l'intervention des forces d'interaction qui existent entre les particules au sein du milieu. L'équilibre thermodynamique et mécanique va dépendre du jeu de balance de ces forces électrostatiques, d'une part entre celles qui sont de nature attractive, appelées « forces de van der Waals », et d'autre part celles qui sont de nature répulsive. La situation d'équilibre correspond à un minimum de l'énergie du système que l'on peut déterminer par le calcul, elle est associée à une distance optimale entre les particules colloïdales (en général quelques nanomètres) au sein du milieu et qui le stabilise. Le calcul montre également qu'il existe une barrière énergétique dans le milieu, correspondant à un maximum de l'énergie et qui contribue aussi à le stabiliser. En effet, si les particules ne sont pas couplées à une sources extérieure d'énergie suffisante (une agitation mécanique par exemple), elles ne peuvent pas franchir cette barrière de potentiel, dont l'existence évite qu'elles ne passent dans une zone où les forces attractives de van der Waals l'emportent, provoquant ainsi leur agrégation, c'est le phénomène de floculation bien connu du vigneron. On peut abaisser cette barrière énergétique en ajoutant un sel dans la solution qui neutralise partiellement les charges électriques portées par la surface des particules colloïdales.

Les colloïdes ont des applications pratiques importantes que les Chinois avaient perçues il y a fort longtemps, mais ils constituent aussi des modèles intéressants pour étudier et simuler le comportement de certains états de la matière comme les « vrais » solides, puisque l'on peut moduler le comportement d'une phase colloïdale en modifiant la composition chimique du solvant qui est l'un de ses constituants. Le rêve des physiciens est de pouvoir modéliser simplement des états de la matière à l'aide, par exemple, d'un ensemble de particules constituées par des sphères dures n'interagissant que par des forces de répulsion et qui représenteraient les molécules du milieu. Ces sphères ne seraient en interaction que lorsqu'elles se toucheraient et la force de répulsion traduirait, tout simplement, l'impossibilité de déformer leur volume par contact, une situation comparable à celle de boules de billard ou de billes dans un sac. Ainsi, on conçoit que l'entassement de ces sphères dures est susceptible de provoquer l'apparition d'un ordre. En effet, si les sphères étaient des molécules à l'état liquide, elles accroîtraient leur entropie en se disposant de manière équidistante dans le milieu, de façon à rendre maximal leur espace disponible et éviter d'entrer en contact, provoquant ainsi l'équivalent d'une cristallisation sans libération d'énergie. Paradoxalement, l'entropie serait créatrice d'ordre !

Cette situation a pu être modélisée en simulant, à l'aide d'ordinateurs, le comportement d'un ensemble de sphères dures qui avait été prévu par le physicien J. Kirkwood dès 1939. Les premiers calculs de simulation ont été réalisés à la fin des années 1950 par Alder et Wainwright, qui ont montré au prix de plusieurs centaines d'heures de calcul sur un ordinateur IBM très puissant, pour l'époque, que l'on pouvait effectivement « observer » une transition analogue à une cristallisation avec un tel système. Baptisée aujourd'hui « transition de Kirkwood et Alder », cette transition est la pierre angulaire des édifices théoriques pour la compréhension des phénomènes d'ordre qui se manifestent dans l'état colloïdal. On peut simuler le comportement d'un colloïde, en assimilant les particules à des sphères dures qui interagissent par des forces d'attraction et de répulsion à travers les molécules du solvant. On observe que l'ordre cristallin apparaît lorsque les particules occupent environ la moitié du volume. Toutes ces spéculations théoriques attendaient évidemment des vérifications expérimentales que l'on a pu réaliser lorsqu'on a disposé de phases colloïdales dont les propriétés étaient aisément modulables, en modifiant, par exemple, la charge électrique du solvant en jouant sur sa composition ionique. On a ainsi mis au point, ces dernières années, des microbilles de silice, dont le diamètre est de l'ordre du micron, sur lesquelles on a greffé une molécule fluorescente, et des billes d'un polymère comme le polystyrène. Ces particules, immergées dans différents types de solvants organiques qui sont en général des mélanges, constituent un milieu colloïdal dont on peut observer le comportement à l'aide des techniques de microscopie optique, ou de diffusion de la lumière. On peut même suivre le déplacement des petites particules colloïdales au cours du temps avec ces techniques. On a pu ainsi observer l'apparition d'un ordre cristallin ou d'un verre, à partir d'un état colloïdal, en faisant varier la concentration des particules colloïdales dans le solvant. Celle-ci joue, en quelque sorte, le rôle d'un paramètre thermodynamique analogue à la température. On a étendu ces expérimentations à des systèmes à deux dimensions, en confinant le milieu colloïdal entre deux surfaces planes, et l'on a ainsi observé l'équivalent d'une cristallisation ou d'une fusion dans un espace à deux dimensions. Les phases colloïdales constituent donc de véritables modèles pour étudier la formation des cristaux et des verres.

Avec l'état colloïdal qui est intermédiaire entre différentes phases (le liquide, le gaz, le solide cristallisé, voire le verre), on a, en quelque sorte, fermé une boucle puisqu'il fournit un excellent modèle théorique et expérimental pour étudier les changements d'état.

CHAPITRE **5**

Histoire d'eau :
les états d'une molécule vedette, H_2O

Lorsque le *Titanic*, le plus grand paquebot transatlantique de l'époque et le fleuron de la flotte de la White Star Line, appareilla de Southampton, le 8 avril 1912, pour sa traversée inaugurale, celle-ci s'annonçait sous les meilleurs auspices. Le commandant du navire, le capitaine E.J. Smith, était un marin chevronné qui entreprenait d'ailleurs sa dernière traversée de l'Atlantique, avant de prendre sa retraite. Quelques jours plus tard, dans la nuit du 14 au 15 avril, ce palace flottant, pourtant réputé insubmersible, sombrait corps et biens en deux heures, à 300 milles au sud des côtes de Terre-Neuve, après avoir heurté un iceberg qui, vraisemblablement, avait fait une déchirure dans sa coque au-dessous de la ligne de flottaison. Le naufrage, qui fit 1 500 victimes et auquel seulement 700 personnes survécurent, causa un émoi considérable à l'époque et, aujourd'hui encore, il est très présent dans la mémoire collective, symbolisant en quelque sorte la bataille entre les grands systèmes techniques et les risques que leur fait encore courir la nature. L'accident rappelait que les parages de Terre-Neuve sont, au printemps, une zone dangereuse pour la navigation, et il apparut que le commandant du *Titanic* avait négligé des informations sur la présence d'icebergs, dérivant et croisant sa route, que lui avaient pourtant données d'autres navires la veille même du naufrage...

Les icebergs sont de gros blocs de glace qui se sont détachés des calottes de glace recouvrant les zones polaires, le Groenland par exemple, et qui dérivent sur les océans car ils ont à la fois la malencontreuse et bienheureuse idée de flotter à la surface de l'eau liquide. Cela nous paraît un phénomène tout à fait banal et naturel car nous avons l'habitude de constater qu'un glaçon flotte à la surface d'un verre d'eau et aussi d'observer, plus rarement, que les lacs ont la bonne habitude de geler par la surface, ce qui permet à l'eau de rester liquide dans les couches plus profondes, permettant ainsi aux poissons de survivre aux rigueurs de l'hiver. De nombreux tableaux, ceux de Bruegel par exemple, nous rappellent aussi qu'au XVIe siècle, à une époque baptisée le « petit âge glaciaire », les rivières et les lacs d'Europe du Nord gelaient fréquemment, et étaient les lieux d'ébats de foules de patineurs qui circulaient allégrement sur les canaux glacés des Flandres. Cette propriété qui nous est familière est, en fait, une profonde anomalie de l'eau, cette substance omniprésente sur Terre, puisqu'elle recouvre, à l'état liquide ou solide (les océans, les lacs et les glaciers), les trois quarts de la surface de la planète : la densité de l'état liquide est supérieure à celle du solide, du moins dans les conditions normales de température et de pression.

L'eau dans tous ses états

La théorie des « quatre éléments », imaginée par les Grecs, accordait une place centrale à l'eau qui est une substance que l'on peut trouver assez facilement sur Terre sous la forme des trois états de la matière que sont le gaz, le liquide et le solide, et dont on peut aisément observer les transformations sous l'action du feu. C'est sans aucun doute l'omniprésence de l'eau dans la nature qui avait conduit les Anciens, les Grecs comme les Chinois, à donner à l'eau son statut d'élément fondamental de la structure de la matière.

Près de vingt-cinq siècles après les premières spéculations sur les éléments et les états de la matière, la physique nous permet aujourd'hui de comprendre pourquoi les philosophes de l'Antiquité comme Empédocle accordaient une place privilégiée à l'eau. Celle-ci est, en effet, l'une des rares substances que l'on peut trouver dans les conditions normales de pression et de température, observables dans des régions relativement tempérées, sous la forme des trois états de la matière : le gaz, le liquide et le solide.

L'eau est, très probablement, la seule substance chimique dont tout le monde, ou presque, connaît la formule, H_2O. Les astrophysiciens nous ont appris aussi, ces vingt dernières années, que cette molécule est très présente dans l'espace intersidéral où on l'a détectée par des méthodes spectroscopiques. Elle a été synthétisée à partir de deux des éléments qui sont les plus abondants dans l'univers, l'hydrogène et l'oxygène[1], et qui sont des produits des réactions de nucléosynthèse qui ont donné naissance aux atomes après le *Big Bang*, qui, selon les théories aujourd'hui admises, a constitué l'événement fondateur du cosmos. Il n'est donc pas étonnant que l'eau soit si répandue sur notre planète.

Enfin, la physique nous a appris que parmi toutes les substances formées de petites molécules, et qui sont présentes dans notre système solaire (l'ammoniac, l'azote, le dioxyde et le monoxyde de carbone, le méthane, etc.), l'eau est celle dont les températures de solidification et de vaporisation sont les plus élevées. Tout cela concourt à faire de l'eau une substance unique et qui, sous forme liquide, a probablement été la matrice favorable à l'éclosion et au développement de la vie. Il n'est pas étonnant qu'elle ait été l'objet de nombreux travaux de recherche et qu'un physicien, Ph. Ball, après beaucoup d'autres, lui ait consacré récemment une véritable biographie comme à un personnage historique ou à une vedette...

L'origine de la présence de l'eau sur la Terre, dans ses différentes phases, est relativement aisée à comprendre, du moins aujourd'hui. La Terre, comme d'autres planètes, s'est formée dans le système solaire par accrétion de petites particules solides, des poussières, et de gaz, qui ont fini par former des conglomérats qui ont piégé toute une série de substances telles que l'eau. On retrouve d'ailleurs de l'eau sous forme de glace dans des comètes, comme la comète de Halley. Il y a 4,5 milliards d'années, la Terre était un magma liquide qui, en se refroidissant, a provoqué une décantation des constituants de la planète : le fer s'est ainsi concentré dans le noyau central, tandis que ses composants les plus légers (l'hydrogène, l'oxygène, le dioxyde de carbone, le sulfure d'hydrogène, l'eau et quelques autres éléments), qui étaient dissous dans le magma, ont commencé à dégazer en migrant vers la surface pour constituer la première atmosphère de la Terre. La vapeur d'eau atmosphérique a été partiellement décomposée en ses deux constituants, l'hydrogène et

---

1. L'hydrogène, l'hélium et l'oxygène sont, dans l'ordre, les éléments les plus abondants dans l'univers.

l'oxygène, par le rayonnement ultraviolet[1]. L'hydrogène, plus léger, s'est en grande partie échappé de cette première atmosphère terrestre car il n'a pas pu rester dans le champ de gravité de la Terre, tandis que l'eau, plus lourde, a pu subsister en plus forte concentration dans l'atmosphère primitive. Lorsque, enfin, la Terre s'est refroidie, la vapeur d'eau s'est condensée sous forme liquide (il y a environ 4 milliards d'années) pour former la couche liquide des océans qui, sans doute après bien des péripéties, recouvre aujourd'hui 70 % de la surface de notre planète, la glace et la neige en recouvrant cinq autres pour cent. Un milieu favorable à l'apparition de la vie s'était alors constitué. Ce changement d'état de l'eau a, on le comprend bien, une importance fondamentale et n'est pas sans relation avec le récit biblique du déluge, l'un des mythes fondateurs de l'histoire de l'humanité.

L'eau n'est pas seulement, sous ses trois états, une substance clé pour l'équilibre climatique de la planète et, sous forme liquide, le support matériel qui a permis l'éclosion de la vie, elle a permis aussi le développement des techniques énergétiques les plus élaborées à partir de la révolution industrielle au XVIIIe siècle. Déjà, à la fin de l'Antiquité, le savant grec Héron, qui vivait à Alexandrie à la fin du Ier siècle de notre ère, avait mis au point une machine pour distribuer de l'eau consacrée dans les temples, et il avait constaté que la vapeur formée lorsqu'on la chauffait pouvait être utilisée pour produire un mouvement lorsqu'on la détendait : elle pouvait ainsi faire tourner une roue du type de celles que l'on trouve sur les moulins à vent des enfants. Il faut noter au passage qu'Héron, comme Aristote, pensait que la vaporisation de l'eau était une véritable transmutation, au sens chimique du terme, et non, comme nous le savons aujourd'hui, un changement d'état. Quoi qu'il en soit, il a fallu attendre la fin du XVIIe siècle pour voir apparaître la première machine utilisant la force motrice de la vapeur d'eau. Elle fut construite en Angleterre, en 1698, par le capitaine Thomas Savery, après les premiers essais de Denis Papin. Cette machine était utilisée comme pompe, elle était probablement très inefficace et ce fut l'Anglais Thomas Newcomen qui, en 1712, construisit la première véritable machine à vapeur qui allait donner le signal de l'entrée dans l'âge industriel. L'eau et le

---

1. Ce mécanisme s'appelle la « photolyse ».

changement d'état qu'est la vaporisation devaient être des acteurs essentiels des débuts de l'industrialisation, ils le sont restés dans une certaine mesure à l'âge atomique puisque l'eau, sous forme liquide ou gazeuse, demeure une substance clé dans le fonctionnement de la partie thermique d'un réacteur nucléaire.

L'omniprésence de l'eau dans l'univers, la nature et, depuis trois siècles, dans les systèmes techniques explique sans aucun doute que celle-ci, dans ses trois phases, soit, en quelque sorte, une substance mythique, symbole de la vie et de la pureté (encore qu'elle soit aussi le vecteur de nombreuses maladies!). Présente dans les récits bibliques et évangéliques, objet de nombreuses descriptions littéraires et artistiques, l'eau a été l'objet de l'attention des scientifiques les plus renommés, d'Archimède à Pauling, en passant par Boyle et Lavoisier. Cependant, si étrange que cela puisse paraître, les propriétés physiques de l'eau demeurent encore mal comprises.

Les anomalies de l'eau

La présence d'icebergs flottant à la surface de la mer est en soi une propriété de l'eau qui est une anomalie que l'on a eu beaucoup de difficultés à expliquer : la densité de la glace est inférieure de près de 8 % à celle de l'eau liquide. En effet, la quasi-totalité des éléments et des substances moléculaires a une densité dans l'état liquide qui est inférieure à celle de l'état solide. Autrement dit, par exemple, un morceau de fer solide ne flottera pas à la surface du métal liquide dans un creuset. On ne trouve qu'un nombre limité de substances qui présentent une anomalie de densité analogue à celle de l'eau, le bismuth et le gallium sont deux éléments qui ont la même propriété.

La chaleur spécifique de l'eau, c'est-à-dire la grandeur qui caractérise sa capacité à accumuler de la chaleur, est également anormalement élevée, elle est ainsi deux fois plus grande que celle du sodium, qui est un métal, et trois fois plus que celle d'un composé organique comme le benzène. Cette anomalie a des conséquences climatiques importantes, elle explique en effet que des courants océaniques comme le Gulf Stream soient capables de transporter sur des grandes distances, vers les hautes latitudes, la chaleur emmagasinée dans les eaux tropicales, et ainsi de réchauffer l'atmosphère de régions comme l'Europe du Nord. Enfin, on constate que, contrairement à la situation « normale » rencontrée dans pratiquement toutes les substances, la température de fusion de la glace diminue lorsque la pression augmente : la glace fond à une température plus basse que 0 °C lorsqu'on exerce une pression sur elle.

Les modèles qui sont bien admis aujourd'hui pour décrire les liquides les représentent comme une structure où chaque particule (atome ou molécule) est entourée par une couche de particules voisines avec lesquelles elle est liée par des forces d'attraction ; celles-ci sont suffisamment faibles pour empêcher la rigidification complète du système, et une mobilité relativement importante subsiste donc au sein du milieu. On trouve ainsi des couches concentriques de voisins autour de chaque molécule qui ne sont évidemment pas stables dans l'état liquide. Ces microstructures possèdent, nous l'avons d'ailleurs noté, une symétrie que l'on ne trouve pas dans un état cristallin. La densité moyenne du liquide est une fonction des distances inter-moléculaires moyennes. Lorsqu'on abaisse la température, ces distances diminuent et la densité du liquide tend à augmenter, le milieu devenant plus compact ; la solidification accroît ce phénomène et le solide a donc, normalement, une densité plus élevée que celle du liquide. L'eau, quant elle, a une double particularité. En effet, la densité du liquide est non seulement supérieure à celle de la glace « ordinaire » mais elle a aussi un maximum à 4 °C. On doit donc rechercher l'explication du comportement anormal de la densité de l'eau dans sa structure moléculaire dont le comportement, au voisinage de 0 °C, doit être différent de celui des autres substances à l'état liquide.

Intéressons-nous d'abord à la forme de la molécule d'eau constituée par un atome d'oxygène lié à deux atomes d'hydrogène ; cela correspond à la formule chimique bien connue H_2O. Cette molécule est « courbe », car les deux liaisons chimiques, dites « covalentes[1] », qui lient l'oxygène aux atomes d'hydrogène, forment entre elles un angle de 109°, à la manière en quelque sorte d'un V dont les branches seraient très écartées (cf. figure 5.1). C'est une valeur qui est d'ailleurs voisine de celle de l'angle que forment les deux diago-

---

1. L'atome d'oxygène et chaque atome d'hydrogène mettent deux électrons en commun, formant une liaison chimique dite « covalente ». Les autres électrons, en orbite à la périphérie de l'atome d'oxygène, qui ne sont pas engagés dans une liaison restent célibataires.

nales d'un cube. En fait, les expériences de spectroscopie infrarouge révèlent que le noyau des atomes d'oxygène de l'eau se trouve au centre d'un tétraèdre dont les sommets seraient occupés par quatre autres atomes d'oxygène appartenant à des molécules voisines, auxquelles la molécule centrale est liée par des forces électrostatiques dont nous allons expliquer l'origine.

Auparavant, il est utile d'ouvrir une parenthèse pour comparer cette structure quasi tétraédrique de l'eau à l'état liquide avec celle d'une molécule de forme quasi sphérique, le méthane, qui est le plus simple des hydrocarbures. Le méthane est constitué par un atome de

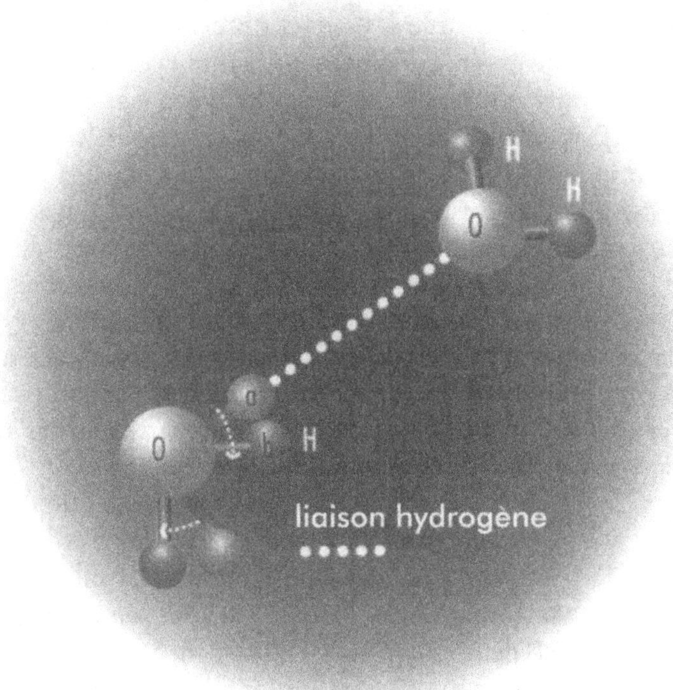

Figure 5.1. Schéma d'une liaison hydrogène

Un atome d'hydrogène dont le noyau porte une charge positive peut être attiré par la charge négative du nuage électronique d'un atome d'oxygène voisin. C'est le cas dans l'eau où une liaison hydrogène est établie entre deux molécules voisines : un atome d'hydrogène est aligné avec les atomes d'oxygène de deux molécules (a). Si, par rotation, l'atome d'hydrogène d'une liaison s'écarte trop de l'axe formé par les atomes d'oxygène, la liaison se rompt (b).
D.R.

carbone lié chimiquement à quatre atomes d'hydrogène qui se trouvent aussi localisés au sommet d'un tétraèdre dont le carbone occupe le centre. Si les deux molécules ont des masses moléculaires très voisines, 18 pour l'eau et 16 pour le méthane, leurs températures de fusion et d'ébullition sont cependant très différentes, celles du méthane étant bien plus basses que celles de l'eau et, de plus, celui-ci n'a aucune anomalie de densité.

Les molécules d'eau ont donc une cohésion très supérieure à celle d'autres substances moléculaires qui devrait avoir pour origine des forces de liaison internes favorisant des effets d'agrégation et qui expliquent, en particulier, la valeur élevée des températures de fusion et d'ébullition de l'eau. On doit au chimiste américain Linus Pauling l'explication, dans les années 1930, de l'origine de cette cohésion. Celle-ci serait due à l'attraction existant entre un atome d'hydrogène d'une molécule d'eau et un d'oxygène appartenant à une molécule voisine. En effet, le noyau d'hydrogène est un proton qui est chargé positivement, et il se trouve attiré par le nuage électronique formé par les électrons célibataires en orbite à la périphérie d'un atome d'oxygène voisin et qui est, lui, chargé négativement. Cette liaison, d'origine électrostatique, est faible mais suffisante pour permettre la constitution d'un réseau de molécules d'eau reliées entre elles par l'intermédiaire des hydrogènes. Cette liaison de nature physique a été baptisée « liaison hydrogène ». Ce schéma avait été proposé par M. Huggins, un étudiant du chimiste organicien américain G. Lewis, pour expliquer les particularités de certaines liaisons en chimie organique.

Comme le rappelle Ph. Ball dans sa biographie de l'eau, ce concept de liaison hydrogène a été difficilement admis et le chimiste britannique H. Armstrong a voulu le ridiculiser en raillant le caractère « bigame » de l'hydrogène. Celui-ci devrait, en effet, se lier à deux atomes d'oxygène par l'intermédiaire de deux liaisons différentes, formant, si l'on peut dire, un couple « légitime » avec un oxygène au sein d'une molécule d'eau, grâce à une liaison chimique forte, et un couple « illégitime » avec l'oxygène d'une molécule voisine par l'intermédiaire d'une liaison physique plus faible. Le mérite de L. Pauling a été de montrer que cette bigamie était parfaitement fondée sur des bases physiques. Il apparaît ainsi qu'une molécule d'eau est capable d'accrocher quatre molécules de son voisinage par des liaisons hydrogène : deux d'entre elles impliquant ses propres atomes d'hydrogène engagés dans des liaisons avec des oxygènes de molécules voisines ; deux autres résultant de la liaison entre l'oxygène de la molécule et les atomes d'hydrogène de deux voisines (cf. figure 5.2).

La molécule d'eau se retrouve donc au centre d'une tétraèdre dont les sommets sont occupés par quatre autres molécules. Cette structure tétraédrique n'est pas stable dans la phase liquide, car l'atome d'hydrogène qui assure les liaisons entre les molécules d'eau est très mobile à cause de sa petite masse ; des liaisons hydrogène s'établissent donc et se cassent avec une très grande vitesse. Dans l'eau liquide, les forces d'attraction entre molécules tendent à l'emporter, provoquant une cassure des liaisons qui permet un rapprochement

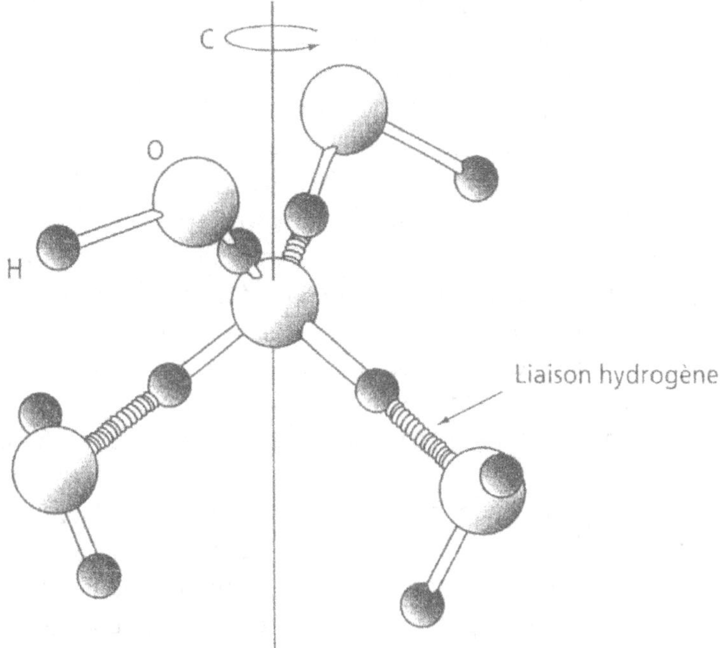

Figure 5.2. Structure de l'eau

Les molécules d'eau dans la phase liquide forment une structure tétraédrique : une molécule se trouve au centre d'un tétraèdre dont les sommets sont occupés par les atomes d'oxygène de quatre molécules voisines. Des liaisons hydrogène sont établies entre la molécule centrale et celles occupant les quatre sommets. L'angle entre ces liaisons est proche de 109°. La distance entre les molécules est de 0,28 nanomètre. Ces structures tétraédriques ne sont pas stables dans la phase liquide, mais elles le sont dans la glace.

des molécules. Toutefois, la stabilité du réseau de liaisons s'accroît lorsqu'on abaisse la température et que l'on approche de la solidification, il préfigure la structure de la glace et cela nous aide, d'ailleurs, à comprendre l'anomalie de densité de l'eau. Chaque molécule dans le cristal de glace est impliquée dans un tétraèdre avec ses voisines. Les liaisons hydrogène étant relativement rigides, elles s'opposent à la formation d'une structure plus compacte, par entassement des molécules, laissant subsister des espaces vides entre celles-ci. Globalement, le réseau est une structure ouverte avec une symétrie hexagonale qui suppose l'existence d'anneaux comportant six molécules associées par des liaisons hydrogène (chacune étant aussi au centre d'un tétraèdre dont les sommets sont occupés par des molécules voisines). Lorsque la glace fond, une partie du réseau régulier de liaisons hydrogène se disloque, et les contraintes qui permettaient de maintenir une structure plus ouverte et moins compacte dans la glace disparaissent petit à petit; les espaces vides sont partiellement occupés par des molécules d'eau, ce qui provoque un accroissement de la densité : la phase liquide est plus dense que la glace. Le réarrangement des molécules, provoqué par la fusion de la glace, joue donc un rôle clé dans la constitution de la phase liquide de l'eau. Au sein de celle-ci, les anneaux comportant six molécules, que l'on trouvait dans la structure de la glace, n'existent plus. Dans le liquide subsistent, en revanche, des anneaux avec cinq molécules; certaines liaisons hydrogène au sein des tétraèdres que constituent les molécules d'eau sont même rompues, contribuant ainsi au désordre de la structure et favorisant l'apparition d'une phase plus compacte.

Ce modèle permet de comprendre relativement facilement le comportement de la densité de l'eau lorsqu'on abaisse progressivement la température. Partant d'une température élevée, au-dessus du point d'ébullition, l'eau en phase gazeuse est dans un état totalement désordonné, comme n'importe quel gaz, le réseau de liaisons hydrogène n'existe pratiquement plus. Celui-ci va se former progressivement dans la phase liquide, après condensation de la vapeur d'eau, lorsque la température diminue, des structures ouvertes moins compactes vont se développer; elles tendent à diminuer la densité du milieu. En revanche, la baisse de la température dans tout liquide provoque une contraction des distances intermoléculaires qui tend, elle, à augmenter la densité du système qui devient plus compact. L'eau ne déroge pas à cette règle, et deux phénomènes sont donc en concurrence : la construction progressive du réseau de liaisons impliquant les atomes d'hydrogène qui contribue à diminuer la densité d'une part, la contraction du milieu qui tend à l'augmenter d'autre part. Ces deux tendances contradictoires finissent par se compenser à la température de 4 °C à laquelle on observe un maximum de densité de l'eau liquide[1]. Au-dessous de 4 °C, les liaisons hydrogène imposent une structure ouverte moins dense : la densité du liquide diminue et lorsqu'il se solidifie pour former de la glace, sa densité chute encore de près de 8 %, la phase solide est plus légère que la liquide. Pour reprendre l'expression utilisée par le physicien J. Teixeira, l'eau liquide serait un « cristal déliquescent ».

La durée de vie des liaisons hydrogène dans l'état liquide a été bien étudiée par des techniques spectroscopiques, comme l'absorption infrarouge, elle est de l'ordre de la picoseconde (c'est-à-dire le millième de milliardième de seconde). Ces techniques révèlent aussi que le nombre de liaisons hydrogène intactes dans le liquide décroît linéairement avec la température ambiante, il est encore de 0,6 par molécule à 100 °C. Cela explique aussi pourquoi la capacité calorique de l'eau est si élevée, si on la compare à celle d'autres substances moléculaires : pour élever la température d'une certaine masse d'eau de 0 °C à 100 °C, il faut lui fournir assez d'énergie thermique pour briser environ une liaison hydrogène par molécule, ce qui représente une dépense énergétique plus importante que pour un liquide « ordinaire ».

On peut retrouver cette propriété de l'eau liquide à l'aide d'une simulation mathématique ou informatique du comportement des molécules du milieu. Pour cela, on utilise les méthodes puissantes de la dynamique moléculaire ou des modèles statistiques mis au point pour étudier les liquides. La simulation met bien en évidence le fait que les molécules forment un réseau continu, désordonné et dynamique, grâce aux liaisons hydrogène. Le désordre et les distorsions existant dans les liaisons permettent aux molécules d'occuper des espaces interstitiels dont le volume croît lorsque la température

---

1. Cette température de 4 °C a été choisie, rappelons-le, pour définir l'unité de masse : le gramme est la masse de 1 cm^3 à cette température. La densité, la masse par unité de volume, est par définition égale à l'unité à cette température.

diminue, ce qui provoque un accroissement de densité, du moins jusqu'à la température de 4 °C. On peut retrouver par le calcul l'existence d'un maximum de la densité à 4 °C, ainsi que le comportement de grandeurs comme la chaleur spécifique qui est anormalement élevée dans le cas de l'eau.

La physique de l'eau liquide ne s'arrête pas, en fait, à 0 °C, et l'on verra que certaines des questions que l'on vient de se poser rebondissent, si l'on peut dire, lorsque l'eau passe dans un état surfondu au-dessous de 0 °C.

La galerie des glaces

Nous avons tous observé les arborescences produites par le givre qui se dépose, en hiver, à la surface d'une vitre ; elles sont constituées par des cristaux de glace ou des flocons de neige que l'on appelle aussi des « dendrites ». En y regardant de plus près, on s'aperçoit que ces cristallites ont la même symétrie qu'un hexagone : par rotation autour d'un axe perpendiculaire à leur plan et d'un angle de 60° (le sixième de 360°), elles coïncident avec elles-mêmes. Ces flocons de neige qui ont la même symétrie ont, toutefois, des formes très variées et ils pourraient constituer, à eux seuls, toute la décoration d'un arbre de Noël. Descartes, Kepler et l'astronome italien Cassini avaient été fascinés, en leur temps, par ces structures symétriques des flocons de neige qui furent observées et décrites avec minutie à l'aide des premiers microscopes à la fin du XVIIᵉ siècle, en particulier par Robert Hooke.

On sait aujourd'hui que cette symétrie hexagonale s'explique par la particularité qu'ont les molécules d'eau dans la glace d'être liées à quatre de leurs voisines par des liaisons hydrogène mais aussi de former des « anneaux » six par six. Cette symétrie caractérise la glace « ordinaire », celle qui constituait l'iceberg qui envoya le *Titanic* par le fond, et que l'on trouve à pression atmosphérique pour des températures inférieures ou proches de 0 °C. Cette glace, que l'on peut qualifier d'« hexagonale », n'est cependant pas la seule variété cristalline d'eau solide. Il existe, en fait, douze variétés de glace à l'état cristallin et, qui plus est, on a réussi à fabriquer deux variétés de glace amorphe, c'est-à-dire de l'eau vitreuse. L'eau, sous forme solide, reste donc fidèle à sa réputation de substance moléculaire complexe.

Sans trop nous y attarder, entrons donc dans la galerie des glaces que constituent ces variétés d'eau solide. La glace ordinaire, encore appelée « glace I », peut se transformer sous l'action de la pression. C'est le physicien G. Tammann qui, en 1900, obtint le premier deux nouvelles variétés cristallines de la glace en la soumettant à des pressions de l'ordre de 3 500 atmosphères. Par la suite, le physicien américain Percy Bridgman développa de façon systématique les techniques pour étudier en laboratoire le comportement et les propriétés de la matière à très haute pression. Celui-ci réussit à obtenir des pressions de l'ordre de 20 000 atmosphères et à mettre ainsi en évidence expérimentalement quatre nouvelles phases de la glace; l'une d'elles, la glace VI, reste stable à très haute pression, jusqu'à 80 °C, la glace VII, de même, peut être obtenue à 22 000 atmosphères et à la température de 100 °C. Ces variétés de glace ont des densités qui sont nettement supérieures à celle de la glace ordinaire, la glace I; les glaces VI, VII et VIII sont ainsi deux fois plus denses.

On peut déterminer avec cette exploration systématique de l'état solide de l'eau un diagramme de phases qui délimite les plages de pression et de température dans lesquelles les différentes variétés de glace sont stables. Ce diagramme, représenté sur la figure 5.3, constitue en quelque sorte le plan de la galerie des glaces. Aujourd'hui, il est possible d'explorer des régions où la pression est de l'ordre du million d'atmosphères. On utilise pour cela la technique des enclumes de diamant. La pression est transmise sur un petit volume d'eau, ou d'une autre substance d'ailleurs, qui se trouve emprisonné entre deux enclumes de diamant sur lesquelles on applique une pression très élevée. La forte résistance mécanique du diamant évite que les enclumes ne se brisent (cf. figure 5.4) et elle permet d'appliquer ainsi sur un matériau une pression qui peut atteindre un million d'atmosphères, mais sur un volume qui est de l'ordre du cm^3 au maximum. On détermine alors les changements de phases intervenant dans un solide tel que la glace par des mesures optiques, en spectroscopie infrarouge, le diamant ayant également l'avantage d'être transparent à la lumière. C'est ainsi que l'on a pu mettre en évidence l'existence d'une douzaine de variétés cristallines de glace; la glace XII a été découverte en 1998 et serait sans doute métastable, tout comme la glace IV d'ailleurs.

La description des phases de la glace est d'autant plus complexe que l'on a pu obtenir de l'eau solide sous forme vitreuse. Ce sont des chercheurs canadiens qui se sont fait une spécialité des travaux sur cette nouvelle variété de glace qui est une phase non cristalline. E.F. Burton et W.F. Oliver ont obtenu, les premiers à Toronto en 1936, une glace amorphe en condensant de la vapeur d'eau sur des tuyaux en cuivre refroidis à la température de -140 °C. Si l'on réchauffe de quelques degrés cette glace vitreuse, celle-ci va fondre pour redonner une eau liquide extrêmement visqueuse qui regèle à -120 °C pour former la glace cristalline « normale ». D'autres chercheurs canadiens ont obtenu, en 1984, une glace amorphe à partir d'un cristal de glace ordinaire, la glace I, comprimée à 10 000 atmosphères à -196 °C; celle-ci en fondant se resolidifie sous forme d'un verre que l'on peut étudier à la pression atmosphérique. La glace amorphe obtenue dans ces conditions a une densité plus élevée que

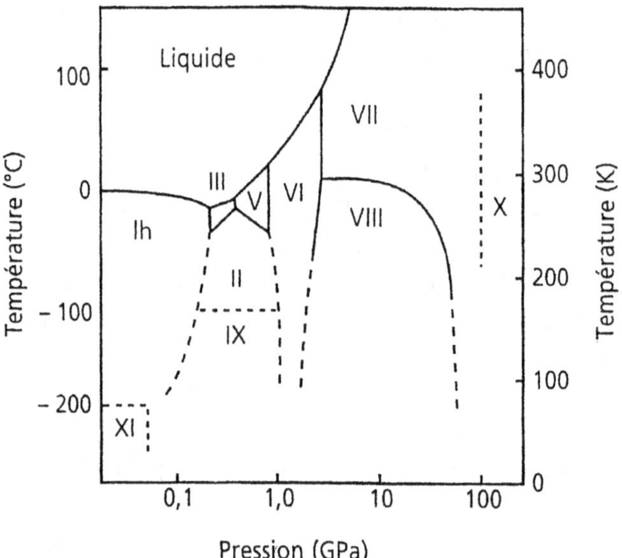

Figure 5.3. Diagramme de phases de la glace

On met en évidence onze variétés cristallines de la glace qui, pour chacune d'entre elles, n'existent que dans certaines plages de température et de pression. Une douzième forme de glace, la glace XII qui ne figure pas sur ce diagramme, a été découverte dans la région des pressions comprises entre 0,2 et 0,6 GPa. Certaines variétés n'existent qu'à très haute pression, au-delà de 100 GPa, c'est-à-dire le million d'atmosphères. La glace ordinaire est la glace hexagonale Ih, stable dans la partie gauche du diagramme. Certaines variétés de glace ne sont obtenues que sous forme métastable.
Extrait de C. Lobban, J.L. Finney, W.F. Kuhs, *Nature*, n° 391, 1998, p. 268.
© Macmillan Magazines Ltd.

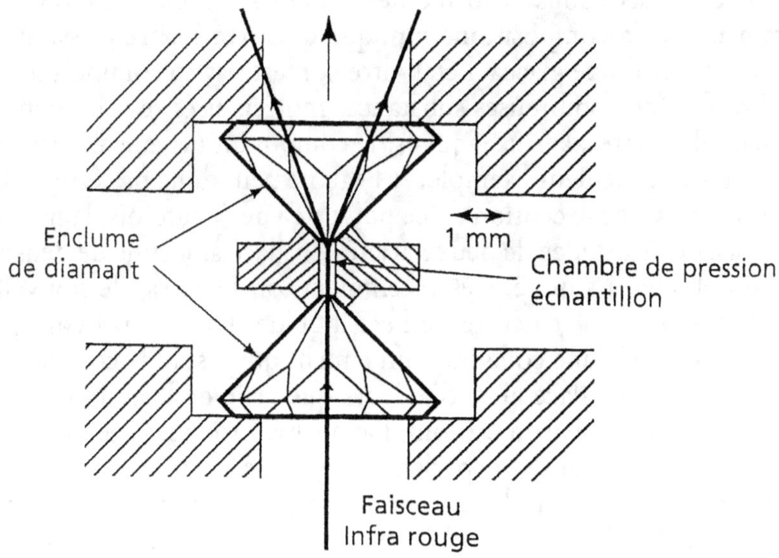

Figure 5.4. Cellule à enclume de diamant

Le diamant, qui est très dur, permet d'exercer une pression très élevée (jusqu'à environ 2,5 Mbar, soit 250 GPascal) sur un matériau, par exemple de la glace. Le diamant étant transparent, il permet de faire des mesures optiques dans le matériau, par exemple de déterminer le spectre infrarouge du solide et son évolution lorsqu'on change la température et la pression.

celle formée par dépôt à partir de la phase vapeur[1]. Réchauffée jusqu'à -148 °C à la pression atmosphérique, la glace amorphe à haute densité se transforme irréversiblement en glace vitreuse à basse densité. On peut aussi produire de la glace amorphe en procédant à une hypertrempe de l'eau liquide, par exemple en accélérant des gouttelettes d'eau dans une tuyère supersonique et en les projetant sur une plaque de cuivre refroidie à l'azote liquide. Les gouttes d'eau sont ainsi vitrifiées en subissant un refroidissement très rapide à une vitesse qui est de l'ordre du million de degrés par seconde.

Les deux variétés de glace vitreuse correspondent à des systèmes où les molécules d'eau sont dans un état hors d'équilibre, on ne les trouve donc pas sur des diagrammes de phases de l'eau, même si elles ont une certaine stabilité qui leur permet de figurer dans notre

---

1. La glace amorphe obtenue à partir de la vapeur d'eau a une densité de 1,17 g/cm^{-3}, celle obtenue à partir de l'eau liquide a une densité de 1,31 g/cm^{-3}.

galerie des glaces sous la forme de véritables verres, qui n'ont évidemment pas la composition chimique du verre à vitre classique !

L'existence d'une glace à l'état vitreux n'est pas en soi une anomalie. En effet, de nombreuses substances moléculaires se solidifient en formant des verres, la silice, qui est le composant majeur des verres à vitre, en est le meilleur exemple, et l'eau ne peut donc pas être considérée comme une exception de ce point de vue. Toutefois, la mise en évidence de l'existence de deux variétés de glace amorphe de densités très différentes a suscité, très récemment, on le verra, de nouvelles spéculations sur la structure de l'eau liquide. La liaison hydrogène est l'équivalent d'une colle ou d'un ciment qui assure la cohésion de la structure de la glace ainsi d'ailleurs que celle de l'eau liquide. La physique de cette liaison est loin d'avoir livré tous ses secrets. On a pu montrer ainsi, par des expériences de diffusion des rayons X, réalisées en 1999 sur la machine européenne pour le rayonnement synchrotron (ESRF) de Grenoble, que les liaisons hydrogène dans la glace étaient, en fait, partiellement covalentes et donc en partie équivalentes des liaisons chimiques. Ce résultat, conforme d'ailleurs à des prévisions de L. Pauling, démontre que les modèles théoriques ont besoin d'être raffinés.

La visite de la galerie des glaces réserve d'autres surprises que celle qu'a provoquée la découverte de la glace vitreuse. En effet, la glace est une structure cristalline relativement ouverte car les liaisons hydrogène laissent subsister l'équivalent de cavités au sein du cristal, ce qui explique d'ailleurs que l'eau à l'état solide ait une densité inférieure à celle du liquide. Ces cavités, on le conçoit, pourraient constituer un réceptacle pour d'autres atomes ou d'autres molécules. En fait, les molécules d'eau peuvent former un réseau cristallin tridimensionnel en piégeant des molécules de gaz, comme le méthane, qui forment alors un solide stable à basse température (au voisinage ou au-dessous de 0 °C) et à haute pression. On désigne sous le nom d'« hydrates de gaz » ou de « clathrates[1] » ces solides qui sont, d'une certaine façon, une variante de la glace. Ainsi, les molécules d'eau forment en quelque sorte une cage qui emprisonne le gaz dans une structure solide dont il ne peut se dégager que si celle-ci fond. C'est le chimiste Linus Pauling qui a identifié la structure de ces hydrates de gaz. Leur intérêt n'est pas purement académique. En effet,

---

1. Le terme « clathrate » vient du latin *clathratus*, qui signifie « encapsulé ».

comme nous le verrons, ces hydrates, que l'on trouve dans des régions froides du globe, comme l'Arctique et sous le permafrost de la Sibérie, mais aussi dans les profondeurs océaniques, constituent une forme d'énergie fossile stockée, les hydrocarbures congelés pouvant être récupérés sous forme gazeuse lors de la fusion du solide.

Que d'eau, que d'eau !

Les Grecs, en faisant de l'eau l'un des quatre éléments constituant le monde matériel, ne s'étaient pas complètement trompés, dans la mesure où cette substance est elle-même un univers complexe qui réserve encore de nombreuses surprises aux scientifiques qui en étudient les propriétés. L'étude du comportement de l'eau dans sa phase liquide surfondue, ainsi que la mise en évidence de l'existence de deux variétés de glace vitreuse ont rouvert, à partir des années 1980, le débat sur la structure de l'eau. Un retour dans la galerie des glaces est donc nécessaire pour tenter de comprendre l'état de la réflexion actuelle.

L'eau liquide, comme beaucoup de substances d'ailleurs, peut se trouver dans un état métastable que l'on appelle « surfondu » : elle reste liquide au-dessous de 0 °C, alors qu'elle devrait être solidifiée sous forme de glace. On peut obtenir de l'eau surfondue dans des tubes capillaires refroidis au-dessous de 0 °C, et jusqu'à une température, semble-t-il de -45 °C. On trouve aussi de l'eau surfondue sous forme de gouttelettes, c'est une situation courante dans les nuages, sans doute jusqu'à une température de -40 °C. Le physicien néo-zélandais A. Angell, suivi en France par J. Teixeira et J. Leblond, a étudié systématiquement le comportement de l'eau surfondue en utilisant différents types de méthodes physiques. Ces chercheurs ont ainsi pu montrer que la chaleur spécifique et la compressibilité de l'eau augmentaient très fortement lorsqu'on abaissait la température de la phase surfondue. Tout se passe comme s'il existait une température limite, proche de -45 °C, à laquelle ces grandeurs physiques deviendraient infinies. L'eau liquide serait tellement compressible qu'une faible augmentation de pression provoquerait une forte diminution de son volume. En se raccrochant au modèle de structure de l'eau dans lequel les liaisons hydrogène jouent un rôle essentiel, et en recourant au concept de percolation utilisé pour les gels, un physicien théoricien américain de Boston, E. Stanley, a pu rendre compte de ces phénomènes. Cette température limite serait, en quelque sorte, une frontière que l'eau, dans son état liquide, ne pourrait pas franchir. Si, maintenant, partant de l'eau liquide dans un état thermodynamique stable, on lui fait subir une trempe rapide, en abaissant brutalement sa température, on sait qu'on peut la faire passer à l'état vitreux et rentrer ainsi dans la galerie des glaces. Cette glace vitreuse, ou amorphe, qui est la variété à basse densité lorsqu'elle est fabriquée à partir de l'eau liquide, va fondre à la température de -140 °C lorsqu'on la réchauffe et former un liquide très visqueux instable qui va cristalliser, lui, à -120 °C pour former une variété de glace. Il existe donc une zone interdite, entre -120 °C et -45 °C à la pression atmosphérique, dans laquelle il serait impossible de trouver de l'eau liquide, alors qu'elle existe, en revanche, dans un état métastable de part et d'autre de ces températures limites, ce qui est, encore, une « anomalie » de l'eau. Prenant en compte ces observations, le physicien américain E. Stanley a simulé par le calcul le comportement de l'eau à basse température et à haute pression. C'est ainsi que traçant les diagrammes de phases de l'eau, il a mis en évidence une plage de température (au-dessous de -75 °C) et de pression (plusieurs milliers d'atmosphères) où existeraient, semble-t-il, deux phases liquides d'une eau surfondue et très visqueuse, qui se transformeraient l'une en l'autre ; cette transition de phase entre deux états liquides subsisterait jusqu'à un point critique analogue à celui qui existe, et qui est connu depuis très longtemps, entre un liquide et un gaz. L'existence de ces deux variétés d'eau liquide de densités différentes serait parfaitement compatible avec celle des deux formes de glace amorphe qui, elles aussi, n'ont pas la même densité. Les architectures moléculaires de ces deux états liquides devraient certainement être très différentes : l'eau à basse densité devrait être constituée par un réseau de liaisons hydrogène relativement lâche, laissant subsister des trous entre des liaisons rompues, l'eau à haute densité serait dotée, en revanche, d'une structure plus compacte.

Il est prudent d'utiliser le conditionnel, on l'a bien noté, pour décrire ces variétés d'eau liquide et la transition de phase permettant de passer de l'une à l'autre. En effet, l'existence de ces états demeure spéculative et, pour l'instant, encore théorique, même si des expériences réalisées en 1998, sur des gouttes d'eau provenant d'une glace fondue à haute pression, la glace IV, semblaient fournir les premiers indices de l'existence d'une transition à basse température et à haute pression entre les deux variétés d'eau métastable. La possibilité d'observer deux phases liquides d'une même substance est en soi un petit défi scientifique et l'on peut évidemment penser que l'eau, qui n'en est pas à une anomalie près, serait bien capable aussi de nous réserver cette surprise. La surprise est venue, en fait, d'une autre substance, le phosphore, lorsque des chercheurs japonais ont mis en évidence, en l'an 2000, la transition à très haute pression (dix mille atmosphères) entre deux phases liquides de cet élément. Utilisant la diffraction des rayons X, émis par une machine émettant un rayonnement synchrotron, ils ont constaté qu'en accroissant la pression sur le phosphore liquide, sa structure doit passer brutalement d'une forme relativement ouverte, constituée par des associations de quatre atomes, à une forme polymérique à plus haute densité. Des observations analogues ont été faites sur le carbone liquide.

Si les spéculations récentes sur la structure de l'eau que nous venons de relater reposent sur des bases sérieuses, à partir de prémices qui sont des faits scientifiques établis (l'existence de deux variétés de glaces vitreuses par exemple), il n'en a pas toujours été ainsi. Des chercheurs, au demeurant de bonne réputation, ont en effet travaillé d'arrache-pied pour tenter de comprendre les propriétés d'une « vraie-fausse » variété d'eau : l'eau polymérisée. Cette anecdote dans l'histoire de la science remonte aux années 1960. À l'époque, en effet, une équipe soviétique, celle de Boris V. Deryagine, avait mis en évidence, pensait-elle, l'apparition dans un tube capillaire d'une variété d'eau liquide de densité supérieure à celle de l'eau ordinaire et dotée d'une viscosité très élevée. Les spéculations à partir de cette « découverte » sont allées bon train, et de nombreux chercheurs, en URSS comme à l'Ouest, ont fermement cru qu'il existait une nouvelle variété polymérisée de l'eau. Le *Wall Street Journal* s'était même emparé du sujet, donnant une estampille capitaliste de véracité à cette découverte socialiste ! On sait, bien sûr, que les états de surface, en particulier dans un tube capillaire, peuvent avoir une incidence sur les propriétés d'un liquide et des scientifiques ont pensé que c'était de ce côté-là qu'il fallait chercher l'explication de l'existence de l'eau polymérisée. En fin de compte, l'explication, prosaïque et peu glorieuse, du phénomène fut trouvée par des chercheurs américains qui avaient eu la bonne idée de procéder à une analyse chimique systématique d'échantillons d'eau polymérisée produite par la méthode soviétique, et ils ont constaté que cette eau n'était qu'un infâme mélange de molécules d'eau avec du sodium, du potassium, des ions sulfate et chlore, provenant sans doute des tubes capillaires dans lesquels l'eau avait séjourné. L'eau polymérisée n'était, en fait, qu'une super-eau de Vichy imbuvable ! Le plus curieux, c'est qu'il a fallu près de cinq ans pour comprendre que l'eau polymérisée n'était qu'un phantasme après lequel avaient couru de très nombreux et sérieux laboratoires. Le côté mythique de l'eau, substance clé dans la nature, explique sans doute qu'elle fasse toujours rêver les chercheurs qui sont parfois tout disposés à lui prêter des propriétés nouvelles.

L'eau : du ski et du givre

Le patinage et le ski se pratiquent depuis des siècles, et l'on a soupçonné, depuis longtemps, que le glissement d'un patin sur la glace et de la semelle d'un ski sur la neige est très probablement facilité par un phénomène de lubrification qui ferait intervenir une couche d'eau liquide. Celle-ci s'interposerait entre les surfaces des deux systèmes en contact, le ski et la neige par exemple. Un phénomène aussi banal que la glisse des skis qui fait intervenir une transition de phase, la fusion des cristaux de glace de la neige, a cependant suscité bien des spéculations. La plus courante, et admise pendant fort longtemps, consiste à attribuer la fusion de la glace à l'effet de la pression exercée par un skieur ou un patineur. Cette hypothèse fut avancée, au XIXe siècle, par le physicien anglais J. Thomson afin d'expliquer la facilité avec laquelle on peut faire une boule de neige : les cristaux de glace seraient littéralement collés les uns aux autres car une fine pellicule d'eau se serait formée par fusion de la glace sous l'effet d'une forte compression (celle de la main tenant la neige). Cette hypothèse provoqua une violente polémique scientifique opposant J. Thomson à d'autres collègues non moins célèbres, tel que J. Tyndall, à propos de la formation des boules de neige ! L'hypothèse de J. Thomson l'emporta pendant longtemps, même si certains eurent vite fait d'objecter qu'en bonne logique, si on l'appliquait aux skis, on pourrait en déduire que les skis devraient adhérer à la neige ! Un calcul rapide permet aussi de montrer qu'il faudrait que le skieur pèse plusieurs tonnes pour abaisser la température de fusion de la glace de plusieurs degrés et provoquer ainsi sa fusion au-dessous de 0 °C. Ce calcul, si étrange que cela puisse paraître, ne fut réalisé qu'en 1939 par deux physiciens britanniques de Cambridge, F.P. Bowden et T.P. Mughes, qui proposèrent alors une alternative théorique : la pellicule d'eau qui permet une sorte d'auto-lubrification se formerait sous l'action du frottement d'un patin ou d'un ski qui, dégageant de la chaleur, provoquerait une fusion locale de la glace. Cette hypothèse raisonnable semblait tenir la route, ou la piste, en donnant une explication satisfaisante du phénomène de la glisse.

Mais très récemment, en 1996, cette hypothèse très simple a été remise en cause par des chercheurs américains qui ont observé l'existence d'un film mince d'eau liquide à la surface de la glace jusqu'à une température de -186 °C. Ils ont utilisé la diffraction des électrons par des cristaux de glace pour mettre en évidence cette pellicule d'eau liquide qui se manifeste par une anomalie du spectre de diffraction. La présence d'eau liquide, à une température aussi basse et à la pression atmosphérique, s'expliquerait par un phénomène de préfusion de la glace que l'on observe d'ailleurs dans d'autres systèmes. L'autolubrification serait donc assurée, à basse température, sans qu'il soit nécessaire de provoquer la fusion de la glace par le frottement d'un patin ou d'une semelle de ski. La morale de cette histoire, qui n'est peut-être pas finie, est qu'il est possible de faire du ski ou du patin à glace jusqu'à une température au-dessous de -100 °C. C'est un défi qu'aucun physicien n'a encore osé relever !

Les cristaux de glace que l'on trouve dans les milieux naturels n'ont pas que les côtés sympathiques qu'apprécient les skieurs et les alpinistes pratiquant l'escalade des glaciers, les passagers et les marins du *Titanic* en ont déjà fait la triste expérience, des phénomènes comme le givrage peuvent avoir également, en effet, des conséquences désastreuses. Le givrage est tout simplement un phénomène de solidification de gouttelettes d'eau, souvent à l'état surfondu, par impact sur une surface. Il s'accompagne d'un mécanisme d'accrétion qui résulte de l'impact de gouttelettes sur des cristaux de glace préexistants. On observe évidemment le givrage sur des fenêtres ou sur les vitres d'une automobile, mais il se produit aussi dans les nuages et en particulier dans les cumulo-nimbus au sein desquels la concentration en eau liquide est particulièrement élevée. Le givrage est un phénomène dangereux, bien connu désormais, car il peut provoquer des accidents, sur les routes bien évidemment, mais aussi dans la circulation aérienne. En effet, des avions traversant des nuages chargés de gouttes d'eau à basse température peuvent voir leurs ailes givrer en quelques minutes, ce qui peut bloquer des commandes, mais aussi les alourdir considérablement, voire provoquer ensuite leur chute brutale. Plusieurs accidents d'avions ont ainsi été provoqués par un givrage des ailes qui, offrant une grande surface portante, sont particulièrement exposées à ce phénomène. De nombreux aéroports ont été équipés, au cours des années 1990, d'installations de dégivrage pour éviter que celui-ci ne se produise au décollage, au moment où l'avion va traverser des zones nuageuses.

L'eau, la vie et le cosmos

Au-delà des problèmes que pose la structure de l'eau à l'état liquide ou solide, ou son comportement au voisinage d'une surface, qu'il s'agisse d'une aile d'avion ou de la semelle d'un ski, l'intérêt que les scientifiques portent à cette substance est stimulé, depuis très longtemps, par des questions fondamentales au sens fort du terme. En effet, l'eau est considérée comme la « matrice de la vie », le milieu au sein duquel aurait pu se développer une forme primitive de vie, et les spéculations sur ce thème ont toujours été très importantes. On rejoint là la dimension mythique de la science avec des images fortes empruntées, parfois, à des textes religieux comme la Bible : l'eau y est très souvent considérée comme un milieu purificateur et elle est associée à des rites sacrés.

Les conditions d'apparition de la vie sur Terre restent encore largement un mystère, et même si l'hypothèse est souvent formulée que la mer aurait été le milieu initial où la vie aurait pu éclore, les scientifiques sont loin de s'accorder sur ce point. Certains chercheurs ont proposé un scénario qui ferait jouer un rôle privilégié aux sources hydrothermales qui jaillissent à haute température (300 °C et parfois plus) au fond des océans, et qui sont chargées en substances minérales qu'elles ont dissoutes en circulant dans les couches géologiques avant d'atteindre le fond de l'océan, mais cela n'est qu'une hypothèse parmi d'autres.

Si l'eau est considérée comme le berceau où la vie a été maternée, c'est qu'elle possède, nous l'avons bien remarqué, des propriétés remarquables. On la trouve, bien sûr, à l'état liquide dans une plage de températures compatible avec les formes de vie qui existent sur Terre, en particulier à la température de 37 °C qui est celle du corps humain. Ensuite, même à l'état liquide, l'eau possède une structure que lui confèrent les réseaux de liaisons hydrogène, qui ont une faible durée de vie mais sont les prémices d'un ordre solide. L'eau, enfin, a la propriété de dissoudre beaucoup de substances moléculaires, en particulier celles qui sont polaires, c'est-à-dire qui ne sont pas uniformément neutres électriquement (les molécules portent à leurs extrémités, par exemple, des charges électriques différentes tout en étant globalement neutres). Les protéines sont en particulier facilement dissoutes dans l'eau. Bref, sans entrer dans les détails, on conçoit que l'eau est un milieu qui se prête remarquablement bien à la constitution d'architectures moléculaires, à partir de briques minérales ou organiques qu'elle a pu dissoudre à des températures voisines de celles qui sont propices, dans les conditions physiques où nous vivons en tout cas, au développement de différentes formes de vie, depuis les bactéries jusqu'à des mammifères comme les baleines. On conçoit donc qu'elle ait pu constituer une véritable arche de Noé dans laquelle ont pu s'embarquer les premiers êtres vivants.

Il n'est pas inutile de remarquer, au passage, que les êtres vivants ont trouvé les moyens de ruser avec l'eau, qui a quand même l'inconvénient de se solidifier à 0 °C en se transformant en un matériau, la glace, avec lequel il est difficile de vivre en permanence. Beaucoup de plantes et d'animaux ont ainsi pu trouver la parade pour éviter que l'eau, qui constitue une bonne part de leur individu, ne gèle, avec les conséquences catastrophiques que ce phénomène pourrait représenter pour eux (un risque d'éclatement des vaisseaux renfermant de l'eau puisqu'elle augmente de volume en se solidifiant). Ils produisent des cryoprotecteurs qui sont des antigels naturels. Ceux-ci sont souvent des protéines qui peuvent bloquer la croissance de cristaux de glace : en se fixant, par exemple, sur des microcristaux primitifs, ces protéines empêchent l'adhésion de nouvelles molécules d'eau à ces cristaux, et donc un risque potentiel de gel massif. Les grenouilles sont assez malignes pour fabriquer du glucose en grande quantité car, en effet, celui-ci constitue avec l'eau un fluide corporel à bas point de solidification, ce qui les empêche d'éclater comme un bœuf sous la pression de la glace. Quant aux plantes, elles synthétisent une hormone, l'acide abcésique, qui a la propriété de favoriser la perméabilité des membranes cellulaires à l'eau : c'est d'abord l'eau à l'extérieur des cellules qui gèle, la déshydratation partielle des cellules provoquera alors un accroissement de leur concentration interne en substances minérales et organiques dissoutes, le point de solidification de l'eau restante s'en trouvera ainsi automatiquement abaissé.

Alors qu'ils sont loin de comprendre tous les mécanismes qui sont entrés en jeu dans l'apparition de la vie, les scientifiques s'interrogent néanmoins sur la possibilité de l'existence de la vie sur d'autres planètes que la nôtre. D'où l'intérêt qu'ils accordent à la recherche de traces d'eau dans le cosmos, et en particulier sur des planètes du système solaire. L'eau, nous l'avons souligné, est une substance qui est relativement répandue dans l'univers, et elle peut être considérée comme l'un des sous-produits du *Big Bang*. La synthèse des éléments, que l'on appelle la « nucléosynthèse », a suivi le *Big Bang* et l'hydrogène fut l'un des premiers à se former avec une très grande abondance. Le nom même d'« hydrogène », « formation de l'eau », indique bien quel rôle celui-ci a joué dans la synthèse cosmique de l'eau. Il y quatre milliards d'années, l'eau de l'atmosphère terrestre, en se condensant sous forme liquide pour donner naissance aux nuages et aux océans, a constitué un milieu propice à l'éclosion de la vie.

On a pu identifier de nombreuses régions de l'espace où se trouvent des molécules d'eau que l'on reconnaît par leur signature spectroscopique. On sait aussi que de nombreuses comètes sont en fait de gros blocs de glace circulant à vive allure dans le système solaire comme de véritables icebergs spatiaux, mais l'intérêt des astronomes est bien davantage dirigé vers les planètes, car on s'interroge sur la présence d'eau, aujourd'hui ou dans le passé, dans les systèmes planétaires. Cette eau, à l'état liquide, aurait pu ainsi favoriser l'éclosion d'une forme de vie qui aurait d'ailleurs pu disparaître avec les molécules qui se seraient évaporées et qui auraient quitté les atmosphères planétaires ; le débat sur ce sujet est loin d'être clos. Où en est-on donc aujourd'hui ?

Le cas de la Lune mérite d'être d'abord examiné puisque notre satellite a déjà été visité par l'homme. La Nasa, quant à elle, a annoncé que plusieurs missions de satellites envoyés en orbite lunaire auraient détecté de l'eau dans les zones polaires de notre voisine. Le satellite *Clementine* a expédié, en 1996, des images d'un cratère du pôle sud de la Lune qui semblent indiquer que le fond de ce cratère serait tapissé par une couche de glace qui formerait, en quelque sorte, un petit lac. Cette glace ne peut subsister que si les régions lunaires, où elle se trouve, ne reçoivent qu'un faible éclairage solaire qui évite son réchauffement et son évaporation. La Nasa a profité de ces annonces pour plaider une relance des missions lunaires du programme spatial américain, en bon lobbyiste qu'elle a toujours été...

Passons maintenant de la Lune aux autres planètes. Le débat sur l'éventuelle présence d'eau sur Mars a toujours été animé et le mythe de l'existence des Martiens, les petits hommes verts, a eu la vie dure, véhiculé notamment, mais pas uniquement, par les romans de science-fiction qui ont ainsi joué un grand rôle dans la promotion de l'aventure spatiale. C'est un astronome italien, G. Schiaparelli, qui, à la fin du XIXe siècle, a contribué à introduire l'idée selon laquelle le sol martien serait couvert, en certains endroits, de canaux qui auraient pu être construits par la main de l'homme. Il semblerait d'ailleurs que les observations faites par Schiaparelli, à l'aide d'un télescope, auraient été mal interprétées par suite d'une erreur de traduction d'un terme qu'il aurait utilisé pour décrire les sillons dont il avait détecté la présence à la surface de Mars. Pendant longtemps, certains astronomes se sont ainsi autopersuadés qu'il existait bien des canaux à la surface de Mars qui auraient pu transporter de l'eau à des fins d'irrigation. Ce malentendu a été amplifié par des auteurs de science-fiction comme H.G. Wells. En fait, les missions spatiales effectuées en direction de Mars ont donné une vision plutôt rébarbative de la planète. Ainsi le satellite *Mariner 4*, qui a frôlé Mars, a envoyé sur Terre en 1965 des images d'une planète aride, impropre actuellement à la vie. En revanche, le satellite *Mariner 9* a donné, en 1972, une description plus « rose » de Mars, mettant en évidence la présence d'immenses volcans ; les images de la planète montraient aussi que ses pentes étaient ravinées et creusées par des vallées au fond desquelles avaient dû couler des rivières. Si l'hypothèse de l'existence de canaux creusés par des êtres vivants est totalement abandonnée, il est possible, en revanche, que de l'eau ait été présente sur Mars dans les lits de rivière; les astronomes doutent, toutefois, que la surface de Mars ait pu être partiellement recouverte par des océans. Il n'est pas impossible non plus que les zones polaires de Mars soient partiellement recouvertes par de la glace ou de la neige carbonique, constituée par du dioxyde de carbone solidifié. Malheureusement, les deux dernières missions satellitaires que la Nasa avait envoyées sur Mars, en particulier le *Mars Polar Lander* qui devait rechercher des traces d'eau dans le sol, ont totalement échoué en 1999 pour des raisons techniques : les sondes martiennes, par suite d'erreurs de manœuvre, se sont sans doute écrasées sur la planète rouge[1]. Toutefois, le débat a été relancé, en l'an 2000, par la publication par la Nasa d'images de la surface de Mars prises par le satellite *Mars Global Surveyor* qui révèlent l'existence de zones de la planète rouge certes arides, mais dont le sol est creusé de petits canyons ou rigoles assez semblables à ceux que l'on trouve sur Terre à flanc de montagne. Ces rigoles auraient pu être creusées par de l'eau en ruissellement. Ces zones en question sont situées dans des régions polaires froides, il y règne une température de -100 °C, et il est douteux que l'eau puisse y subsister, sauf sous forme de glace enfouie dans le sous-sol. Les géologues et les astronomes divergent encore sur l'interprétation qu'il y a lieu de donner de cette découverte. Les mystères de Mars restent donc entiers pour l'instant, même si la présence de traces de vie y est très improbable. En lançant, en avril 2001, une nouvelle sonde spatiale vers Mars, *Mars Odyssey,* la Nasa espère pouvoir nous aider à lever un coin du voile martien.

Il nous reste à examiner la candidature des autres planètes du système solaire à l'accueil d'eau à l'état liquide ou solide. Le cas de Vénus est vite réglé, car les sondes planétaires qui lui ont rendu visite, en particulier la sonde soviétique *Venera 4* en 1967, ont découvert une planète très chaude avec une atmosphère où la pres-

---

1. L'une des sondes martiennes a été perdue à la suite d'une confusion dans le calibrage d'appareils de mesure montés à bord, l'un d'eux a été calibré en mètres, l'autre en pieds!

sion est très forte, et qui serait constituée de gaz carbonique à température élevée, de l'ordre de 900 °C. Vénus a peut-être été partiellement recouverte par des masses d'eau océaniques au début de son histoire, mais l'effet de serre, dû à la présence d'une forte concentration de gaz carbonique, a élevé la température de la surface de la planète et a ainsi provoqué une évaporation de cette eau qui a dû s'échapper progressivement de l'atmosphère vénusienne. La vie, si tant est qu'elle ait jamais existé sur Vénus, y a disparu avec l'eau.

C'est probablement sur les satellites d'autres planètes, équivalents de notre Lune, que les chances sont les meilleures de trouver de l'eau sous forme liquide ou solide. Les satellites de Jupiter, Io, Europe, Ganymède et Callisto, sont, en particulier, de bons candidats pour accueillir des couches de glace. Il semble ainsi qu'il existe de la glace sur Europe, qui a une taille comparable à celle de notre Lune (un rayon de 1 563 km); c'est du moins les conclusions que tirent les scientifiques des observations faites par la sonde spatiale *Galileo*. Selon certains d'entre eux, il existerait un océan d'eau liquide salée à la surface d'Europe mais qui serait recouvert d'une couche de glace de 10 à 15 km d'épaisseur, c'est ce que semblent montrer des mesures magnétiques réalisées en janvier 2000 par la sonde *Galileo* lors de son survol du satellite de Jupiter. Pour d'autres, cet océan liquide ne serait recouvert que d'une mince couche de glace. Une forme primitive de vie aurait donc pu se nicher dans l'océan sous la couche de glace.

Titan, la lune de Saturne, pourrait aussi abriter de l'eau. Dans le cas de Titan, qui a été observé par le télescope spatial *Hubble*, l'existence de glace est plus controversée. Certains astronomes pensent que certaines régions seraient recouvertes par du méthane solide, une glace très particulière, pour d'autres elles le seraient par de l'eau solide, donc de la « vraie » glace qui cohabiterait avec des océans d'hydrocarbures liquides. Seule l'exploration de ces lunes permettrait de percer leur mystère... La Nasa étudie ainsi une mission spatiale sur Europe, en 2007, avec un *orbiter* (un satellite en orbite) qui sonderait avec un radar la glace du satellite de Jupiter. Il n'est pas certain que la Nasa dispose du budget lui permettant de réaliser cette mission. Enfin, des indices semblent aussi plaider en faveur de la présence de glace sur Charon, le satellite de Pluton qui est une planète dont l'orbite se trouve sur les marges du système solaire.

Des observations spectrales, présentées en 1999, obtenues en particulier avec un spectromètre infrarouge monté à bord du satellite *Hubble*, ont détecté la présence de glace sur Charon ; celle-ci cohabiterait avec de l'ammoniac solide, formant ainsi un cocktail intéressant car il apporte, avec l'azote, un élément important pour l'apparition de la vie.

Si nous revenons sur Terre à partir des confins du système solaire, où gravite le couple Pluton-Charon, pour plonger sur l'Antarctique, on peut aussi s'interroger sur la capacité des vastes étendues de glace le recouvrant à abriter des formes de vie primitive. L'un des enjeux des recherches actuelles en Antarctique est de percer la carapace de glace qui le recouvre pour tenter d'atteindre une étendue d'eau liquide, un grand lac, dont on a révélé l'existence par forage et qui serait situé sous 3 km de glace, à l'emplacement de la base d'exploration russe Vostok, où travaillent des équipes de chercheurs, entre autres des Français, qui font des carottages de glace pour étudier, en particulier, les évolutions climatiques. Cette recherche d'eau sous la glace du pôle Sud est encore motivée par des interrogations sur la biologie de ce milieu : abrite-t-il, lui aussi, une forme primitive de vie ? L'histoire de l'eau dans tous ses états est, finalement, un grand chapitre du livre sur l'histoire de la vie.

CHAPITRE 6

Les voyages de Gulliver :
de l'univers macroscopique aux nanomatériaux

En martelant longuement des lames d'acier trempé, les forgerons à l'époque des Mérovingiens et des Vikings fabriquaient des épées aux propriétés mécaniques remarquables. Ces épées étaient des structures composites, alliages de fer et de carbone, et le fil de leur lame était à la fois tranchant et très dur. Ce n'est que bien plus tard, à la fin du XIXe siècle, que l'on a commencé à comprendre que la structure fine d'un acier trempé était à l'origine de ses propriétés mécaniques spécifiques.

Les techniques de manipulation des états de la matière et de fabrication des matériaux ont constamment évolué, au cours des siècles, et les progrès réalisés dans ce domaine se sont considérablement accélérés au cours de la dernière décennie. De fait, l'histoire des civilisations est marquée par un certain nombre d'époques charnières au cours desquelles les hommes ont maîtrisé progressivement les états de la matière. Leurs propriétés mécaniques, thermiques, optiques et électriques pouvaient être mises en œuvre pour fabriquer des outils dont ils ont peu à peu appris l'usage, du soc de charrue aux puces électroniques. C'est ainsi qu'en passant de l'âge du bronze à celui du fer, les sociétés préhistoriques ont amélioré leur maîtrise technique de la fabrication d'alliages métalliques dont la résistance mécanique est allée de ce fait en croissant. En faisant le bilan des progrès techniques qu'a connus la seconde moitié du XXe siècle, les futurs historiens qualifieront peut-être alors d'« âge du silicium » la période que nous venons de vivre, au cours de laquelle les percées foudroyantes de la micro-électronique, puis des technologies de l'information, ont été rendues possibles par la mise au point des composants électroniques au silicium.

Raisonnons en termes d'échelles de temps et de longueur : nous constatons alors que l'on est passé pendant la période de quatre mille ans qui s'est écoulée depuis l'âge de bronze d'états de la matière dont les propriétés dépendaient de structures, en général solides, à l'échelle centimétrique, à des propriétés qui sont déterminées, aujourd'hui, par l'existence de microstructures dont les dimensions sont de l'ordre de quelques nanomètres (des millionièmes de millimètre) dans des solides ou dans des phases liquides comme les colloïdes. En quatre millénaires, on est passé de la manipulation d'objets centimétriques (par exemple les grains d'alliages métalliques que martelait le forgeron de la préhistoire) à celle de nano-objets que commencent à fabriquer depuis quelques années dans leurs laboratoires les manipulateurs d'atomes, à l'aide de microscopes électroniques spéciaux.

Une histoire accélérée

L'histoire moderne de la science des structures des matériaux commence au XVIIᵉ siècle, avec les spéculations de Descartes sur le rôle des structures corpusculaires dans les propriétés des états de la matière, et surtout avec la publication, en 1665, d'un ouvrage savant de Robert Hooke intitulé *Micrographia*, qui révélait l'existence de microstructures dans les solides, ce que personne n'avait observé auparavant. Quelques décennies plus tard, en 1722, René Antoine Ferchault de Réaumur publiait, en France, le premier traité sur l'acier dans lequel il attribuait les propriétés mécaniques de l'acier trempé à l'existence de microstructures, de tailles très variées, dans le solide.

Les métallurgistes et les physiciens ont montré, au XXᵉ siècle, que plus les dimensions de ces microstructures sont petites, meilleure est la résistance mécanique des matériaux solides, et en particulier des aciers. La possibilité de réaliser des nanostructures, une percée de la dernière décennie du XXᵉ siècle, a définitivement conforté l'hypothèse selon laquelle les propriétés d'un état de la matière dépendent de l'échelle à laquelle on les étudie : un « grain » de matière de taille nanométrique peut avoir des propriétés spécifiques, différentes de celles qui caractérisent un matériau à l'échelle du micron. En examinant au microscope électronique des échantillons d'acier prélevés sur des épées de l'époque méronvingienne, on s'est d'ailleurs aperçu que celles-ci possédaient des petites structures nanométriques qui expliquaient, sans aucun doute, leur grande résistance mécanique.

On doit enfin constater que des procédés techniques pour fabriquer des matériaux ont fait un véritable bond, dans la seconde moitié du XXe siècle, sur les échelles auxquelles ils sont mis en œuvre. Cinquante ans nous séparent, en effet, de la mise en service des trains de laminoirs géants d'où sortent à très grande vitesse des tôles d'acier de quelques millimètres d'épaisseur, et qui sont des produits de la sidérurgie moderne, de celle des lasers de puissance qui opèrent des traitements de surface sur des pièces métalliques. Les faisceaux de laser très puissants durcissent le métal de ces pièces sur une épaisseur de l'ordre du micron, c'est-à-dire du millième de millimètre.

De même que Gulliver accomplissait ses pérégrinations en allant du pays des géants au monde des Lilliputiens, les sciences et les techniques de la matière ont voyagé au cours du temps, de l'univers du macroscopique à celui, à peine exploré, de la « nanomatière », qui est au centre de nos réflexions dans ce chapitre.

Les propriétés de la matière d'une échelle à l'autre

Les propriétés de la matière à l'état solide, liquide ou gazeux sont le plus souvent déterminées par le comportement à grande échelle des atomes, des molécules et des électrons qui sont les « briques » de base de la matière. Ainsi constate-t-on l'existence d'une répartition périodique des atomes dans un cristal, sur des distances qui correspondent à sa taille (le micron ou le centimètre par exemple). Ce constat vaut pour des systèmes qui ont des propriétés collectives comme le magnétisme : au-dessous de la température de Curie, un solide ferromagnétique possède une aimantation macroscopique non nulle, car tous les petits aimants individuels associés aux atomes se sont orientés dans la même direction. De même, enfin, les propriétés électriques d'un métal dépendent-elles de la présence d'électrons délocalisés, dits de « conduction », au sein du solide; ceux-ci peuvent se déplacer dans tout le métal sous l'action d'un champ électrique et lui confèrent sa conductivité.

Si l'on veut décrire la matière à l'aide des méthodes de la physique quantique, ce qui est très souvent nécessaire, on sait que l'on peut associer une fonction d'onde aux particules élémentaires que sont les électrons, ainsi qu'une longueur d'onde. Dans un système macroscopique, la longueur d'onde associée à des particules comme les électrons est, dans la quasi-totalité des cas, très inférieure aux dimensions du matériau. À l'inverse, on « quantifie » des modes vibratoires tels que les ondes lumineuses ou sonores en leur associant des pseudo-particules, dépourvues de masse, comme les photons qui sont associés à la lumière et les phonons qui, eux, sont associés aux vibrations acoustiques. Les phonons jouent un rôle important dans la matière à l'état condensé car ils contribuent fortement au transport de la chaleur. Dans un système macroscopique, la longueur d'onde des vibrations acoustiques, et donc celle des phonons associés, est inférieure aux dimensions du système, et l'on peut ainsi considérer que dans un solide, par exemple, un très grand nombre de modes de vibration sont excités. Autrement dit, aux très grandes échelles, supérieures au micron par exemple, les propriétés de la matière seront indépendantes de la taille du matériau, que ce soit un solide, un liquide ou un gaz.

On conçoit que ce principe ne puisse plus être vérifié aux très petites échelles, au-dessous du micron, où des comportements collectifs pourraient se manifester. La question était restée théorique, jusqu'au début des années 1990, car les chercheurs et les ingénieurs ne manipulaient que des objets dont la taille était supérieure au micron. Le problème se pose désormais car on commence à étudier et à utiliser des microsystèmes, tels que des composants électroniques semi-conducteurs, dont les dimensions sont de l'ordre de la fraction de micron. C'est en effet ce que l'on a constaté, pour la première fois en 1988, en mesurant la conductivité électrique d'une jonction semi-conductrice plane d'une dimension inférieure au micron : la résistance électrique y variait par paliers successifs et discontinus lorsqu'on appliquait une tension électrique croissante aux bornes du composant électronique. Tout se passe comme si la résistance d'un semi-conducteur était « quantifiée » aux petites dimensions, et que des canaux de conduction électrique s'ouvraient en nombre croissant dans le solide lorsqu'on augmentait la tension électrique. Beaucoup plus récemment, en l'an 2000, des physiciens du Caltech aux USA ont mis en évidence un phénomène analogue, mais de nature thermique cette fois-ci. En mesurant la conductivité thermique d'une membrane de nitrure de sodium de soixante nanomètres d'épaisseur, reliée à une source de chaleur par des fils microscopiques, ils ont constaté qu'à très basse température (au-dessous de 1 K), cette conductivité était saturée : elle ne variait plus avec la température. On peut considérer, là encore, que l'on est en présence d'un phénomène quantique : dans un objet de très petite taille, seules certaines vibrations acoustiques sont excitées et la capacité du solide à transporter de la chaleur s'en trouve, de ce fait, limitée. On a, toutes proportions gardées, un phénomène semblable à celui de la vibration d'une harpe dont les cordes ne vibrent qu'à des fréquences bien définies qui dépendent de leur longueur.

Aux échelles nanométriques, les dimensions d'un solide, un composant électronique ou une céramique, vont imposer des contraintes aux modes de transport de la chaleur et de l'électricité, et ses propriétés thermiques et électroniques vont donc dépendre de la taille du système ; les comportements collectifs de la matière, imposés par la physique quantique, entrent en jeu à ces dimensions. On comprend, bien évidemment, l'enjeu de tels phénomènes : on doit s'attendre à observer des propriétés spécifiques des états de la matière dans des systèmes de petites dimensions. Les expériences sur la fusion de petites particules d'or (d'une taille de l'ordre du micron), réalisées dans les années 1970, avaient déjà permis de montrer que leur température de fusion était notablement inférieure à celle de l'or sous un grand volume (celui d'un lingot par exemple).

La quasi-totalité des observations sur les propriétés de la matière aux échelles nanométriques datent de la dernière décennie du XXe siècle, mais il est intéressant de rappeler que les perspectives qu'ouvre désormais l'exploration de l'univers des nanomatériaux à l'état liquide ou solide avaient été prévues, dans une certaine mesure, par le physicien américain R. Feynman dès 1959. En effet, celui-ci, dans une conférence qu'il avait donnée à l'époque à la Société américaine de physique, avait pronostiqué que la capacité que l'on pourrait acquérir, tôt ou tard, de manipuler la matière à très petite échelle permettrait de fabriquer des matériaux avec un grand nombre de propriétés nouvelles. Au début des années 1960, le physicien japonais R. Kubo a contribué à donner un cadre théorique à ces spéculations en montrant, en particulier, que les principes de la physique quantique imposaient des comportements spécifiques à la matière confinée dans un petit volume. C'est à partir de cette époque que l'on a commencé à s'intéresser aux propriétés de la matière finement divisée, à des échelles comprises entre un et cent nanomètres, et donc dans des volumes ne comportant que quelques dizaines à quelques milliers d'atomes, correspondant à ce que l'on appelle aussi « méso-échelles » et plus couramment, aujourd'hui, « nanomatériaux ». La technologie a été aussi un puissant stimulant pour toutes les recherches dans ces domaines, comme le montre la figure 6.1, car les progrès de la miniaturisation en électronique ont abaissé de façon continue les dimensions des composants, la barrière du micron étant dépassée au stade industriel depuis le début des années 1990. Aujourd'hui, on le verra, on est parvenu au stade de la manipulation des atomes individuels dont rêvait R. Feynman dès 1958.

De l'industrie lourde aux nanostructures

Même si, aujourd'hui, les technologies de l'information tendent à prendre une place croissante dans les activités industrielles, l'industrie repose encore très largement sur des opérations de transformation de la matière dans tous ses états, du gaz au solide en passant par le liquide. La métallurgie a été longtemps le centre de gravité de l'industrie moderne, elle a été relayée en partie par la chimie à la fin du XIXe siècle ; l'une et l'autre ont mis au point des procédés pour fabriquer, synthétiser et transformer des matériaux dotés de propriétés mécaniques, thermiques, électriques, optiques, etc., qui sont spécifiques. Jusqu'au milieu du XXe siècle, ce type d'industries pouvaient être qualifiées de lourdes, dans la mesure où elles opéraient avec des installations à grande échelle produisant des tonnages très importants. Les hauts fourneaux, les fours électriques pour la production de l'acier, les trains de laminoir, les dispositifs pour fabriquer le verre par le procédé *float glass* sont représentatifs d'une époque où l'industrie a été dominée par des processus de transformation de la matière à grande échelle. La découverte de la martensite, une phase particulière de l'acier, par le métallurgiste F. Osmond en 1893, a sans doute constitué un premier tournant pour l'industrie moderne. En effet, on a alors compris que c'étaient les microstructures cristallines formées dans l'acier qui contribuaient à lui donner ses propriétés mécaniques remarquables. L'univers de la matière microscopique faisait, dès lors, son entrée dans la grande industrie. La découverte du transistor, aux Bell Laboratories en 1947, fut incontestablement un second tournant car avec les semiconducteurs l'industrie s'est engagée dans la production de masse de microstructures dont les dimensions étaient inférieures au millimètre; trente ans après, la barrière de la dizaine de microns était dépassée et, en 1990, celle du micron l'était largement également (cf. figure 6.1).

L'industrie de la micro-électronique est une métallurgie particulière dont le silicium est l'un des matériaux de base et dont les techniques de production, opérant à petite échelle, ont accompagné les progrès réalisés depuis dix ans dans la science des nanomatériaux. La technique de base pour fabriquer un composant électronique est la microlithographie. En schématisant, on peut dire qu'elle consiste à graver la microstructure que représente le composant sur une surface plane qui est, par exemple, une plaquette de silicium. Un faisceau de particules est l'équivalent du stylet que l'on utilise pour cette opération de gravure : ce sont soit les photons d'une onde lumineuse, soit des électrons. On comprend que l'on est soumis à deux limitations lorsqu'on réalise des microstructures avec une telle technique. Leurs dimensions ne sauraient être inférieures d'une part au diamètre du faisceau utilisé, et d'autre part à la longueur d'onde des particules qui le constituent. Celle-ci, en effet, est caractéristique des dimensions de taches de diffraction qu'elles produisent et qui tendent à brouiller les contours de la structure que l'on grave. La longueur d'onde de la lumière visible étant de l'ordre d'un demi-micron, on ne peut réaliser des structures de la dimension du micron qu'en utilisant des radiations ultraviolettes dont la longueur d'onde est plus courte. Pour franchir la barrière du micron, il a fallu recourir à des faisceaux d'électrons analogues à ceux mis en œuvre dans les microscopes électroniques. On sait produire, aujourd'hui, des faisceaux d'électrons de 0,2 nanomètre de diamètre avec des optiques électroniques mais des effets parasites limitent sans doute,

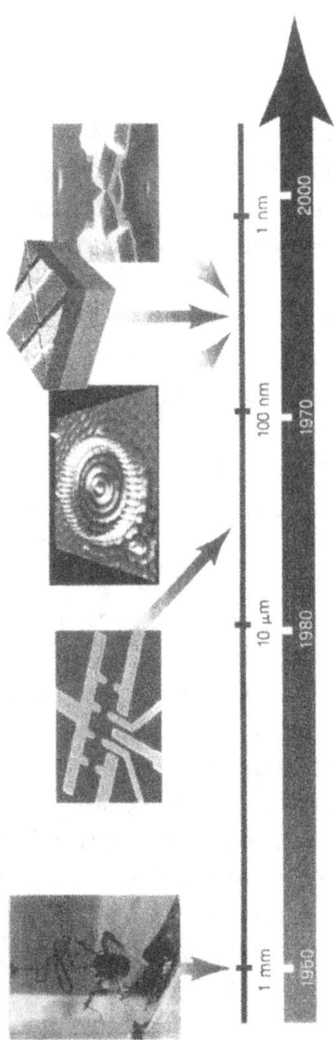

Figure 6.1. La matière aux différentes échelles

Les dimensions des composants électroniques sont passées de l'échelle du millimètre (le premier transistor à gauche de la figure réalisé en 1947) à celle du nanomètre en l'an 2000. Au milieu de la figure on a représenté l'image d'atomes de cuivre disposés circulairement à l'aide d'un microscope à effet tunnel et à droite un nanocomposant où l'on a un point de contact réalisé par deux atomes. L'avant-dernière image est celle d'un transistor réalisé avec un nanotube au carbone.

Extrait de *Nature*, n° 394, 1998, p. 131.

© Macmillan Magazines Ltd.

dans la pratique, à 10 nanomètres la dimension des structures que l'on peut fabriquer avec une telle technique; l'utilisation d'ultra-violets de très courte longueur d'onde est aussi envisagée. Le faisceau d'électrons est aux nanomatériaux ce que les outils de découpe sont à la métallurgie et à la mécanique de précision.

Si l'on veut pousser jusqu'au bout la logique du programme de recherche proposé par R. Feynman, il faut alors être en mesure de construire des architectures atomiques ou moléculaires en manipulant, telles des briques pour élever un mur, des molécules ou des atomes individuels dont on étudiera les propriétés « macroscopiques ». C'est désormais possible, grâce au progrès des techniques de microscopie électronique accomplis ces vingt dernières années, qui ont permis de mettre au point de nouveaux outils d'investigation en biologie et en sciences de la matière. La microscopie électronique est une technique expérimentale bien au point, devenue une véritable routine au début des années 1960, mais qui a connu une véritable révolution avec l'invention, en 1982, du microscope à effet tunnel par deux chercheurs, G. Binnig et H. Rohrer, du laboratoire IBM de Zurich. Ceux-ci ont montré d'une part que des électrons pouvaient franchir l'espace étroit séparant la pointe d'une sonde d'une surface au-dessus de laquelle on la fait se déplacer, et que d'autre part l'intensité du courant électronique était très sensible à la valeur de la distance entre la sonde et la surface (cf. figure 6.2). Les électrons étaient capables, en quelque sorte, de franchir cette distance en se jouant de la différence de potentiel séparant une pointe et une surface par un effet tunnel, qui est l'équivalent, en physique quantique, de la circulation par une voie routière ou ferroviaire percée directement à travers une montagne séparant deux vallées. Cet effet permet de faire un relevé topographique d'une surface, par exemple celle d'un matériau, avec une résolution de l'ordre du dixième de nanomètre. Les chercheurs ont vite réalisé que non seulement cette technique pouvait donner des images des atomes individuels, mais qu'elle permettait aussi de les déplacer les uns après les autres sur une surface; les physiciens d'IBM ont ainsi inscrit un logo en miniature de la société sur une surface de nickel, en déplaçant trente-cinq atomes de xénon et en les disposant les uns à côté des autres. La technique du microscope électronique à effet tunnel a été complétée, en 1986, par la mise au point du microscope à force ato-

Figure 6.2. Image d'atomes réalisée avec un microscope électronique à effet tunnel

Les microscopes électroniques à balayage à effet tunnel permettent de réaliser une carte de la surface d'un solide en mettant en évidence sa topographie. Sur cette figure les atomes individuels apparaissent comme des petits pics résultant d'une déformation de la surface. On peut ainsi réaliser une topographie à l'échelle du dixième de nanomètre.

Extrait de *Nature*, n° 405, juin 2000, p. 730.

© Macmillan Magazines Ltd.

mique par cette même équipe de Zurich. Le principe de ce microscope est simple : on déplace l'échantillon à observer sous l'extrémité de la pointe d'une microsonde, montée sur un petit levier en porte à faux. Les forces d'interaction microscopiques, existant entre les atomes de l'échantillon et ceux de la pointe, provoquent de très légers mouvements de déflexion du levier que l'on peut mesurer et enregistrer à l'aide d'un faisceau laser dont il dévie plus ou moins le trajet. On peut ainsi détecter des déplacements aussi petits que le centième de nanomètre. Avec cette méthode, on peut aussi faire un relevé topographique d'une surface et produire l'image d'une molécule complexe, comme par exemple une protéine en biologie, ou celle d'un assemblage d'atomes. Tout comme avec le microscope à effet tunnel, on peut également manipuler des atomes individuels pour réaliser des nanostructures avec des propriétés physiques que l'on peut, en principe, moduler à volonté. Ces techniques de microscopie électronique ouvrent, bien sûr, des perspectives nouvelles puisqu'elles permettent théoriquement de modifier un état de la matière en jouant sur les atomes ou les molécules individuelles. On en verra quelques exemples ultérieurement.

Le traitement thermique d'un matériau joue un rôle clé dans la science des matériaux car il conditionne très largement la relation entre les propriétés et les structures d'un système. La trempe des aciers est l'exemple typique du traitement thermique qui permet de produire un métal avec une grande dureté : on passe d'une phase de l'acier, baptisée « austénite », stable à haute température, à la « martensite », qui est un état métastable correspondant à une phase sursaturée en carbone qui peut exister à la température ambiante et qui est beaucoup plus dure. Dans nombre de traitements métallurgiques, on fait subir au matériau (un alliage métallique par exemple) une transition de phase dans un état métastable par l'opération classique de la trempe : on le refroidit brutalement (par exemple en le plongeant dans l'eau). Les forgerons de l'époque mérovingienne, nous l'avons vu, connaissaient déjà cette technique efficace. La vitesse de refroidissement du solide est le paramètre clé de tout processus métallurgique, car c'est elle qui va très largement déterminer les propriétés du matériau, en particulier la taille des microstructures qui se forment en son sein. Aux deux extrémités de l'échelle des vitesses, la taille des dendrites, qui apparaissent lors de la solidification, varie de 5 000 à 200 microns avec des trempes lentes, et de 5 à 0,01 micron (c'est-à-dire 10 nanomètres) pour les trempes les plus rapides.

Les techniques de trempe ultrarapide, développées au début des années 1960, ont permis d'obtenir des vitesses de refroidissement considérables. En projetant un jet de métal fondu sur un substrat maintenu à basse température, on atteint ainsi des vitesses de refroidissement très élevées qui sont de l'ordre de dix milliards de degrés par seconde. L'utilisation des lasers de puissance a permis de faire de nouveaux progrès car on peut s'affranchir de la nécessité de faire fondre complètement le matériau avant une trempe rapide. On peut, en effet, procéder à la fusion locale de la surface d'un solide (sur une épaisseur de dix à mille microns) en l'irradiant à l'aide d'un faisceau laser ; celle-ci se resolidifie presque instantanément une fois que l'irradiation a cessé. On utilise soit des lasers continus, dont le milieu actif est le dioxyde de carbone, soit des lasers solides verre-néodyme qui fonctionnent en impulsions ; ils permettent d'obtenir des vitesses de trempe de l'ordre de dix mille milliards de degrés par seconde ; ce procédé est utilisé dans la fabrication de films métalliques à l'état amorphe. Une nouvelle méthode, utilisant simultanément plusieurs faisceaux de lasers de puissance, permet de durcir des pièces métalliques en acier. Le faisceau laser provoque la vaporisation des atomes à la surface du métal traité, créant un plasma de fer ; ceux-ci retombent en « pluie » à la surface du métal traité, provoquant ainsi un réarrangement des atomes à l'échelle du nanomètre. On réalise ainsi une « trempe sans trempe » qui durcit la surface du solide sur une épaisseur de quelques dizaines de nanomètres. Un procédé alternatif consiste à utiliser un faisceau d'électrons pour réaliser la fusion de la surface du matériau. L'utilisation des lasers permet aujourd'hui d'envisager une métallurgie fine en travaillant sur des matériaux à l'échelle de la dizaine de nanomètres.

De nouveaux états de la matière taillés sur mesure

Les composés moléculaires du carbone jouent un rôle essentiel dans les sciences des matériaux et du vivant. Depuis le XIXe siècle, on connaît l'existence de molécules, telles que le benzène, où plusieurs atomes de carbone (six pour le benzène) associés à des atomes d'hydrogène, ou à des groupements de molécules, constituent des cycles plans. On sait ainsi faire la synthèse de ces composés que l'on appelle « aromatiques ».

Le graphite, l'une des formes du carbone à l'état solide, est lui-même la superposition de cycles carbonés à six atomes regroupés en plans parallèles, et qui donnent au solide la consistance ainsi que l'apparence d'une structure feuilletée. Ce n'est que très récemment, en 1985, que l'on a réalisé que l'on pouvait aussi faire la synthèse d'agrégats de carbone composés, eux, de soixante atomes de carbone formant une cage sphérique à trois dimensions, représentée sur la figure 6.3. La technique utilisée, pour la première fois, pour fabriquer ces composés consistait à vaporiser le carbone d'un disque de graphite au moyen d'une impulsion laser. La condensation de ce plasma de carbone provoque la formation de structures tridimensionnelles très stables comportant soixante ou soixante-dix atomes de carbone. Le chercheur britannique qui avait eu l'idée de synthétiser ces composés, H. Kroto[1], les a initialement baptisés « buckminsterfullérènes ». Il avait, en effet, comparé ces sphères de carbone aux dômes sphériques qu'avait construits l'architecte américain R. Buckminster Fuller, notamment à Chicago, et qui ont la forme de la Géode à la Cité des sciences et de l'industrie à la Villette. Le squelette de ces dômes est constitué par un assemblage de pentagones et d'hexagones métalliques qui confèrent leur stabilité mécanique à ces constructions. Les nouveaux composés carbonés, appelés depuis « fullérènes », ont une architecture chimique à trois dimensions constituée par douze pentagones entourés de vingt hexagones de carbone, qui est tout à fait analogue à ces dômes. Ils sont, en quelque sorte, l'équivalent de ballons de football d'un diamètre de l'ordre du nanomètre[2].

La découverte des fullérènes a ouvert la voie à la synthèse de nouveaux composés carbonés tridimensionnels qui sont à la base d'une nouvelle famille d'objets nanométriques. Le fullérène, il faut le noter, est une troisième variété de carbone à l'état solide qui se distingue du graphite et du diamant par sa symétrie cristalline. Les physiciens et les chimistes se sont lancés dans la synthèse en « grande masse » (quelques grammes) des fullérènes pour étudier leurs propriétés physiques. On peut, notamment, réaliser leur synthèse par une décharge d'arc électrique dans un gaz comme le méthane. Ils ont aussi découvert qu'il était possible d'intercaler des atomes de métaux alcalins, comme le potassium ou le sodium, entre les molécules de fullérène. On a pu ainsi synthétiser des composés supraconducteurs avec trois atomes de rubidium et de césium dont la température de transition est de l'ordre de trente kelvins. Des composés sphériques on est ensuite passé à des formes tubulaires fabriquées pour la première fois au début des années 1990 par un spécialiste japonais de la microscopie, Sumio Iijima. En enroulant des petites feuilles de carbone graphitique, on peut réaliser des cylindres que l'on coiffe ensuite d'une demi-sphère de fullérène. On

---

1. H. Kroto reçut avec l'américain R. Smalley, le prix Nobel de chimie, en 1996, pour cette découverte.

2. Les fullérènes comportant soixante atomes de carbone correspondent à la formule chimique C_{60}. On peut synthétiser aussi des fullérènes avec soixante-dix atomes de carbone dont la formule chimique est C_{70}.

a ainsi fabriqué un « nanotube » dont le diamètre est de l'ordre du nanomètre et dont la longueur peut atteindre une centaine de microns (cf. figure 6.3). Ces nanotubes, dont les parois ressemblent à des grillages de cages à poules ou de volières, sont plus résistants mécaniquement que l'acier, ils peuvent subir sans dommage des déformations et des flexions répétitives. Qui plus est, alors qu'à l'état de diamant le carbone est un isolant électrique, et que sous sa forme graphitique il a un comportement semi-métallique, les nano-structures carbonées peuvent soit être d'excellents conducteurs de l'électricité, équivalant au cuivre, soit se comporter comme des semi-conducteurs comme le silicium. C'est la flexibilité électronique du carbone qui explique ces différences de propriétés électriques. En effet, en enroulant des feuilles très minces de graphite pour constituer des nanotubes, on modifie le comportement du mouvement des électrons qui peuvent se déplacer librement dans la paroi du tube, en décrivant des circonférences autour de son axe; les mouvements

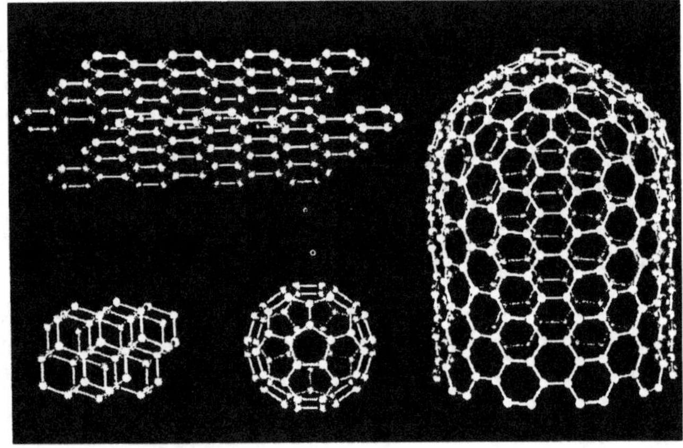

Figure 6.3. Les différentes formes du carbone : du graphite aux nanotubes

Le carbone existe sous deux variétés cristallographiques classiques, le graphite (coin gauche en haut de la figure) et le diamant (coin gauche en bas de la figure). On a pu fabriquer à partir du graphite une nouvelle variété, le fullérène. Celui-ci est constitué par soixante atomes de carbone qui forment une microsphère, assemblage de pentagones et d'hexagones, ressemblant à un petit ballon de football (centre de la figure). Plus récemment enfin on a synthétisé des nanotubes de carbone qui sont des cylindres de quelques nanomètres de diamètre dont les parois constituées de polygones de carbone ressemblent au grillage d'une cage à poules ou d'une volière (partie droite de la figure). Leur longueur peut atteindre une centaine de microns.
Extrait de *Science*, n° 281, août 1998, p. 40.

électroniques sont en quelque sorte quantifiés dans le nanotube de la figure 6.4. On obtient un système dont les propriétés, métalliques ou semi-conductrices, vont dépendre de sa structure.

Toute une physico-chimie des nanotubes s'est développée depuis quelques années, permettant d'obtenir toute une gamme de matériaux avec des tubes comportant soit une paroi unique d'atomes de carbone, soit plusieurs couches carbonées superposées que l'on peut doper à volonté avec des atomes métalliques, pour faire varier leurs propriétés électriques. On peut ainsi fabriquer, par exemple, des nanotubes hybrides dont l'une des extrémités se comporte comme un métal et l'autre comme un semi-conducteur. Ces systèmes hybrides sont le résultat d'une manipulation locale des tubes au cours de laquelle on remplace des hexagones de carbone par des pentagones connectés à des heptagones. Les nanotubes hybrides peuvent être utilisés comme de véritables diodes moléculaires permettant le passage du courant électrique dans une seule direction axiale. Leur conductivité électrique est également très sensible à leur environnement chimique, et l'on a d'ailleurs observé qu'une très faible concentration d'un gaz absorbé, à travers les parois, modifie de façon drastique leur état physique : ils peuvent passer de l'état métallique à l'état semi-conducteur. On pourrait ainsi utiliser des nanotubes comme détecteurs de gaz[1], en revanche on doit aussi

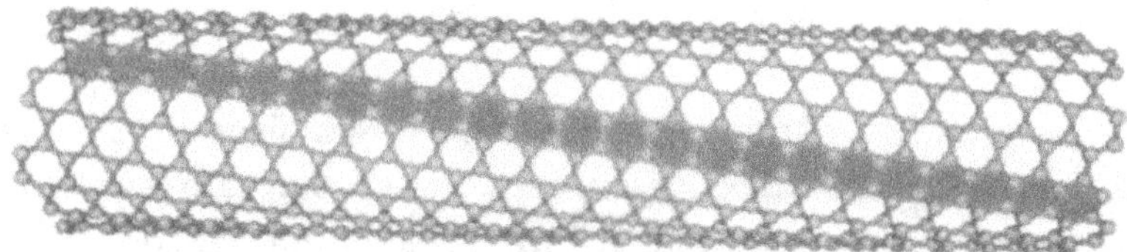

Figure 6.4. Nanotube de carbone conducteur

Les électrons peuvent se déplacer librement dans la paroi du nanotube en décrivant des circonférences autour de son axe. On peut souder deux nanotubes, l'un conducteur comme un métal, l'autre semi-conducteur. On réalisera ainsi un composant électronique. On a enroulé des feuilles de graphite très minces pour constituer le nanotube le long de la partie transversale (en grisé) qui est l'équivalent d'une couture.

---

1. Le principe de tels détecteurs a été testé, avec succès, avec l'ammoniac et le dioxyde d'azote.

s'attendre à une perturbation de leurs conditions de fonctionnement par exposition à l'air, lorsqu'on les utilise, par exemple, dans des dispositifs électroniques. Globalement, lorsqu'ils sont exempts de défauts, les nanotubes ont la propriété d'être des conducteurs « balistiques » de l'électricité : ce sont des conducteurs presque parfaits de l'électricité. Les électrons peuvent, en effet, parcourir les parois du tube sans subir de collisions avec des défauts ou des atomes qui sont à l'origine de la résistance électrique d'un matériau ; la résistance électrique d'un nanotube est donc quasi nulle, même à la température ordinaire. On est même parvenu récemment à fabriquer un faisceau de nanotubes supraconducteurs pris en sandwich entre deux métaux. On peut donc raisonnablement envisager réaliser une véritable électronique moléculaire fondée sur le carbone avec ces nanomatériaux qui constituent, en quelque sorte, des états de la matière modulables.

Enfin, il faut remarquer que par analogie avec les désormais classiques fibres de carbone utilisées dans l'industrie, les nanotubes de carbone sont des objets qui sont dotés à la fois d'une grande flexibilité et d'une remarquable résistance mécanique à la rupture, qui permet de les utiliser comme pointe de microsonde dans les dispositifs de microscopie à force atomique. Ils pourront ainsi, sans doute, jouer le rôle de « nano-outils » dans différents systèmes mécaniques et donc d'une interface entre les mondes macroscopique et nanoscopique.

La fabrication des micro- ou des nano-assemblages moléculaires, dotés de caractéristiques spécifiques, passe par la réalisation de « briques » de base qui sont des molécules pourvues d'un certain nombre de propriétés structurales et fonctionnelles. La molécule de fullérène est, par exemple, une structure élémentaire de ce type. Il reste ensuite à assembler ces briques de base pour constituer une architecture moléculaire plus complexe comme un nanotube. C'est alors qu'on peut songer faire de la « programmation moléculaire » qui serait pour la science des matériaux et la synthèse chimique ce que la programmation est à l'informatique. Le chimiste français J.M. Lehn, un spécialiste de la chimie supramoléculaire qui a reçu le prix Nobel de chimie pour ses travaux dans ce domaine, s'est fait l'avocat de cette stratégie. Il faudrait que les molécules de base possèdent les informations géométriques et énergétiques nécessaires pour pouvoir s'auto-assembler selon une disposition architecturale donnée, et former ainsi des structures très complexes. La programmation moléculaire serait une voie alternative aux techniques physiques, telles que la microlithographie et la microscopie à force atomique utilisées jusqu'alors pour fabriquer les premières nanostructures. J.M. Lehn a ainsi synthétisé des hélicates qui sont des molécules en forme de double hélice analogues à l'ADN.

Cette perspective offerte par le génie moléculaire n'est pas complètement irréaliste, loin de là, car les espèces vivantes nous ont déjà montré la voie depuis longtemps. Ainsi, les mollusques sont-ils capables de fabriquer des structures solides composites qui résultent de l'assemblage en série de différentes espèces moléculaires. L'huître perlière utilise une série de protéines qui s'assemblent pour constituer l'équivalent d'un échafaudage sur lequel vont venir se disposer de très fines lamelles de céramique synthétisées par le mollusque, et qui constitueront, petit à petit, une perle dont le diamètre peut atteindre plusieurs millimètres. La perle est donc la superposition de nanostructures qui sont des produits de synthèse programmés. Des travaux très récents, publiés en l'an 2000, sont aussi parvenus à montrer que la coquille d'un mollusque, la conque géante des Caraïbes ou *Strombus gigas*, est constituée d'un minéral très cassant, l'aragonite (un carbonate de calcium) qui forme des microlamelles collées les unes aux autres par une protéine. Ce tuilage est une véritable structure composite qui confère une grande résistance mécanique à la coquille, car les lamelles dispersent dans les milliers d'interstices de l'assemblage toute contrainte qui lui est appliquée. La structure de cette conque est à 99 % minérale, mais une faible concentration de protéine, un matériau organique, suffit à en modifier les propriétés. On retrouve, sans doute, cette structure dans d'autres coquilles de mollusques. Les membranes biologiques sont des structures constituées de façon analogue, mais à partir de molécules organiques, les phospholipides ; elles sont un état « indécis » de la matière, intermédiaire entre le liquide et le solide.

On peut donc imaginer qu'on s'inspirera, à l'avenir, des processus biologiques mis en œuvre par certains organismes vivants pour fabriquer des nanomatériaux par « biomimétisme », en particulier des solides dotés de propriétés spécifiques. Les nanosciences constitueraient donc un nouveau pôle de convergence entre les sciences physiques et la biologie.

Les nouveaux états collectifs de la nanomatière

La fusion et la solidification d'un matériau ne sont pas les seuls phénomènes qui sont affectés par leurs dimensions. En effet, par exemple, les propriétés mécaniques d'un solide, comme nous l'avons vu, dépendent de façon drastique de la formation de microstructures en son sein. On sait depuis longtemps que dans les structures polycristallines, la taille des grains est un facteur critique conditionnant les propriétés mécaniques d'un solide : la résistance mécanique à la rupture, qui est un paramètre physique important pour les matériaux solides, croît lorsque cette taille diminue. Cet effet, connu pour les structures micrométriques, s'appelle l'« effet Hall-Petch ». On l'explique par la capacité qu'ont les grains polycristallins du solide à bloquer des dislocations, qui sont des défauts d'alignement des atomes. Les microstructures bloquent les dislocations en les ancrant et donc en les immobilisant ; elles ne peuvent plus se propager dans le solide. Plus la taille des microstructures est petite, plus ce blocage est efficace. On constate ainsi qu'un alliage métallique amorphe d'aluminium, de nickel, de fer et de cérium, fabriqué avec des nanoparticules d'aluminium de 3 à 10 nanomètres de diamètre, a une résistance à la rupture qui est supérieure d'un facteur trois à celle des alliages conventionnels les plus performants. De même observe-t-on que des nanophases d'un alliage de cuivre et de palladium, formées avec des microstructures de 5 à 7 nanomètres de diamètre, ont des duretés et des résistances à la rupture cinq fois plus élevées que celles des alliages habituels. Il est possible que pour des grains de très petites dimensions cet effet disparaisse, des glissements se produisant aux joints des grains ; c'est un phénomène qui a été observé sur le cuivre et le palladium pour des grains d'une taille de 10 nanomètres et qui demeure inexpliqué.

Dans les céramiques, qui sont des matériaux polycristallins par excellence, les microstructures améliorent leur ductilité car, comme on le voit sur la figure 6.5, celles-ci peuvent glisser plus aisément les unes par rapport aux autres. La fabrication de matériaux céramiques, qui sont des nanocomposites, est également possible. Ainsi, un composite fabriqué à partir de nanoparticules de carbone et de nitrure de silicium, dont le diamètre est inférieur à 500 nanomètres, est superplastique à une température supérieure à 1 600 °C et peut être moulé. Cette superplasticité est accrue lorsque la taille des microstructures diminue. Par ailleurs, la diffusion à courte distance des atomes dans le solide permet de « réparer », localement, les fissures que pourrait provoquer dans la céramique le processus de glissement des grains les uns sur les autres.

Les nanotubes, de nouveau, ouvrent sans doute des perspectives intéressantes grâce à leurs propriétés mécaniques et électriques. Leur structure tubulaire, avec des parois formées de cycles de carbone qui leur donnent une allure de grillage de cage à poules, nous l'avons déjà noté, les rend tout particulièrement aptes à absorber l'énergie de chocs et donc à résister à des contraintes mécaniques. On peut donc envisager de fabriquer des matériaux composites en insérant

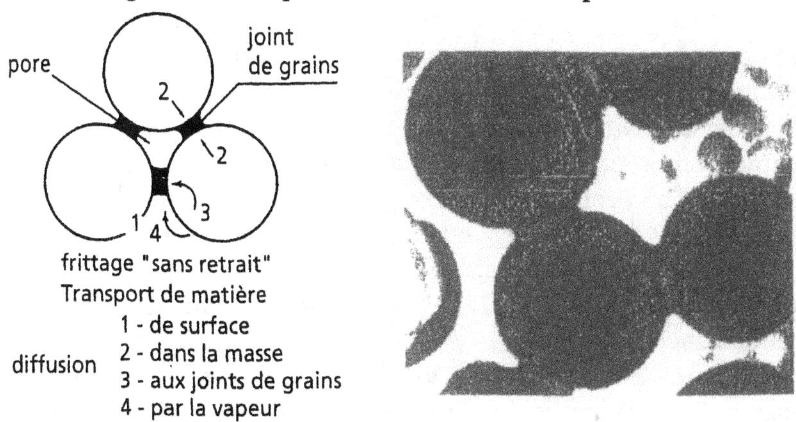

Figure 6.5. Opération de frittage d'une céramique

On a représenté les mécanismes en jeu dans le frittage d'une céramique fabriquée à partir d'une poudre. Sur la partie gauche la structure du matériau est modélisée. Les atomes des grains ont fondu et ils ont diffusé d'un grain à l'autre, formant des cols entre les grains et réduisant la porosité : c'est le frittage. Ces liaisons constituent des joints de grains. La matière est transportée par diffusion de surface, dans la masse, aux joints de grains ou par la vapeur. Les joints de grains donnent de la souplesse aux microstructures qui peuvent, en principe, glisser les unes sur les autres. La partie droite de la figure est une image des grains obtenue au microscope électronique.

D'après A.M. Anthony, Laboratoire des hautes températures, CNRS, Orléans.

des nanotubes dans une matrice de polymère. C'est sur ce principe que sont déjà synthétisés les matériaux à fibre de carbone qui sont utilisés aujourd'hui dans l'aéronautique et l'industrie automobile. De même, la bonne conductivité électrique des nanotubes pourrait-elle être mise en œuvre dans la fabrication de polymères électroluminescents pour des dispositifs d'affichage lumineux. L'utilisation de polymères se heurte cependant à un obstacle relativement sérieux : leur faible conductivité électrique limite le passage des charges électriques qui provoque leur luminescence. L'immersion de nanotubes dans une matrice de polymères permettrait, peut-être, de surmonter cette difficulté.

La cohabitation de propriétés électriques et mécaniques spécifiques fait des nanotubes un état de la matière très particulier. Leur utilisation massive dans l'industrie suppose toutefois que deux difficultés importantes auront été résolues. La première est de nature physique : les nanotubes, lorsqu'on les fabrique (par vaporisation du graphite par une impulsion laser, ou par une décharge électrique dans une vapeur), tendent à former des pelotes et l'on a du mal à les séparer les uns des autres. Il est donc difficile dans ces conditions de les intégrer de manière homogène dans une résine polymérique pour fabriquer un matériau composite. Il faut donc trouver un processus chimique modifiant l'énergie de surface des nanotubes pour éviter qu'ils ne s'agrègent les uns aux autres. La seconde difficulté est économique : le coût de fabrication des nanotubes demeure trop élevé et devrait être considérablement abaissé pour que des applications technologiques puissent être raisonnablement envisagées à grande échelle.

Un grain de matière dont les dimensions sont de l'ordre de la dizaine de nanomètres est un petit univers constitué de mille à dix mille atomes, doté de propriétés collectives qui en font un état de la matière au comportement singulier. C'est en fait une nouvelle physique de la matière qui devient possible, car les propriétés électroniques des nanomatériaux sont d'une autre nature que celle des solides macroscopiques classiques. Ces agrégats atomiques ont des comportements collectifs de nature quantique, et ceux-ci peuvent être modulés en modifiant leur composition. Ainsi, par exemple, peut-on synthétiser des petits agrégats de cadmium et de sélénium comportant un millier d'atomes et qui sont des semi-conducteurs dont les dimensions sont nanométriques. Dans ces structures, que l'on appelle des « puits quantiques », les électrons de valence des atomes sont confinés dans un espace réduit bien plus qu'ils ne le seraient dans un solide classique de la taille, par exemple, d'une puce électronique. Leurs niveaux d'énergie qui sont quantifiés ne sont donc pas identiques à ceux que l'on observe pour des matériaux de même composition mais de plus grand volume. Or, la longueur d'onde de la lumière qui est absorbée par un solide dépendant de façon critique de ces niveaux d'énergie électronique, on conçoit donc que des agrégats de tailles différentes pourront absorber des radiations lumineuses de longueurs d'onde différentes, et avoir de même des colorations différentes. On peut ainsi passer, en modifiant la taille d'un agrégat, d'un matériau de couleur rouge à un matériau de couleur verte. De même, la longueur d'onde de la lumière qui est émise par un semi-conducteur de dimensions nanométriques dépendra-t-elle également de ses dimensions, et l'on peut ainsi fabriquer des nanodiodes dont on peut moduler la longueur d'onde d'émission, en passant, par exemple, du rouge au vert, en modifiant leur taille. Ces propriétés de luminescence variable, liées à la géométrie de confinement des atomes, ont été observées sur des nanocristaux de cadmium et de sélénium mais aussi sur d'autres systèmes. Les agrégats sont enrobés par un film métallique, d'argent ou de magnésium par exemple, qui permet d'une part de les isoler les uns par rapport aux autres, et d'autre part d'appliquer une faible tension électrique qui provoque leur luminescence.

En fin de compte, le grain de matière formé par un millier d'atomes, confinés dans un espace réduit à trois dimensions (ou à deux dimensions s'il s'agissait d'une surface) de quelques dizaines de nanomètres cubes, se comporte comme un « superatome » artificiel. Il faut donc appliquer à ce système, constitué d'un très grand nombre d'électrons, les lois de la mécanique quantique, tout comme aux atomes « classiques ». Ceux-ci ne peuvent exister, en particulier, que s'ils occupent des niveaux d'énergie bien identifiés, qui dépendent des interactions, entre les atomes et les électrons de l'agrégat, et entre ceux-ci et leur environnement. Toutes les populations constituant le nanomatériau sont confinées dans un puits de nature quantique qui contribue à en faire un état de la matière tout à fait singulier. On peut moduler les propriétés de cet état en injectant des impuretés dans le nanosystème, c'est-à-dire en le dopant, car celles-ci vont modifier ses niveaux d'énergie. On peut également coupler des nanocristaux de même taille ou de taille différente, et former l'équivalent de dimères qui constituent aussi un nouvel état avec des propriétés électroniques spécifiques.

On peut donc s'attendre au développement d'une physique et d'une chimie fondées sur l'exploitation des agrégats atomiques ou puits quantiques. Les atomes géants artificiels qu'ils constituent possèdent des propriétés collectives qui sont fonction de leur taille. Il existe, dans une certaine mesure, une analogie entre ces nanoparticules et les éléments de la classification périodique de Mendeleïev, dont les propriétés dépendent du nombre et de la distribution des électrons sur les orbites disposées autour des noyaux atomiques. On peut aussi fabriquer ces nanocristaux sous la forme de particules colloïdales métalliques dont on sait bien contrôler la composition chimique. Il est possible également d'envisager d'utiliser les nanostructures comme briques élémentaires de nouvelles structures cristallines macroscopiques, et obtenir ainsi de nouveaux états solides de la matière. Il est probable que, dans ce cas, on observera des changements d'état tout à fait spécifiques, qui ouvriront la voie à une nouvelle physique des phénomènes de transitions de phase.

Sur la base des propriétés des puits quantiques connues aujourd'hui, c'est toute une nanotechnologie pour une nouvelle génération de composants opto-électroniques qui est d'ores et déjà envisagée. Elle devrait permettre, par exemple, de fabriquer et de mettre en œuvre des nanodiodes pour des nanolasers destinés aux dispositifs de télécommunications ; ceux-ci sont l'une des bases des technologies de l'information, aujourd'hui en plein développement. Ces perspectives qui suscitent un très grand intérêt expliquent, comme nous le verrons dans notre dernier chapitre, que l'étude de la nanomatière constitue l'une des priorités de certaines politiques de recherche.

La matière à l'état granulaire

Quittons un instant le monde de la matière de dimensions nanométriques pour nous intéresser à des systèmes naturels tels que la dune du Pilat, au bord de l'océan Atlantique en Aquitaine, ou à une pente à flanc de montagne recouverte d'une épaisse couche de neige poudreuse. *A priori* ces systèmes n'ont guère de caractéristiques communes avec un matériau métallique ou céramique si ce n'est, précisément, leur structure granulaire : la dune est un empilement de grains de sable fin et la céramique un ensemble de microstructures, voire de nanostructures cristallines. L'analogie s'arrête là, car chacun a pu constater qu'une dune de sable et une pente neigeuse sont des systèmes macroscopiques éminemment instables.

Si l'on observe le comportement d'un tas de sable sec, on constatera ainsi que, contrairement à un liquide, il forme une structure stable tant que la pente de la couche de surface ne dépasse pas un angle limite (ou angle maximal de stabilité). Lorsque la pente atteint cet angle limite, ou critique, une avalanche de grains de sable commence à se produire spontanément. On constate, en fait, que le mouvement d'écoulement du sable le long de la pente est limité à une mince couche superficielle et, autrement dit, qu'il n'affecte pas l'ensemble de la masse contrairement à la situation que l'on trouve dans un fluide.

Un matériau granulaire sec (du sable, du sucre en poudre, des graines végétales, etc.) dans une configuration très simple, comme celle par exemple d'un container cylindrique rempli de grains, a également un comportement différent de celui d'un liquide. Si ce container était rempli d'un liquide, la pression à sa base serait directement proportionnelle à sa hauteur. Ce n'est pas le cas avec un matériau granulaire, du moins si la hauteur de la colonne de grains est suffisamment grande : la pression au bas de la colonne est indépendante de la hauteur atteinte par le matériau. Ce phénomène peut s'expliquer très facilement : le frottement des particules le long des parois d'un récipient est suffisant pour équilibrer le poids de celles qui se trouvent au-dessus d'elles dans la colonne. Il est ainsi nécessaire, parfois, de frapper sur la paroi d'un silo à grains qui a du mal à se vider pour libérer les forces d'adhésion entre les grains et la paroi. L'échelle des phénomènes est ici millimétrique et l'on peut dire que le comportement des matériaux granulaires est intermédiaire entre ceux d'un liquide et d'un solide.

La compréhension des phénomènes liés à la stabilité de l'état, tout à fait singulier, dans lequel on trouve la matière granulaire n'est pas une question complètement académique. En effet, on trouve de nombreux procédés industriels qui reposent sur la manipulation ou le traitement de poudres ou de granulats : l'industrie pharmaceutique, le génie civil, l'agroalimentaire sont quelques exemples d'industries qui utilisent des systèmes granulaires. Des phénomènes naturels, tels que les glissements de terrain ou les avalanches dans les zones montagneuses, mettent aussi en jeu la déstabilisation de milieux granulaires.

La physique de la matière à l'état granulaire est loin d'être simple car on ne peut pas complètement raisonner par analogie avec un liquide classique. Ainsi, il est illégitime de comparer le comportement d'un grain dans le matériau à celui d'une molécule dans un fluide, car un grain ne se déplace pas, par exemple dans un tas de sable, comme une molécule dans une phase liquide : lorsque les grains sont mis en mouvement, ils subissent un déplacement d'ensemble et ils ne sont pas entraînés par un mouvement brownien permanent. La température d'un fluide, d'un gaz ou d'un liquide est une mesure de l'énergie cinétique moyenne des molécules animées d'une agitation thermique permanente qui ne cesse qu'au zéro absolu. On peut donc convenir, dans une certaine mesure, que l'équivalent de la température thermodynamique pour les grains est 0 K. Toutefois, lorsque les grains sont déstabilisés et s'écoulent le long de la pente d'un tas, telle une avalanche, ils ont aussi des vitesses aléatoires résultant des collisions, comme celles que subissent les molécules d'un liquide. On peut donc considérer que ces mouvements chaotiques sont l'équivalent de l'agitation thermique dans un liquide, et leur associer une « température granulaire » qui est responsable de phénomènes classiques, comme la diffusion et le transport d'énergie dans le matériau.

En utilisant ce succédané de concept de température, on ne saurait toutefois extrapoler complètement aux milieux granulaires les méthodes classiques de la thermodynamique et de la physique statistique. En fait, dans cette physique de la matière à l'état granulaire, les modèles théoriques les plus performants, mis au point dans les années 1980, font jouer au volume d'une poudre le rôle qu'a l'énergie dans la thermodynamique et la physique statistique classiques. L'équivalent de la température est alors une grandeur appelée « compactivité » qui traduit la réactivité du volume occupé par les grains de matière lorsqu'on fait varier leur degré d'empilement ou d'entassement : la compactivité est quasi nulle lorsque la densité du matériau est très faible (c'est le cas d'une poudre fine), elle tend vers l'infini lorsqu'on a un empilement très compact. On peut ainsi développer toute une physique des matériaux granulaires en utilisant ce concept de compactivité et prévoir, en particulier, l'équivalent de changements d'état lorsqu'on fait varier la compactivité. Ces considérations s'appliquent, notamment, aux mélanges de grains dans lesquels on observe des phénomènes de ségrégation. Ainsi, lorsqu'on transporte du blé dans une boîte, on observe que ce sont les grains les plus gros qui se retrouvent sur la partie supérieure, les grains les plus fins étant au fond de la boîte. Dans le cas d'un mélange de deux liquides, on a, en général, un système homogène à l'exception des situations où l'on a provoqué une démixtion, par exemple en modifiant la température. Dans un mélange de grains, il existe une compactivité critique pour laquelle le phénomène de ségrégation se produit. Les physiciens s'intéressent, depuis l'époque de Faraday, au XIXe siècle, aux problèmes que pose la matière à l'état granulaire et la plupart d'entre eux sont aujourd'hui bien compris. Le comportement des matériaux granulaires a de nombreuses analogies avec les phénomènes de transitions de phase classiques et plusieurs concepts utilisés en thermodynamique des changements d'état ont permis de faire progresser la physique des systèmes granulaires.

Si l'on passe maintenant de la dune du Pilat à la baie du Mont-Saint-Michel, c'est-à-dire du sable sec au sable humide, on constatera aisément que le comportement de ces deux matériaux granulaires est très différent. Le sable sec, lorsqu'il s'écoule, se comporte pratiquement comme un fluide, il file entre les doigts, tandis que le sable mouillé est pâteux, on peut dire que c'est un fluide très visqueux. Les pâtes, qui sont le mélange d'un liquide et de très nombreux grains durs ou mous, ne sont pas à proprement parler un nouvel état de la matière ; systèmes intermédiaires entre le solide et le liquide, on pourrait les qualifier d'« états indécis » comme les gels ou, encore, de « solides coulants ». Ces systèmes pâteux ne sont pas une simple curiosité géographique, comme le sont les sables mouvants de la baie du Mont-Saint-Michel. En effet, les écoulements de pâtes granulaires, telles que des coulées de boue, peuvent avoir des effets dévastateurs lorsqu'ils se produisent brutalement, mais ces pâtes ont, par ailleurs, un intérêt industriel certain, puisque de nombreux procédés industriels mettent en œuvre des pâtes plus ou moins fluides : l'industrie du bâtiment et le génie civil avec le béton frais, l'agroalimentaire avec de nombreux mélanges plus ou moins visqueux (la mayonnaise par exemple). La viscosité du matériau est la grandeur physique clé qui permet de comprendre le comportement d'une pâte, qui est un milieu granulaire humide (cf. figure 6.6). L'hydrodynamique joue donc un rôle plus important que la thermodynamique dans la physique de ces systèmes. Si l'on aborde les choses avec un point de vue microscopique, on observera que la viscosité d'une pâte va dépendre du nombre de grains dans le liquide, c'est-à-dire de leur concentration, de leur configuration et, en fin de compte, des forces d'interaction entre les grains et les molécules du liquide. Aux échelles microscopiques, le comportement d'une pâte, essentiellement sa viscosité, va dépendre du jeu des forces attractives à courte distance entre les particules, les forces de van der Waals, et des forces de répulsion électrostatiques entre les charges électriques des ions qui diffusent dans le milieu. Ce sont ces forces qui commandent l'évolution du contact entre les grains du mélange et ses propriétés.

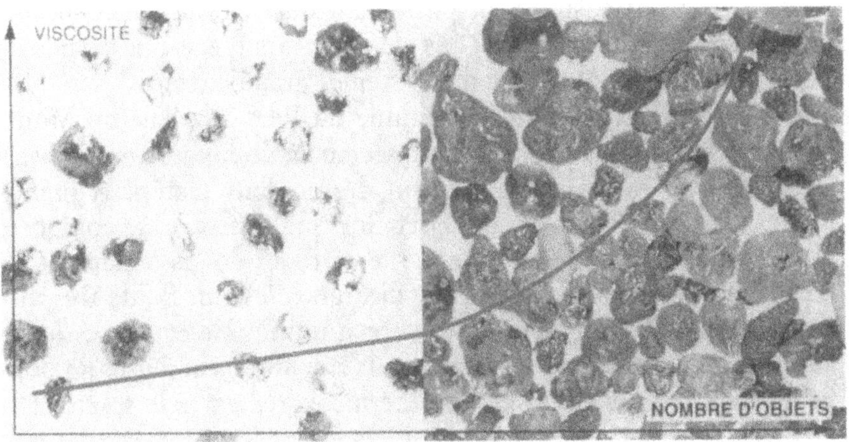

Figure 6.6. Viscosité d'une pâte

La viscosité d'une pâte, qui est un milieu granulaire immergé dans un liquide, permet de comprendre son comportement. On a représenté la variation de la viscosité en fonction de la concentration en grains, portée à l'horizontale. Celle-ci croît fortement avec cette concentration. Lorsque celle-ci est importante (partie droite de la figure), les grains entrent en contact et la lubrification des mouvements au sein de la pâte ne se fait plus, elle devient très visqueuse.
Extrait de *Pour la science*, n° 273, juillet 2000.
© Éditions Belin.

La physique des systèmes pâteux a beaucoup progressé ces vingt dernières années, et l'on comprend bien aujourd'hui leur comportement qui est parfois paradoxal. Ainsi, par exemple, lorsque la concentration des grains augmente fortement, et donc leur entassement, la viscosité du milieu ne devient pas infinie comme on pourrait s'y attendre. Sur une plage humide, par exemple, la pression exercée par le pied d'un marcheur fait apparemment disparaître l'eau, et le sable se dessèche. En fait, on constate que la pâte constituée par le sable s'est dilatée. La pression, en déformant le milieu, fait bouger des grains qui s'étaient figés dans les interstices laissés libres entre particules voisines. Ce phénomène, en s'amplifiant, crée de l'espace vacant dans le système par réarrangement des particules; le milieu se dilate, laissant un volume libre occupé aussitôt par le liquide. L'eau du sable mouillé s'enfonce ainsi dans le sol, en se réfugiant dans les interstices dégagés par la dilatation du sable sous la pression des pas du marcheur. Les configurations spatiales jouent un rôle très important dans tous ces phénomènes mécaniques rencontrés dans les pâtes, les plus banales comme le sable mouillé d'une plage, ainsi que le mélange complexe qu'est un béton frais. On retrouve aussi, dans ces milieux, des effets que l'on a décrits dans les milieux colloïdaux, un autre type de systèmes indécis où les interactions entre particules jouent aussi un rôle clé, mais à des échelles souvent inférieures au micron.

De la nanomatière à la nanotechnologie : une question ouverte

La synthèse de matériaux à dimensions nanométriques, aujourd'hui en plein développement, ouvre la possibilité d'utiliser les nanomatériaux dans des dispositifs techniques miniatures. Les nanodiodes que l'on envisage de fabriquer pour les utiliser dans des nanolasers sont un exemple typique de percées technologiques que laissent entrevoir les nanomatériaux.

L'avènement des nanotechnologies, c'est-à-dire de techniques industrielles mettant en œuvre des systèmes avec des dimensions de l'ordre du nanomètre, est l'une des prévisions technologiques favorites des rapports de prospective, en particulier outre-Atlantique où un professeur du Mit, Eric Drexler, s'est fait l'apôtre, depuis de nombreuses années, de ce développement technologique. Si l'utilisation d'objets micrométriques (roues, leviers, capteurs de pression, composants électriques, etc.) dans différents types de dispositifs mécaniques et électriques ne semble pas poser de problème particulier et est déjà largement répandue[1], il n'en est pas de même pour la fabrication de nano-outils comme ceux représentés sur la figure 6.7.

La fabrication d'un objet technique, quel qu'il soit, suppose l'assemblage de plusieurs pièces ou composants qui se trouvent, dans la quasi-totalité des cas, à l'état solide, le matériau solide pouvant par ailleurs être doté de propriétés magnétiques, électriques ou optiques spécifiques. Un liquide, un lubrifiant, peut être aussi

Figure 6.7. De la microtechnologie à la nanotechnologie

On a représenté sur cette figure des micro-objets (roues dentées) dont la taille est de l'ordre de quelques microns. Une patte de mouche à côté de ces composants mécaniques indique à quelle échelle on travaille en micromécanique. Avec les nanotechnologies il faudrait diminuer d'un facteur cent à mille la dimension des objets. Cela représente un saut technique considérable.
Extrait de *Nature*, n° 374, 1995, p. 835.
© Macmillan Magazines Ltd.

---

1. Les airbags des voitures sont actionnés en cas de choc par un microcapteur de pression piézoélectrique.

souvent nécessaire pour faciliter la mise en contact, sans frottement, de pièces d'un système. Tout ce savoir-faire existe jusqu'à l'échelle du micron. Au-delà, on rentre largement dans l'inconnu. Aujourd'hui, en effet, si les chercheurs savent fabriquer des objets nanométriques, en assemblant des paquets d'atomes ou en produisant des nanotubes en carbone à l'aide des techniques microscopiques ou optiques, et donc en travaillant sur des états de la matière aux propriétés tout à fait singulières, ils ne sont pas encore parvenus à assembler ces objets pour réaliser de véritables systèmes. Les obstacles à surmonter sont, en effet, très importants.

L'un de ces obstacles est mécanique. Ainsi, par exemple, on sait bien qu'il est certes possible de moudre des grains en poudre très fine, mais aussi que la finesse de la poudre atteint inévitablement une limite. En général, lorsque la taille des grains est de l'ordre du micron, ceux-ci forment de petits agrégats difficiles à séparer car les forces d'attraction entre particules deviennent supérieures aux forces mécaniques extérieures appliquées par un outil. On rencontre cet obstacle dans l'utilisation de nanotubes car ceux-ci tendent à former des paquets (comme des spaghettis cuits qui collent), et il faudra sans doute modifier leurs états de surface par une action chimique pour pouvoir procéder à leur assemblage dans un dispositif mécanique ou électrique. Cet obstacle, quoique sérieux, n'est probablement pas insurmontable. Un deuxième type d'obstacles est de nature thermodynamique. Tout système à l'équilibre se trouve dans un état où son entropie est maximale, ce qui tend à accroître le désordre en son sein, à moins d'opérer au voisinage du zéro absolu, ce qui est exclu : c'est une conséquence directe du deuxième principe de la thermodynamique. Cela se traduit par le fait, notamment, qu'un système à l'échelle nanométrique, constitué d'un nombre limité d'atomes ou de molécules, sera perturbé par leur agitation thermique permanente, que l'on appelle encore le « mouvement brownien ». Il sera sans doute difficile de localiser avec précision des nano-objets, pour les fixer dans des positions bien déterminées, par exemple sur une surface, afin de les assembler. Il faudrait disposer de l'équivalent, en quelque sorte, d'un démon de Maxwell capable de repérer un à un des nano-objets, semblables à des grosses molécules, afin de les manipuler avec une précision extrême[1]. Le « nanotech-

---

1. Le physicien anglais Clerk Maxwell avait imaginé une expérience où un démon, assis sur

nologue » ne sera probablement pas obligé de mettre un démon de Maxwell dans sa boîte à outils, mais les principes de la thermodynamique vont sans doute le contraindre à disposer d'une information considérable à traiter pour localiser les nano-objets et les assembler. Le prix à payer sera une dépense d'énergie. L'entropie est incontestablement un adversaire des nanotechnologies, mais il est possible d'en neutraliser les effets néfastes en utilisant de l'information.

Une autre difficulté de nature thermique tient, celle-là, au problème que va inévitablement poser l'évacuation de la chaleur d'un système constitué par des nano-objets, que celle-ci ait pour origine des frottements mécaniques ou l'effet Joule dans une résistance électrique. Le comportement de la conductivité thermique des nanomatériaux est encore mal compris car, on l'a vu, des comportements collectifs des particules changent complètement la donne. Il faudra donc trouver des matériaux bons conducteurs de la chaleur à des dimensions nanométriques, et les souder aux nano-outils sous forme de fils pour évacuer les calories engendrées, par exemple, par les forces de friction ; ce n'est pas une mince affaire mais cela est sans doute réalisable.

Enfin, *last but not least*, un effet prévu par le physicien hollandais Casimir en 1948, et mis en évidence en 1997, pourrait gêner le déplacement de nanopièces dans un dispositif. Cet effet est de nature quantique : le vide n'est pas dépourvu d'énergie et il est partiellement rempli de photons (des grains de lumière) virtuels qui apparaissent et disparaissent en permanence. Autrement dit, le vide n'est pas le néant que l'on croit. Dans un petit espace, seuls les photons dont la longueur d'onde est de l'ordre de grandeur des dimensions de l'espace peuvent être émis, et l'intervalle compris entre deux parois ou deux pièces nanométriques contient donc moins de photons que l'extérieur. À cette différence est associée une pression qui tend à pousser deux pièces l'une contre l'autre ; pour une séparation de quelques nanomètres la pression pourrait être d'une atmosphère.

---

le robinet d'une canalisation mettant en communication deux récipients contenant les molécules d'un gaz, serait capable de repérer les molécules les plus rapides et donc dotées de la plus grande énergie. Ouvrant au coup par coup le robinet, il ferait passer les molécules les plus énergétiques dans l'un des récipients, créant ainsi une différence de pression et de température entre les deux réservoirs, tout en étant parti d'un système à la température uniforme, ce qui est en contradiction avec le deuxième principe de la thermodynamique.

Il faudra donc vaincre cette pression pour rendre mobile une nano-roue dans un dispositif nanométrique. Il sera possible, en revanche, d'utiliser cet effet Casimir pour réaliser des nanoressorts qui réagiront à la moindre vibration.

Le passage d'un système nanoscopique à un objet macroscopique constituera enfin l'ultime difficulté à surmonter. Il ne suffit pas, en effet, de disposer de nano-outils (un moteur ou un laser par exemple), encore faut-il pouvoir les utiliser[1]. Nous ne vivons pas dans le monde des Lilliputiens de Gulliver, et nous utiliserons encore à l'avenir des machines dont les dimensions seront à taille humaine, même si leurs composants individuels ont des dimensions inférieures à celles de nos cellules. Il faudra donc passer aisément de l'univers nanométrique à celui qui a les dimensions de nos machines. Ce n'est certainement pas impossible. Des nanotubes de diamètre variable sont peut-être une solution. On sait aujourd'hui assembler des composants électroniques dont les dimensions sont de l'ordre du micron pour fabriquer des systèmes comme des microprocesseurs ou des téléphones portables, mais le défi est bien plus grand dans le cas des nano-objets. Aujourd'hui la question est à peine posée, et l'on ne sait certainement pas encore comment on pourra y répondre.

L'homme a su travailler pendant des millénaires avec des états de la matière en utilisant des outils qui étaient à sa dimension ou sur lesquels il pouvait intervenir directement (c'est le cas pour un laminoir géant). Depuis l'avènement de la micro-électronique, il y a une trentaine d'années, il a dû affiner ses outils pour manipuler les états de la matière (ce sont, par exemple, des faisceaux d'électrons ou de lumière). Avec la nanomatière, il faudra encore faire un saut dans les techniques. Cette percée technologique n'est pas du tout inconcevable, mais elle n'est pas encore réalisée. La révolution des nano-technologies, qui nous ferait pénétrer dans l'un des mondes de Gulliver, mettra probablement quelques décennies pour devenir une réalité.

---

1. On peut envisager d'utiliser ces nano-outils dans des robots miniatures en mécanique et comme capteurs ou substituts d'organes en médecine.

CHAPITRE 7

La matière dans les conditions extrêmes : certains l'aiment chaude, d'autres froide

En choisissant le feu comme l'un des quatre éléments constitutifs de la matière, les Grecs étaient loin d'imaginer que celui-ci constituait, en fait, l'état de la matière le plus répandu dans l'univers. En effet, 99 % de la masse des étoiles, telles que notre Soleil, dans les galaxies se trouve à très haute température dans un état particulier que l'on appelle un « plasma ». Le feu solaire, qui nous fournit chaleur et lumière, est alimenté par une réaction thermonucléaire qui met en jeu la fusion de noyaux d'hydrogène, et en particulier deux de ses isotopes lourds, le deutérium et le tritium, qui, portés à très haute température, constituent un gaz ionisé. Ce gaz, aux propriétés singulières, est formé d'atomes qui ont perdu leurs électrons et sont donc réduits à leurs noyaux qui portent, eux, des charges électriques positives. C'est cette énergie qui est fournie par la fusion thermonucléaire, et que dégage l'explosion d'une bombe à hydrogène, que les physiciens voudraient bien maîtriser dans des réacteurs thermonucléaires générateurs d'électricité. C'est une perspective dont les physiciens les plus réalistes n'envisagent pas la concrétisation avant trente ou cinquante ans, alors qu'elle est à déjà à l'ordre du jour depuis un demi-siècle...

Avec les très hautes températures (le million de degrés) et les très hautes pressions (le million d'atmosphères et au-delà), on aborde le domaine d'états singuliers de la matière que l'on ne peut produire qu'en laboratoire, mais que l'on observerait aussi dans l'univers si l'on était capable d'explorer le cœur des étoiles et le centre de la Terre. À l'autre extrémité de l'échelle des températures, le millionième de degré, les découvertes les plus récentes ont mis en évidence l'existence d'un nouvel état de la matière dont on n'entrevoit d'ailleurs qu'à peine les applications pratiques. C'est ce monde de la matière dans les conditions extrêmes que nous allons explorer.

La matière à très haute température : les plasmas

Dans leur état normal, les gaz sont des milieux qui sont des isolants électriques car ils sont constitués uniquement de molécules neutres et ils ne renferment aucune charge électrique, à l'exception de celles qui pourraient s'être fixées sur des impuretés telles que les poussières. Les gaz, comme les liquides non chargés d'ailleurs, constituent un état de la matière sans propriétés électriques particulières. Toutefois, si on leur applique un champ électrique intense, par exemple une décharge électrique, ils deviennent conducteurs de l'électricité car les molécules et les atomes perdent un certain nombre d'électrons en orbite sur leurs noyaux : ils sont ionisés. En général, le gaz est macroscopiquement neutre car les charges électriques négatives et positives s'équilibrent exactement. Dans les tubes fluorescents, tels que ceux qui sont utilisés couramment dans des installations domestiques ou des lieux publics, les décharges électriques sont de faible intensité et le degré d'ionisation, c'est-à-dire la proportion de molécules ionisées, est donc très faible. Lorsque l'ionisation est très forte, ou totale, les atomes neutres ayant disparu, on dit que le gaz ionisé est un « plasma » : c'est un quatrième état de la matière qui est un gaz d'électrons et d'ions libres. On a étendu la notion de plasma aux gaz partiellement ionisés lorsque ceux-ci sont électriquement neutres. C'est le physicien anglais Crooks, l'inventeur du tube cathodique, qui a découvert en 1870 l'existence des plasmas. Étudiant les décharges électriques dans un gaz, il était convaincu que le milieu ionisé qu'il avait produit était un quatrième état de la matière. Cinquante ans plus tard, le chimiste américain Langmuir, qui travaillait à la mise au point de lampes à vapeur de mercure à basse pression dans les laboratoires de la General Electric aux États-Unis, confirma les intuitions de Crooks et baptisa « plasma » ce quatrième état de la matière[1]. Les plasmas

---

1. Ce terme « plasma » est quelque peu ambigu. Il fait penser à un liquide tel que le plasma sanguin. Il traduit l'idée que les composants du gaz ionisé sont comme moulés ensemble pour

sont en quelque sorte des gaz « électrisés » ; ils ne sont pas toujours en équilibre thermodynamique, en particulier lorsque l'ionisation est due à un champ électrique extérieur. De grandes régions de l'univers sont constituées de plasmas. C'est le cas, par exemple, de la couche extérieure de l'atmosphère, appelée « ionosphère » (située au-delà de 70 km) qui a la propriété de réfléchir les ondes radio vers la Terre, et surtout des innombrables étoiles où la matière se trouve à l'état de plasma porté à très haute température (des centaines de millions de degrés).

Si l'existence des plasmas est connue depuis la fin du XIXe siècle, l'étude de ces milieux est restée confinée, dans la première partie du XXe siècle, à celle des gaz ionisés par décharge électrique. Le développement des techniques des hyperfréquences à la suite de la mise au point du radar a permis de réaliser en laboratoire des plasmas fortement ionisés, à partir des années 1950, et c'est alors que s'est véritablement développée une physique des plasmas. Celle-ci a été considérablement stimulée par les perspectives d'applications militaires et civiles de la fusion nucléaire. En effet, le physicien H. Bethe a montré, dans les années 1930, qu'il existe dans l'univers, et notamment dans le Soleil, une source d'énergie nucléaire surabondante qui a pour origine les réactions de synthèse des noyaux à partir du deutérium, qui est un isotope de l'atome d'hydrogène. En fusionnant, par exemple, deux noyaux de deutérium, on obtient une particule qui est un noyau d'hélium auquel il manque un neutron, qui a été émis lors de la fusion, et également un important dégagement d'énergie. La fusion d'un second isotope de l'hydrogène, le tritium, avec le deutérium conduit aussi à la formation d'un noyau d'hélium et à un dégagement d'énergie encore plus important. Ce sont ces réactions de fusion nucléaire qui fournissent leur énergie aux étoiles ; elles se produisent à très haute température au sein d'une matière qui se trouve donc à l'état de plasma. On sait également produire, depuis le début des années 1950, ces réactions de manière brutale sur Terre, dans une bombe à hydrogène ; elles sont amorcées par une bombe atomique qui transforme le deutérium et le tritium en plasma, ce qui permet à la fusion de démarrer et de dégager sous

---

constituer un système homogène. Le mot « plasma » vient du grec *plasso*, qui veut dire « former » ou « mouler ».

forme explosive une énergie considérable. Les physiciens espèrent toujours construire des réacteurs produisant cette énergie de manière contrôlée, c'est-à-dire lente et progressive, de façon à éviter une réaction explosive inexploitable dans un générateur d'énergie. L'étude des propriétés des plasmas et de leur comportement à très haute température est donc au cœur des travaux sur la fusion thermonucléaire contrôlée sur laquelle nous reviendrons ultérieurement.

La réaction de fusion est l'équivalent d'une réaction chimique très simple... sur le papier. En fait, les noyaux des atomes d'hydrogène qui constituent le plasma étant des particules portant des charges électriques positives, ceux-ci sont donc soumis à des forces de répulsion électrique dites « coulombiennes ». Il faut donc surmonter cette barrière de répulsion pour que les forces d'attraction nucléaire, qui sont à courte portée, puissent produire leur effet et rapprocher les noyaux afin qu'ils fusionnent. On ne pourra donc réaliser la fusion thermonucléaire que si l'on projette violemment deux noyaux l'un contre l'autre pour vaincre ces forces coulombiennes, et donc avec une vitesse et une énergie cinétique très grandes correspondant à des températures de plusieurs centaines de millions de degrés. On ne pourra atteindre cette vitesse et cette température qu'en fournissant une énergie initiale au milieu, par exemple en le chauffant par un courant électrique, qui provoquera son ionisation et sa transformation en plasma chaud. Les collisions entre particules au sein du plasma produiront les réactions thermonucléaires de fusion. Le bilan de la réaction sera positif si l'on récupère plus d'énergie que la mise initiale une fois la réaction de fusion amorcée. À cette fin, on peut jouer sur trois paramètres : la densité du plasma[1] ; la température du milieu ; le temps de confinement, qui doit être suffisamment long pour éviter que l'énergie introduite pour chauffer le plasma ne se dissipe trop rapidement. Ce sont sur ces paramètres que l'on joue dans les différents dispositifs pour tenter de réaliser la fusion thermonucléaire, et atteindre ce que l'on appelle l'« ignition », c'est-à-dire les conditions où celle-ci est auto-entretenue.

Le confinement du plasma dans un volume réduit pour qu'il puisse atteindre une densité suffisante est l'un des problèmes tech-

---

1. La probabilité de déclenchement d'une réaction de fusion est d'autant plus importante que la densité du plasma est élevée car les collisions entre les noyaux y seront plus nombreuses.

niques majeurs à résoudre. On peut y parvenir en utilisant un champ magnétique qui agit sur les particules chargées en incurvant leurs trajectoires qui peuvent être ainsi confinées dans une enceinte ayant la forme d'un tore, c'est le principe des machines Tokamak utilisées dans les installations expérimentales pour tenter de réaliser la fusion thermonucléaire contrôlée.

Le quatrième état de la matière qu'est le plasma a des propriétés très spéciales, différentes de celles d'un fluide (gaz ou liquide) classique puisqu'il est constitué de particules chargées. En effet, les forces électriques, dites « de Coulomb », qui existent entre les particules sont à longue portée (ou à long rayon d'action) : un électron ou un ion au sein du plasma interagit à chaque instant avec beaucoup d'autres. On peut donc tenter de décrire ce milieu comme un mélange de deux fluides constitués de charges électriques positives et négatives. Si le gaz initial est faiblement ionisé, les propriétés mécaniques du plasma seront analogues à celles d'un gaz neutre, mais il possédera, bien sûr, des propriétés électromagnétiques spécifiques. Comme tout ensemble de particules, un plasma peut être décrit et étudié à l'aide des techniques de la physique statistique. L'outil de base des physiciens, utilisé pour décrire les solides et les fluides, est une fonction mathématique, la fonction de distribution, qui donne la probabilité de trouver les constituants du plasma, les particules chargées électriquement, avec une vitesse donnée dans un élément de volume microscopique en tout point de l'espace. Les ions et les électrons du plasma se déplaçant dans le volume qu'ils occupent, cette fonction dépend du temps et elle obéit à une équation difficile à résoudre, l'équation de Boltzmann. La principale difficulté à laquelle on est confronté en étudiant les plasmas réside dans le caractère collectif du comportement des particules individuelles chargées qui, en se déplaçant, induisent des courants et des champs électriques, avec lesquels elles interagissent. La physique des plasmas est donc une physique de phénomènes non linéaires qui est *a priori* complexe. La non-linéarité du système conduira, comme dans les fluides classiques, au déclenchement de comportements turbulents et chaotiques qui font des plasmas des milieux particulièrement instables.

Dans un milieu fluide conducteur, comme un plasma, le courant électrique, s'il existe, a pour origine le déplacement des charges en son sein ; ce courant peut interagir avec un champ magnétique extérieur qui exerce alors une force sur les particules et leur imprime un mouvement hélicoïdal. Ce mouvement des particules crée, en réaction en quelque sorte, des petits courants électriques locaux induisant des petits champs magnétiques qui équilibrent les variations de pression du plasma. De façon générale, on dit que l'on se trouve en présence de phénomènes magnéto-hydrodynamiques. On conçoit que la trajectoire des ions et des électrons constituant un plasma est fortement modifiée par la présence d'un champ magnétique : celle-ci est une hélice de petit rayon qui s'enroule autour de la ligne de champ magnétique. Ce comportement dynamique est intéressant puisqu'il permet, en principe, de confiner les constituants d'un plasma à l'intérieur d'un espace bien délimité. La disposition géométrique la plus simple est celle d'un tore où les trajectoires sont bien confinées, transversalement et longitudinalement, par un champ magnétique de géométrie complexe. Celle-ci évite une dérive radiale des particules, et ainsi qu'elles ne s'échappent de la zone de confinement et n'entrent en collision avec les parois de l'enceinte qui les entoure. C'est la disposition qui est utilisée dans les machines Tokamak pour l'étude de la fusion thermonucléaire contrôlée et qui a été mise en œuvre, pour la première fois, par les physiciens soviétiques, dans les années 1950.

Si le comportement d'un plasma dans un tube fluorescent ne pose pas de problème particulier, le système étant relativement stable, il n'en va pas de même pour celui d'un plasma confiné magnétiquement à très haute température. En effet, la coexistence d'un tel milieu avec des champs magnétique et électrique est particulièrement instable, car les mouvements de dérive des particules chargées et leurs collisions sont à l'origine d'instabilités qui peuvent déclencher des phénomènes de turbulence et détruire la cohésion d'un plasma dans un réacteur du type Tokamak. Il faut donc éviter à tout prix l'amplification de ces instabilités, au risque de rendre inopérante une telle machine. L'étude des instabilités est donc un objectif prioritaire de la physique des plasmas, en particulier à très haute température (la centaine de millions de degrés). C'est un champ de la recherche encore largement ouvert car les phénomènes de tur-

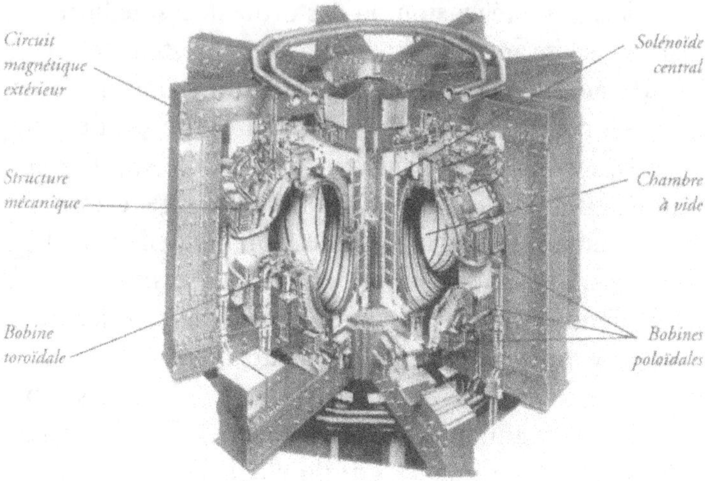

Figure 7.1. Schéma d'un Tokamak

Les machines Tokamak ont été construites pour tenter de produire en continu la fusion thermonucléaire contrôlée. L'enceinte dans laquelle est enfermé le plasma a la forme d'un tore et les trajectoires des particules du plasma sont confinées latéralement et horizontalement par un champ magnétique très intense produit par le solénoïde et les bobines. Le plasma est porté à très haute température, notamment par un courant électrique très intense. La machine européenne, Joint European Torus (JET), est représentée sur ce schéma (d'après JET-Euratom).

bulence dans ces milieux, comme dans les fluides en général d'ailleurs, sont encore très mal compris. Nous rouvrirons ce dossier dans le chapitre suivant lorsque nous expliciterons les grands défis que posent les projets de grandes machines pour la fusion thermonucléaire, du type de celle qui est représentée sur la figure 7.1.

Les plasmas ne constituent pas seulement un champ d'expérimentation académique ou futuriste pour étudier la faisabilité de réactions thermonucléaires contrôlées. Leur mise en œuvre dans les dispositifs classiques d'éclairage comme les tubes au néon et des systèmes pour la soudure est déjà fort ancienne. Des perspectives nouvelles se dessinent aussi pour les applications technologiques des plasmas froids ou chauds. Les plus prometteuses concernent la technique des écrans à plasma. Aujourd'hui, les tubes cathodiques sont des dispositifs que l'on trouve dans de très nombreux appareils, qu'il s'agisse des postes de télévision ou des ordinateurs de bureau. Leurs performances, en termes de qualité d'image, restent, pour l'heure, inégalées, toutefois l'encombrement de ces tubes ainsi que leur poids constituent un handicap majeur. C'est pourquoi s'est développé un marché des écrans plats qui sont utilisés, notamment, dans les ordinateurs portables et des dispositifs d'affichage d'informations diverses. Les écrans à cristaux liquides sont actuellement la principale technologie qui est développée et qui a fait ses preuves. Celle-ci est toutefois limitée aux écrans de moins de trente pouces de diagonale (75 cm) car on rencontre des difficultés pour la fabrication sur de grandes surfaces de couches minces de transistors qui commandent le cristal liquide activant chaque pixel de l'écran[1]. Les plasmas viennent au secours de la technologie des écrans plats car ils peuvent être utilisés dans des cellules associées à chaque pixel. Le dispositif conçu pour ces écrans est simple : une cellule renferme un mélange de gaz rares (en général du xénon et du néon) dans lequel une petite décharge électrique va créer un plasma froid hors d'équilibre. Dans ce plasma qui est luminescent, les électrons excitent et ionisent les atomes de gaz rares, et ceux-ci émettent un rayonnement ultraviolet. Des petites pastilles luminophores, constituées de phosphore, convertissent cette radiation ultraviolette en lumière visible dans les trois couleurs fondamentales, et donc chacune active un pixel. L'activation d'une cellule de plasma est provoquée par une impulsion électrique qui ne dure que quelques microsecondes, et qui se superpose à la tension d'entretien qui maintient le gaz sous tension et dans un état de « préexcitation ». La formation d'un plasma est le phénomène clé de cette technique. Son rendement énergétique est encore faible car quelques millièmes seulement de l'énergie électrique introduite dans chaque cellule sont convertis en énergie lumineuse visible, ce qui constitue un handicap car la luminosité du système peut être insuffisante. Les progrès enregistrés par les industriels, ces dernières années, laissent toutefois espérer que la

---

1. Le pixel est un point de l'image (en blanc, en noir ou en couleur). Sur un film photographique, il correspond à un microcristal d'argent qui a été impressionné ou non par la lumière. Plus la taille du pixel est petite, meilleure est la définition de l'image.

technique des écrans à plasma puisse percer et permettre ainsi la mise au point de grands écrans plats pour les téléviseurs et les ordinateurs de demain.

Les plasmas constituant un état de la matière que l'on ne peut obtenir qu'artificiellement sur Terre (à moins de les capter lorsqu'ils sont créés par la foudre lors d'un orage), leur étude ou leur utilisation pratique dépend inéluctablement des technologies que l'on peut mettre en œuvre. La décharge électrique est le moyen classique de produire un plasma par ionisation d'un gaz dans un tube fluorescent, une cellule d'écran plat, ou une machine comme un Tokamak. Les progrès enregistrés dans la technologie des lasers ont toutefois ouvert des voies nouvelles pour la production de plasmas. On conçoit bien qu'en concentrant de l'énergie lumineuse sur une cible solide, on va provoquer la sublimation partielle ou totale de ce solide, c'est-à-dire son passage à l'état gazeux. Si cette énergie est suffisante, elle pourra ioniser le gaz et donc le faire passer à l'état de plasma. Les lasers sont des sources d'énergie lumineuse particulièrement intenses que l'on peut concentrer en un mince faisceau sur une surface réduite, provoquant ainsi la formation d'un plasma dans un volume réduit. L'utilisation de lasers de puissance est à la base de la technique dite du « confinement inertiel » pour la production des plasmas. Celle-ci consiste à utiliser un faisceau laser très puissant qui, par impact sur une petite bille de deutérium et de tritium, provoque la compression brutale des noyaux et leur échauffement, la matière est ainsi transformée en plasma[1]. Cette technique est utilisée, en particulier, pour simuler l'amorçage de la fusion dans une bombe à hydrogène. Comme nous le verrons, elle est en concurrence avec la technique du confinement magnétique pour la réalisation de machines pour la fusion thermonucléaire contrôlée.

On est capable aujourd'hui d'obtenir des impulsions laser extrêmement brèves qui vont de quelques picosecondes (le millionième de millionième de seconde) à quelques femtosecondes (le millième de picoseconde). Ces lasers vont donc pouvoir délivrer de l'énergie lumineuse, des photons, en un temps très court et sur une portion

---

1. La petite bille, d'un diamètre de l'ordre du millimètre, est entourée d'une coque formée d'un matériau qui ne participe pas à la fusion mais qui est volatilisée par le faisceau laser, la détente brutale du gaz produit une onde qui comprime l'intérieur de la bille.

réduite de la surface d'une cible. Cela représente une puissance instantanée colossale dans un volume restreint. Un système laser a pu atteindre ainsi au Lawrence Livermore National Laboratory, en Californie, la puissance instantanée du petawatt (un million de milliards de watts). Sous peine de faire disjoncter immédiatement tout le réseau électrique américain (déjà en mauvais état...), cette puissance n'est disponible que pendant une toute petite fraction de seconde, mais elle permet de déposer une densité considérable d'énergie sur un matériau solide et produire ainsi, par ionisation, un plasma d'électrons et d'ions multichargés qui est très chaud (sa température est de plusieurs millions de degrés). On peut espérer appliquer cette technique à la fusion thermonucléaire contrôlée, en la provoquant par irradiation d'une cible de deutérium et de tritium, mais elle laisse aussi entrevoir la possibilité de réaliser de nouvelles sources de rayons X. En effet, la matière chauffée à de telles températures émet du rayonnement dans le domaine X de très courte longueur d'onde (de l'ordre du nanomètre). La possibilité de réaliser des impulsions de rayons X, très brèves et très intenses, est donc une retombée de la production de plasmas par irradiation laser. Lorsque le faisceau laser frappe une cible solide, il interagit avec la matière sur une épaisseur de l'ordre de la dizaine de nanomètres, créant ainsi une zone où est produit un plasma à haute température et à très forte densité qui reconstitue, artificiellement en quelque sorte, la situation qui existe dans les étoiles. La physique des plasmas denses, importante pour l'astrophysique, devient donc accessible en laboratoire, c'est une retombée supplémentaire intéressante des techniques d'irradiation laser des solides.

Les états de la matière dans l'univers :
voyage des étoiles au centre de la Terre

Notre univers, qui s'est vraisemblablement formé il y a quinze milliards d'années, renferme d'innombrables étoiles et planètes de toute taille. Dans notre système solaire, des astéroïdes, des miniplanètes et des comètes, qui sont le plus souvent des blocs de glace, forment un ballet incessant autour du Soleil. Pluton est la planète qui délimite la zone extérieure de notre système planétaire, mais au-delà de Pluton il existe une « ceinture » de miniplanètes, au nombre peut-être d'une centaine de milliers, la ceinture de Kuiper, et au-delà encore une zone remplie de petits débris solides, probablement gelés, que l'on appelle le « nuage d'Oort ». Pour compliquer les choses, on a découvert, en 1995, qu'il existait dans notre galaxie des planètes en dehors de notre système solaire qui gravitent autour d'autres étoiles que notre Soleil.

Confrontés à cette surabondance d'objets astronomiques, les astrophysiciens se posent une grande question : quels états de la matière sont à l'origine des étoiles et des planètes ? Celles-ci se sont probablement formées simultanément à partir d'un nuage moléculaire constitué de matière à l'état gazeux froid et de grains de poussière. Sous l'action des forces de gravité qui tendent à faire croître la densité, le nuage de gaz accélère son mouvement de rotation et il prend alors la forme d'un disque de matière, formé à 99 % de gaz et parsemé de poussières, telle une pizza décorée de petites olives. Ce disque attire dans son champ de gravité des grains de matière circulant dans l'espace, et qui provoquent la formation de spirales de densité croissante. Lorsque le cœur de ce disque a une densité de matière suffisante, les réactions de fusion thermonucléaire peuvent s'enclencher dans ce milieu qui forme un plasma. Une énergie considérable est alors dégagée : une étoile est née. Ce sont les éléments atomiques qui produisent la fusion thermonucléaire : les deux isotopes de l'hydrogène, le deutérium et le tritium, ainsi que l'hélium. Les réactions s'entretiennent toutes seules, la réaction qui implique l'hydrogène naturel, le plus léger, est extrêmement lente, et grâce à sa lenteur, on peut espérer que la durée de vie du Soleil sera relativement longue.

Il existe d'autres scénarios que celui qui conduit à la formation d'une étoile. Si la masse du disque de matière en rotation est insuffisante, il peut se former alors des « naines brunes » dont le poids est de 13 à 75 fois celui de Jupiter, la planète la plus massive du système solaire. Ces étoiles ratées brûlent essentiellement du deutérium, et la réaction de fusion thermonucléaire, beaucoup plus rapide, ne leur permet de briller que pendant cent millions d'années, et elles finissent alors par disparaître dans l'immensité intersidérale. Un troisième scénario conduit à la formation des planètes. Alors qu'une étoile est en train de se former, au sein du disque constitué par le nuage de gaz et de poussières tourbillonnant tel un manège endiablé, des grains de matière attirent et agrègent des particules solides gravitant dans leurs parages et forment des petites boules d'un kilomètre de diamètre, les planétésimales. Celles-ci finissent par grossir, en accaparant toute la matière de leur voisinage, et en particulier une grande masse de gaz. Ces protoplanètes deviennent de véritables ballons de gaz qui se transforment en planètes géantes, semblables à Jupiter et Saturne. Ce dernier scénario expliquerait bien la formation de notre système solaire. Au voisinage du Soleil, la chaleur était trop intense pour que se forme de la glace, et des planètes rocheuses comme notre Terre se sont constituées, formant une masse solide avec une couche atmosphérique que notre planète a heureusement gardée. Plus loin du Soleil, Jupiter et Saturne se sont formés autour d'un noyau de glace et de poussières solides entouré d'une grande masse de gaz. Au-delà de ces planètes, Neptune et Uranus sont des géants glacés qui n'ont qu'une atmosphère peu dense.

Les planètes que l'on a découvertes récemment en dehors de notre système solaire, en particulier celles qui sont dans la constellation de Pégase, semblent être des masses géantes de gaz que les astrophysiciens qualifient de « Jupiter chauds ». Elles seraient constituées d'une atmosphère d'hélium et d'hydrogène accumulée autour d'un noyau de glace et de poussières solides.

Les étoiles sont des objets dynamiques dont la matière subit des transformations considérables. En effet, une étoile vit sa vie, alimentée par l'énergie considérable que fournit la fusion thermonucléaire qui est un feu permanent en son sein. La température au cœur de l'étoile pouvant atteindre des centaines de millions de degrés, elle est plus basse à sa périphérie car les réactions thermonucléaires y sont plus lentes : ainsi elle est de 6 000 K à la surface du Soleil. Mais une étoile est aussi mortelle car le combustible qui alimente ce feu stellaire peut s'épuiser sur des échelles de temps dont l'ordre de grandeur est, en général, le milliard d'années. Le devenir d'une étoile en fin de vie est une question intéressante car il met en jeu des états de la matière avec des densités considérables. Contrairement à une bûche qui se consume par sa surface dans une cheminée, une étoile brûle à partir de son centre en consommant progressivement son combustible, et en laissant des « cendres » qui sont des atomes plus lourds que l'hydrogène et l'hélium, tels que le fer, le carbone et l'oxygène. Des étoiles comme le Soleil, une fois leurs ressources énergétiques épuisées, constituent des naines blanches dont la masse, équivalant à celle du Soleil, est concentrée dans un volume dont le rayon est du même ordre de grandeur que celui de la Terre, ce qui correspond à une densité de la matière qui est environ dix millions de fois supérieure à celle du tungstène, un métal très dense. La naine blanche finit sa vie sans exploser en s'éteignant au firmament comme une chandelle usée jusqu'à son extrême limite. Tout autre est le comportement des étoiles plus massives que notre Soleil[1]. Lorsqu'elles ont épuisé tout leur combustible thermonucléaire, elles forment d'abord une naine blanche de la taille de notre planète, puis elles finissent par imploser pour former un objet des dimensions d'une ville et dont la densité est de l'ordre de grandeur de celle de la matière dans un noyau atomique. La densité dans ce résidu d'étoile est colossale, dix mille milliards de fois celle du tungstène, et engendre une instabilité qui finit par la faire exploser : on a une explosion de supernova. Cette explosion éparpille des débris de toutes sortes dans l'espace : atomes de carbone, d'oxygène, de magnésium, de fer, de nickel radioactif, etc. Il reste un ultime noyau qui est une étoile à neutrons d'une vingtaine de kilomètres de diamètre et qui tourne sur elle-même, telle une toupie, avec une période qui va de la seconde à la milliseconde. Ces étoiles à neutrons émettent des signaux à différentes fréquences (rayons X, ondes radio, lumière visible) qui permettent de les identifier comme des balises radio-électriques dans le ciel. La densité de neutrons dans ces étoiles est suffisamment élevée pour que les comportements quantiques collectifs puissent se manifester, et les neutrons s'y trouvent dans un état superfluide, mais à température très élevée. L'origine des éléments existant dans l'univers, l'oxygène et le carbone si nécessaires à la vie, le fer, le calcium, etc., est une question qui agite les astrophysiciens depuis près de cinquante ans et les explosions fréquentes de supernovae constituent sans doute le phénomène clé qui

---

1. Celles dont la masse est supérieure à huit fois celle du Soleil ont une vie plus courte que les autres, notamment le Soleil.

permet d'y répondre. Une explosion de ce type avait déjà été observée au Moyen Age, en 1054, elle s'était manifestée sous la forme d'un point lumineux dans le ciel aussi brillant que Vénus. Très récemment, en 1987, une autre explosion a été visible à l'œil nu, elle correspondait à un événement dans le nuage de Magellan, à 170 000 années-lumière de distance. D'autres ont été détectées par des satellites lancés pour observer les émissions de rayonnement gamma dans l'espace dont elles sont à l'origine. C'est donc une matière à haute température et à très forte densité qui est le siège de réactions thermonucléaires, qui est à la fois la source d'une énergie colossale libérée dans l'univers et l'origine des éléments qui constituent le monde qui nous entoure. Les astrophysiciens estiment ainsi que dans notre galaxie, depuis qu'elle existe, cent millions d'explosions de supernovae ont libéré des fractions de matière qui ont constitué notre Terre et les êtres vivants qui la peuplent. Le plus étonnant est que l'on trouve, semble-t-il, des traces sur Terre de ces poussières stellaires formées avant même notre système solaire. En effet, on a identifié dans des météorites tombées sur le sol de notre planète des grains de carbure de silicium et de diamant de dimensions nanométriques qui se seraient formés dans l'univers présolaire lors de l'explosion d'étoiles. L'analyse de la composition isotopique des éléments contenus dans ces nanograins, en particulier ceux récupérés dans une météorite découverte en Italie, a révélé que cette composition ne correspondait pas à celle trouvée habituellement sur Terre (par exemple pour le xénon qui s'y trouve piégé) ; cela suggère que ces grains se seraient formés avant notre Soleil. Ces poussières d'étoiles de diamant sont donc les précieuses reliques d'un univers antérieur à celui dans lequel nous vivons.

Redescendons donc sur Terre, et avant d'entreprendre un voyage à la Jules Verne dans ses entrailles, intéressons-nous un instant à un phénomène atmosphérique que certains d'entre nous ont peut-être observé. Qui, en effet, à la campagne ou à la montagne, n'a pas entendu l'histoire d'un voisin qui, un soir d'orage, a vu une boule de feu traverser sans dommage une pièce de sa maison ? Est-ce là une hallucination ? Pas nécessairement, car le phénomène peut être expliqué en faisant intervenir un plasma. C'est le physicien soviétique Piotr Kapitsa qui, le premier, en 1955, a tenté de fournir une explication scientifique à ce phénomène d'apparition de boules de feu dont plusieurs scientifiques dignes de foi ont été les témoins. La foudre est une décharge électrique de plusieurs dizaines de milliers d'ampères qui peut produire localement dans l'atmosphère une température de 30 000 °C, provoquant son ionisation instantanée et la formation d'un plasma. On s'est aperçu aussi que la foudre tombant sur le sol forme dans la terre une conduite vitrifiée, la fulgurite, mais surtout qu'elle vaporise la silice de la terre et des roches en vapeur de silicium pur qui s'échappe dans l'atmosphère par cette conduite. Lorsque cette vapeur se refroidit, elle se condense sous la forme d'un aérosol formé de particules de silicium de taille nanométrique (encore des nanomatériaux !) qui flottent dans l'air. Les charges électriques résiduelles, formées par la chute de la foudre, jouent le rôle de liants entre ces particules qui forment ainsi une petite boule lumineuse, alimentée en énergie par la chaleur que produit l'oxydation du silicium en silice. Ces boules de feu flottent dans l'air car la poussée d'Archimède à laquelle elles sont soumises compense tout juste le poids des particules de l'aérosol. Selon deux physiciens néozélandais qui ont expliqué récemment le phénomène, J. Abrahamson et J. Dinniss, les boules de feu se formeraient à une température de 1 200 °C, leur luminosité serait l'équivalent de celle d'une ampoule électrique de 100 watts mais elles ne perdraient qu'une énergie de 30 watts pendant leur rapide pérégrination, ce qui expliquerait que ne dégageant que peu de chaleur, elles seraient rarement dangereuses. Ces explications, faisant intervenir une chimie des plasmas et des aérosols, semblent satisfaisantes et donnent une réalité scientifique à un phénomène étrange dont les observateurs sont souvent raillés. Il reste que si des boules de feu ont pu être photographiées, elles n'ont pas pu être reproduites en laboratoire jusqu'à ce jour.

Dans son roman *Voyage au centre de la Terre*, un classique de la littérature de science-fiction, Jules Verne imaginait que l'expédition du professeur Liedenbrock tentait d'explorer les profondeurs de notre planète en y pénétrant par le cratère d'un volcan en Islande. Après différentes aventures, nos explorateurs se faisaient éjecter des entrelacs de galeries où ils s'étaient enfoncés, par un flot de magma, des roches en fusion, à travers le cratère de Stromboli. Les spéculations sur l'état de la matière au sein de notre planète ont toujours été très vives et alimentées par l'observation périodique d'éruptions volcaniques projetant avec violence des roches liquides, les laves, dans l'atmosphère. La plus célèbre de ces observations est celle que fit Pline le Jeune, en 79 après Jésus-Christ, lors de l'éruption catastrophique du Vésuve, qui détruisit Pompéi[1].

On savait à l'époque de Jules Verne (à la fin du XIXe siècle) que la température s'élevait au fur et à mesure que l'on s'enfonçait dans le sol et ce gradient de température fut mesuré pour la première fois avec précision par le géologue allemand A. Mohr, en 1875, à l'intérieur d'un puits de mine. Aujourd'hui, si nos connaissances sur l'état de la matière au centre du globe terrestre sont plus complètes qu'à l'époque de Jules Verne, le noyau terrestre reste encore un lieu mystérieux sous nos pieds. On pense qu'il y règne une température de 6 000 °C, comme à la surface du Soleil, et une pression d'environ 3 millions d'atmosphères, ce qui est tout à fait considérable[2]. La physique des solides et des liquides, en particulier celle des transitions de phase, vient à l'aide des géophysiciens pour comprendre les phénomènes dont le centre de la Terre est le siège, et que nul explorateur à la Jules Verne n'a pu observer sur place, fort heureusement pour lui. Le physicien américain P.W. Bridgman, on l'a vu, a mis au point, dans les années 1920, un dispositif expérimental permettant d'étudier la matière à haute pression. Depuis lors, on sait produire en laboratoire dans des enclumes de diamant (cf. figure 5.4.) des pressions qui peuvent atteindre quelques millions de bars (ou atmosphères). Cela permet d'étudier le comportement de matériaux qui sont les constituants des différentes régions du globe terrestre. Le centre de la Terre est constitué par un noyau de fer liquide entourant un cœur central de fer solide de 1 215 km de rayon; la périphérie du noyau liquide se trouve à 3 584 km du centre de la Terre. Ce sont des mesures de la propagation d'ondes acoustiques dans le globe terrestre qui ont permis de le cartographier avec autant de précision : la réflexion, ou la réfraction, de ces ondes permet de détecter des changements de nature, et d'état, des minéraux. Le cœur solide de notre planète a approximativement la taille de la Lune et les noyaux liquide et solide ont, ensemble, un volume équivalent à celui

---

1. L'oncle de Pline le Jeune, Pline l'Ancien, qui commandait la flotte romaine basée au cap Misène, trouva la mort lors de l'éruption. L'historien Tacite demanda à Pline de faire le récit, beaucoup plus tard, des événements dont il avait été le témoin.

2. C'est la radioactivité qui est à l'origine de la chaleur qui existe au sein de la Terre; celle-ci provient de la désintégration radioactive d'isotopes de l'uranium, du potassium et du thorium.

de la planète Mars. On peut être surpris que le centre de la Terre soit solide mais, comme on le sait, la température de fusion de la quasi-totalité des solides croît avec la pression. Pour le fer, qui est le matériau constitutif de la Terre centrale, la température de fusion de la phase solide serait de l'ordre de 5 500-6 000 K à la pression de 2,5 millions d'atmosphères et le fer est donc solide dans le cœur si la pression qui y règne est, comme on le pense, de 3 millions d'atmosphères... À la périphérie de ce cœur, la pression étant plus faible, le fer se trouve à l'état liquide. Il semblerait que la solidification du fer progresserait très lentement à partir du noyau central et qu'à l'origine, lorsque la Terre a commencé à se solidifier, son centre était exclusivement à l'état liquide.

L'existence de ce noyau liquide n'est pas sans importance pour notre planète, bien au contraire. C'est en effet le mouvement de convection du matériau liquide qui le constitue qui est à l'origine du champ magnétique terrestre : c'est le phénomène « géodynamo ». On peut expliquer ce phénomène en simplifiant les choses à l'extrême : le fer qui est un matériau conducteur de l'électricité, en se déplaçant dans le noyau liquide, crée un courant électrique qui induit, à son tour, un champ magnétique. Les géophysiciens se sont efforcés de modéliser les mécanismes qui sont à l'origine du champ magnétique de la Terre. C'est loin d'être évident, car les modèles doivent aussi expliquer comment ce champ magnétique, qui oriente aujourd'hui la boussole vers le nord, a changé de nombreuses fois d'orientation au cours du temps. La preuve de ces changements d'orientation est inscrite dans certains échantillons de roche qui ont conservé l'empreinte qu'avait la direction du champ magnétique lorsque ces roches se sont formées en se solidifiant à partir d'un magma liquide : en datant des échantillons prélevés en différents points du globe, on constate que cette orientation a changé de sens à de multiples occasions dans l'histoire de la Terre. Les modèles théoriques permettent aujourd'hui de décrire de façon satisfaisante ces phénomènes. Des expériences utilisant du sodium liquide ont été réalisées et publiées en l'an 2000, à Karlsruhe, en Allemagne, et à Riga, en Lituanie. Elles ont permis de reconstituer en laboratoire le phénomène de géodynamo et de montrer qu'il peut effectivement être à l'origine d'un champ magnétique comme celui de la Terre.

La Terre n'est pas la seule planète à posséder un noyau. On peut déduire des orbites de Mars, Vénus et Mercure que ces planètes ont aussi un noyau très dense, probablement constitué de fer. Quant à Jupiter, qui est une planète dotée d'un champ magnétique propre beaucoup plus fort que celui de la Terre, il doit posséder un cœur liquide probablement constitué d'hydrogène. On estime qu'il régnerait en son centre une pression d'une centaine de millions d'atmosphères et une température de 2 400 K. C'est cette pression qui, comprimant si fortement les atomes d'hydrogène, provoquerait le passage à l'état métallique de l'hydrogène liquide, celui-ci deviendrait dès lors un conducteur de l'électricité susceptible de créer un champ magnétique par l'effet géodynamo.

Les états nouveaux aux très hautes pressions

La Terre est certes un laboratoire naturel qui permet d'étudier les propriétés de la matière aux pressions et températures très élevées, mais elle ne remplace pas l'expérimentation sur des systèmes que l'on peut manipuler et tester directement. Les travaux du physicien P.W. Bridgman ont d'ailleurs ouvert la voie à la compréhension des états de matière qui sont à l'origine des phénomènes dont l'intérieur de notre planète est le siège. Depuis près d'un siècle, les expérimentateurs se sont donc engagés dans une course aux hautes pressions pour étudier les états de la matière qui subit une compression par augmentation de pression. On sait réaliser en laboratoire, aujourd'hui, des pressions qui permettent d'augmenter d'un ordre de grandeur, c'est-à-dire de la multiplier par un facteur dix, la densité d'une matière condensée.

Le dispositif expérimental le plus utilisé pour produire en laboratoire des pressions statiques de plusieurs mégabars (millions d'atmosphères) est l'enclume de diamant représentée sur la figure 5.4. La pression est produite par des forces transmises mécaniquement à une paire de diamants, dans un petit élément de volume où se trouve le matériau que l'on veut étudier. Dans ce système, on joue sur deux propriétés du diamant : sa dureté qui permet de transmettre l'effort mécanique par ses faces, sa transparence remarquable qui facilite les mesures optiques, tant en lumière visible qu'aux rayons X, sur des échantillons dont la taille est de l'ordre de 1 à 20 microns. On a pu obtenir avec des enclumes de diamant des pressions voisines de trois millions d'atmosphères et simuler ainsi, par exemple, les contraintes physiques auxquelles sont soumis des matériaux géologiques à l'intérieur de la Terre.

On peut dépasser ces pressions, au demeurant déjà très élevées, en utilisant le passage d'une onde de choc dans un matériau. L'utilisation d'explosifs chimiques pour envoyer un projectile sur une cible en utilisant l'énergie de détonation permet d'obtenir des pressions de quelques millions d'atmosphères ainsi que des températures de plusieurs milliers de kelvins. C'est le principe des canons à gaz : l'onde de choc provoque à la fois la compression d'un solide et un échauffement local. Ce système a été mis au point à la General Motors, dans les années 1960, pour des recherches en balistique, puis utilisé à plus grande échelle pour tester des modèles de missiles et les effets de leur rentrée dans l'atmosphère. On a, par exemple, réalisé une expérience avec un canon de ce type en bombardant une cible de tungstène poreux qui a été portée à une température de 32 000 degrés sous une pression de deux millions d'atmosphères.

Les recherches mettant en œuvre des ondes de choc ont connu des développements nouveaux, après la Seconde Guerre mondiale, avec les programmes de mise au point des armes nucléaires, en particulier aux États-Unis, dans l'ex-URSS et en France. Des pressions très élevées peuvent en effet être atteintes lors d'explosions nucléaires et thermonucléaires souterraines, à l'occasion de campagnes d'essais pour tester les armes. Des expériences, aujourd'hui prohibées par le traité d'interdiction des essais nucléaires, ont permis d'atteindre des pressions de plusieurs centaines de millions d'atmosphères avec des explosifs nucléaires. Des travaux ont été ainsi effectués sur l'aluminium, en particulier en ex-URSS, dans une gamme de pression allant de 40 à 4 000 millions d'atmosphères. Aujourd'hui, la voie alternative aux explosions nucléaires souterraines consiste à créer l'onde de choc dans un solide par l'impulsion d'un faisceau laser de très haute énergie. On réalise ainsi à la fois des conditions de température et de pression très élevées.

Quel objectif les scientifiques poursuivent-ils en étudiant le comportement de la matière à très haute pression ? En fait, ils ont plusieurs buts. Ils veulent d'abord reconstituer en laboratoire, comme on l'a vu, les conditions de pression et de température subies par des matériaux dans certains systèmes naturels, tels que le noyau terrestre ou le cœur de planètes. On a pu mettre ainsi en évidence des transitions de phase que subissent des solides comme les silicates et le fer dans la croûte terrestre. Ils veulent aussi mettre au jour de nouveaux états de la matière et également modifier les propriétés physiques de certaines substances. De très nombreux laboratoires tentent, par exemple, d'obtenir de l'hydrogène à l'état métallique à très haute pression. Toutes ces expériences sont fondées, en fin de compte, sur le constat que de nombreux phénomènes physiques intervenant à haute pression vont résulter des modifications des propriétés électroniques des solides. La pression peut, en particulier, modifier le degré de localisation des électrons autour des atomes d'un solide et, par exemple, transformer un isolant électrique en un conducteur. C'est la délocalisation des électrons qui provoque l'apparition d'une forte conductivité électrique dans un solide soumis à une forte pression, car des électrons peuvent devenir itinérants et le solide acquiert les propriétés d'un métal : c'est la transition isolant-métal appelée « transition de Mott ». On a ainsi pu « métalliser » le xénon à l'état solide à une pression de 1,4 million d'atmosphères. Le silicium, qui est un métal à l'état liquide, alors qu'il est un semi-conducteur à l'état solide à pression atmosphérique, peut être transformé en un solide métallique à la pression de 120 000 atmosphères. L'iode, qui est une substance moléculaire dont les molécules sont constituées par deux atomes, passe à l'état métallique à la pression de 170 000 atmosphères, puis il devient un solide mono-atomique métallique à 210 000 atmosphères.

On peut aussi provoquer la transition inverse du métal vers une phase solide isolante en appliquant une pression élevée. Le désordre introduit par les impuretés dans le réseau cristallin, ou par des interactions fortes entre les électrons créées par la pression, peut être à l'origine de la disparition de l'état métallique. Une forte pression peut aussi conduire à une localisation des électrons qui étaient itinérants à pression ordinaire, et ainsi à la disparition de l'état métallique faute de l'existence d'électrons de conduction dans le solide.

La classification périodique des éléments, la table de Mendeleïev, est un excellent guide pour découvrir leurs propriétés et elle a une valeur « prédictive » assez remarquable, dont on n'a probablement pas encore exploité toutes les possibilités. On constate ainsi que sur les 92 éléments que l'on trouve dans la nature, 76 sont des métaux à la pression atmosphérique et l'on peut transformer d'autres éléments en métaux en appliquant une forte pression, c'est le cas du silicium par exemple. L'hydrogène, qui est le premier élément de la classification de Mendeleïev, est l'objet de toutes les attentions car il est le plus répandu dans l'univers, le constituant de nombreuses planètes, et ses propriétés à l'état solide sont remarquables. Les molécules du cristal d'hydrogène sont si légères qu'elles tournent librement dans le solide et elles interagissent peu entre elles. Le solide moléculaire d'hydrogène est un isolant parfait, mais ne peut-il pas être transformé en un métal lui aussi ? C'est une question qui a beaucoup agité les physiciens, certains d'entre eux avaient prévu, dès 1935, que l'hydrogène diatomique devrait se transformer en un solide monoatomique métallique à très haute pression. En fait, l'hydrogène a opposé une forte et longue résistance à sa « métallisation », et ce n'est que dans les années 1990 que l'on est parvenu à le transformer en métal. On a pu obtenir une telle transformation sur le solide en utilisant une enclume de diamant à une pression de l'ordre de 3 millions d'atmosphères, qui a transformé l'hydrogène solide en un métal douze fois plus dense que le cristal initial à pression atmosphérique ; on constate toutefois que, contrairement aux prévisions, l'hydrogène reste largement sous forme moléculaire. Une autre expérience, réalisée à l'aide de la technique du canon à gaz celle-là, a permis de travailler sur l'hydrogène liquide. À une température proche de 3 000 K et à la pression de 140 000 atmosphères, l'hydrogène liquide se transforme en une phase qui a les propriétés d'un métal. Le résultat est évidemment surprenant, mais il s'explique par une transformation progressive de l'hydrogène moléculaire en hydrogène atomique. Les molécules à ces pressions sont si proches les unes des autres que leurs nuages électroniques se recouvrent partiellement ; des électrons passent librement d'un atome à l'autre. Par ailleurs, les collisions, plus fréquentes entre molécules, provoquent des dissociations permanentes de certaines d'entre elles en atomes, des électrons sont dispersés au cours de ces chocs et ils se délocalisent en devenant itinérants, le liquide acquiert la conductivité électrique d'un métal.

On voit tout de suite l'intérêt des astrophysiciens pour ce résultat : ils ont à portée de laboratoire un modèle expliquant les propriétés de certaines planètes. Retournons en effet sur Jupiter et Saturne, les deux planètes géantes du système solaire constituées d'une masse de gaz : en majeure partie de l'hydrogène et de l'hélium mélangés à de l'ammoniac, du gaz carbonique et quelques autres espèces moléculaires. L'intérieur de Jupiter est principalement constitué d'hydrogène à l'état liquide qui se transforme progressivement, comme l'ont montré les expériences réalisées en laboratoire, en une phase métallique à une profondeur de 7 000 km de la surface. L'hydrogène métallique est à l'origine du champ magnétique de la planète, engendré par l'effet géodynamo ; comme il est relativement abondant au centre de Jupiter, cela expliquerait que le champ magnétique à la surface de cette planète soit dix fois plus intense que celui de la Terre dont le noyau central de fer liquide est beaucoup plus concentré.

La pression n'a pas seulement pour effet de transformer certaines substances isolantes ou semi-conductrices en métaux, elle peut aussi modifier de façon beaucoup plus draconienne leurs propriétés électriques en les transformant en supraconducteurs. L'expérience a été réalisée sur le soufre qui est un isolant à pression ordinaire : à la pression de 900 000 atmosphères, il se transforme en un métal supraconducteur. La température de la transition dans l'état supraconducteur reste relativement basse, elle est de 14 K, mais elle croît encore avec la pression. De même a-t-on pu élever très notablement la température de la transition supraconductrice des céramiques à base d'oxydes de cuivre qui sont des nouveaux supraconducteurs : dans un composé avec du mercure, on est passé d'une température de transition de 135 K à 164 K à la pression de 300 000 atmosphères, ce qui correspond à la température de transition la plus élevée qui ait été observée. Les physiciens n'ont pas non plus abandonné l'espoir d'obtenir de l'hydrogène métallique solide à l'état supraconducteur. Cette découverte ne serait vraiment intéressante que si ce nouvel hydrogène restait stable, ou métastable, à pression et à température ambiantes comme l'est le diamant produit à partir du carbone à haute pression. Cela ne serait possible que si l'on parvenait à stabiliser les atomes ou les molécules d'hydrogène dans leur matrice solide, pour éviter que les forces de répulsion existant dans le milieu ne les dispersent complètement ; des additifs formant des composés avec l'hydrogène permettraient peut-être d'éviter ce phénomène. Pour l'heure, on en est encore au stade des spéculations.

Il est possible que l'utilisation des techniques laser pour produire des très hautes pressions par onde de choc nous apporte à l'avenir quelques surprises en permettant de mettre en évidence de nouveaux états de la matière obtenus par transformation des propriétés de solides ou de liquides. Avec les méthodes aujourd'hui classiques pour obtenir des hautes pressions, on est déjà parvenu à synthétiser des composés moléculaires nouveaux, inimaginables à la pression ordinaire, tels que des molécules composées d'atomes de gaz rare (argon, néon), d'hydrogène ou d'azote. Cette chimie, à haute pression, ouvre peut-être, elle aussi, de nouvelles pistes à la recherche.

Les nouveaux états quantiques de la matière

Les lasers sont devenus des objets de notre vie quotidienne, on les trouve dans la main d'une caissière de supermarché qui lit le code barres sur une boîte de conserve, mais aussi cachés dans le coffret qui contient un lecteur de disques CD, ou encore dans un système de télécommunications à fibres optiques. Ces lasers ont la propriété remarquable d'envoyer un fin rayon lumineux à une très grande distance sans qu'il perde sa cohérence. La lumière émise par le laser est monochromatique : sa fréquence, ou sa longueur d'onde, est bien déterminée. En physique quantique, on dit que les particules de lumière émises par le laser, les photons, ont tous la même énergie et sont en phase[1]. Il n'y a aucune limite à l'intensité du faisceau lumineux si ce n'est, bien sûr, la capacité du réseau électrique à alimenter le laser en énergie. Si l'on compare le faisceau de photons émis par un laser au jet d'atomes produit, par exemple, par un filament de métal fortement chauffé, on constatera qu'il est impossible, en principe, d'obtenir l'équivalent d'un laser avec ce jet atomique : les atomes auront tous des vitesses et donc des énergies différentes, et on ne pourra pas obtenir une émission cohérente. De même, dans une goutte d'eau microscopique, si toutes les molécules sont

---

1. La fréquence v est liée à l'énergie E, par la relation de Planck $E = hv$. Les photons sont des « quasi-particules » dont la masse est nulle.

condensées sous un petit volume, elles sont toutefois animées d'un mouvement brownien et elles possèdent toutes des vitesses instantanées différentes ; elles interagissent d'ailleurs fortement entre elles par collision. Toutefois, il n'est pas illégitime d'espérer condenser de la matière dans un état où les particules, des atomes par exemple, auraient strictement la même énergie comme les photons d'un laser. Revenons, un instant, aux considérations de physique statistique que nous avons développées dans le chapitre 3 pour expliquer le phénomène de superfluidité de l'hélium : il existe deux types de particules dont les propriétés statistiques sont très différentes, les bosons et les fermions. Les bosons ne sont soumis à aucune règle d'exclusion : on peut les entasser sans limitation de nombre dans le même état d'énergie. Les photons sont ainsi des bosons, ce qui explique qu'il n'existe pas de limitation à l'énergie d'une onde laser ; les atomes qui comportent un nombre pair d'électrons et de nucléons (de protons et neutrons) sont aussi des bosons[1]. Quant aux fermions, ils constituent une famille de particules obéissant au principe d'exclusion de Pauli : on ne peut pas trouver plus d'une particule dans un même état quantique. Les électrons, les protons, les neutrons, ainsi que les atomes constitués d'un nombre impair de nucléons et d'électrons appartiennent à la famille des fermions.

Ces caractéristiques statistiques ont des conséquences physiques très importantes qu'Albert Einstein avait anticipées en 1925. Celui-ci avait en effet prévu que si l'on refroidissait au-dessous d'une température critique un gaz d'atomes « bosoniques », une fraction importante et croissante de ces atomes allait se « condenser » dans l'état quantique fondamental correspondant à l'énergie la plus basse : c'est le phénomène de condensation de Bose-Einstein. À la température de transition, les atomes subissent ce que l'on peut appeler une transition de phase quantique, ils forment un nouvel état, le condensat de Bose-Einstein, qui est un nuage cohérent d'atomes qui se trouvent tous dans le même état quantique, avec la même énergie. L'observation de cette transition se heurte à un obstacle de taille : les interactions qui existent entre les atomes vont provoquer la condensation « classique » du gaz, sous forme d'un

---

1. Un atome comme le lithium 7, dont le numéro atomique est 3 (il possède trois électrons) et dont le noyau est constitué de 7 nucléons (3 protons et 4 neutrons), est donc un boson puisqu'il est formé de dix particules.

liquide ou d'un solide ordinaires. On a longtemps cru qu'il était matériellement impossible d'observer la formation d'un condensat de Bose-Einstein, la seule exception étant le phénomène de la transition superfluide dans l'hélium liquide. Ce liquide, en effet, subit une transition de phase (à la température de 2,17 K pour l'hélium 4) que l'on interprète comme une condensation de Bose-Einstein : les atomes occupent le niveau d'énergie le plus bas et le liquide s'écoule sans frottement, donc sans perte d'énergie, dans un tube capillaire, il est devenu superfluide. La seule stratégie envisageable pour réaliser expérimentalement la condensation de Bose-Einstein consistait donc, à partir d'un gaz atomique très dilué, de tenter de le refroidir très rapidement pour éviter la formation de molécules ou d'agrégats par collision. Les techniques de refroidissement de nuages atomiques n'ont été développées qu'au cours des années 1980 et ce n'est, finalement, qu'en 1995 que la première expérience de production et d'observation d'un condensat de Bose-Einstein fut réussie. L'expérience fut réalisée par une équipe de physiciens américains du National Institute of Standards and Technology et de l'université du Colorado à Boulder, sur une vapeur d'atomes de rubidium 87, à la température de 170 nanokelvins (soit 170 milliardièmes de degré). Le condensat obtenu était formé de dix millions d'atomes et il put conserver sa cohérence pendant quinze secondes.

Le paradoxe, en apparence du moins, est que la technique de refroidissement des atomes, qui est la clé du succès, n'utilise aucun moyen cryogénique. Elle est fondée essentiellement sur l'utilisation de lasers et son principe relativement simple est, lui, fondé sur l'idée suivante : un atome à température ordinaire parcourt le récipient qui le contient en tout sens, à la vitesse de quelques milliers de km à l'heure ; il suffit de le bombarder avec les photons d'une onde lumineuse pour le ralentir ; l'atome est immobilisé tel un boxeur groggy à force de recevoir des coups de poing (cf. figure 7.2). Le ralentissement des atomes abaisse immédiatement leur énergie cinétique et donc leur température. On a donc, du moins sur le papier, la possibilité de refroidir un nuage atomique par une méthode optique. C'est cette méthode qui a été développée en parallèle par trois équipes de chercheurs, celle du Français Claude Cohen Tannoudji, à l'École normale supérieure à Paris, et des Américains Steven Chu et William C. Philipps, travaillant respectivement aux Bell Laborato-

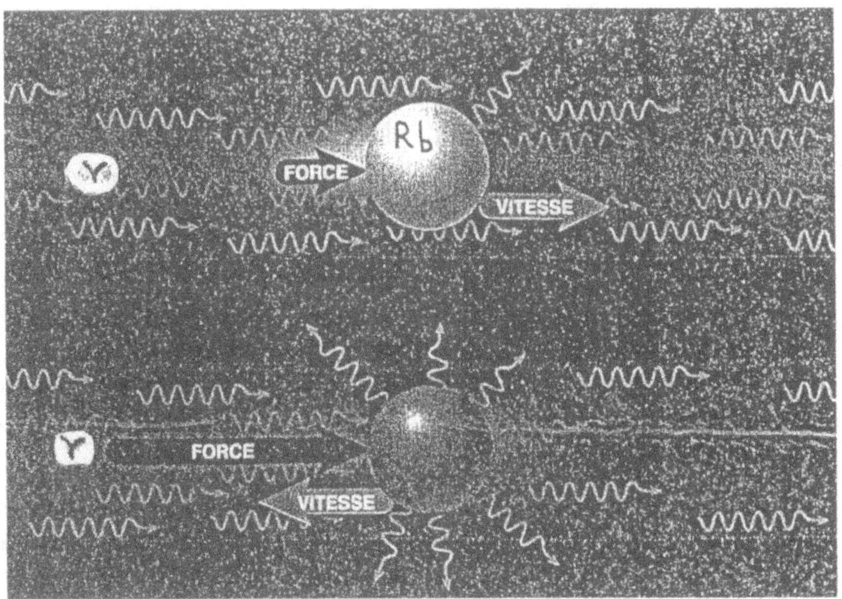

Figure 7.2. Refroidissement d'atomes pour produire un condensat de Bose-Einstein

Les photons d'un laser exercent une force, dite « pression de radiation », sur les atomes d'un gaz (par exemple du rubidium Rb). Un atome dont la vitesse est opposée à la direction de propagation de la lumière du laser absorbe des photons de fréquence supérieure à celle des photons absorbés par les atomes qui se déplacent dans le sens du faisceau. On ajuste la fréquence υ du laser de façon à ce que les atomes se déplaçant dans le sens opposé au faisceau absorbent plus de photons que les autres. La vitesse des atomes du gaz finit par diminuer et, perdant de l'énergie cinétique, ils se refroidissent.

ries et au National Institute of Standards and Technology aux USA. Ils se sont vu attribuer tous les trois le prix Nobel de physique, en 1997, pour leurs travaux. Pour réaliser un condensat de matière, on introduit une petite quantité d'atomes (une dizaine de millions), de rubidium gazeux par exemple, dans une cellule où l'on a fait un vide très poussé et que l'on éclaire par six faisceaux laser qui convergent en son centre. Comme il n'est pas nécessaire d'utiliser une forte intensité lumineuse, il suffit de se servir de diodes laser semblables à celles des lecteurs de disques compacts. La longueur d'onde des lasers est accordée de façon à correspondre à une résonance des atomes de rubidium : ils peuvent absorber et réémettre les photons de faisceaux lumineux. À chaque absorption d'un photon, un atome recule dans la direction opposée à celle du faisceau incident. On parvient ainsi à refroidir le gaz en forçant ses atomes à absorber des photons dont la direction est opposée à leur vitesse qui diminue progressivement : l'énergie des atomes est abaissée ainsi que leur température. La lumière des lasers ne provoque pas seulement le refroidissement des atomes, elle les piège au centre de la cellule, les maintenant ainsi isolés des parois qui sont, elles, à température ambiante. Un petit champ magnétique permet de modifier la fréquence de résonance des atomes afin qu'ils absorbent préférentiellement les photons qui se propagent vers le centre de la cellule. Tout se passe comme si une pression de radiation concentrait tous les atomes dans un piège lumineux à une température de 40 microkelvins (40 millionièmes de degré au-dessus du zéro absolu). Cette température n'est pas encore suffisamment basse et il faut appeler à la rescousse une technique magnétique. On éteint alors les lasers, et on met les atomes en présence d'un petit champ magnétique hétérogène : les atomes se comportent comme des petits aimants qui sont soumis à une force de la part du champ. En ajustant la forme et l'intensité de ce champ, on parvient à maintenir les atomes piégés dans un tout petit espace dont seuls ceux qui ont une énergie et une vitesse suffisamment grandes peuvent s'échapper. Le piège magnétique que l'on a ainsi réalisé fonctionne comme une trappe qui sélectionne les atomes de rubidium : seuls les atomes de vitesse faible, et donc les plus froids, restent dans le piège, tels des grains de popcorn qui sautillent dans un récipient sur un stand de fête foraine. On a réalisé un refroidissement par évaporation partielle du nuage atomique dont la température est abaissée progressivement jusqu'à une température de 100 milliardièmes de kelvin. À cette température, on a réalisé un condensat de Bose-Einstein.

Comment est-on certain d'avoir réalisé un condensat de Bose-Einstein à la suite de ces multiples manipulations des atomes ? Pour vérifier que l'objectif a bien été atteint, on va réaliser l'équivalent d'une photographie du nuage atomique. Celui-ci, lorsqu'il se trouve au fond du piège magnétique, est minuscule, et pour le rendre plus visible, on coupe les champs magnétiques qui confinent les atomes et ceux-ci vont donc se disperser dans toutes les directions de l'espace ; on les éclaire alors avec une impulsion laser qui va projeter l'ombre du nuage sur les détecteurs d'une caméra vidéo. Cette image, représentée sur la figure 7.3, qui est la silhouette du nuage, nous indique, lorsqu'elle est analysée, la répartition des vitesses des

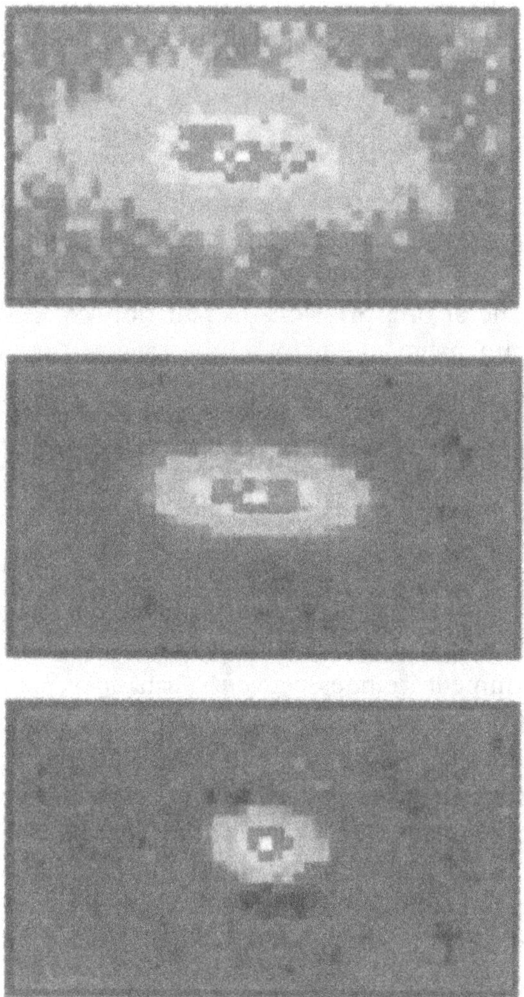

Figure 7.3. Condensat de Bose-Einstein

Les atomes d'un gaz, du rubidium ou du lithium par exemple, ralentis par un faisceau laser, sont piégés à basse température dans un petit champ magnétique. Pour les observer, on coupe ce champ magnétique, ce qui va leur permettre de se disperser dans toutes les directions, et on les éclaire par une impulsion laser : les atomes diffusent la lumière produisant une ombre sur une caméra vidéo. La forme de cette ombre donne une indication de la répartition des atomes dans le nuage. On a représenté ici trois formes de condensats obtenues pour des valeurs différentes du champ magnétique. La partie centrale de la figure correspond aux atomes dont la vitesse est la plus faible, ils sont quasi immobiles.

Extrait de *Physics Today*, août 2000, p. 17.

© American Institute of Physics.

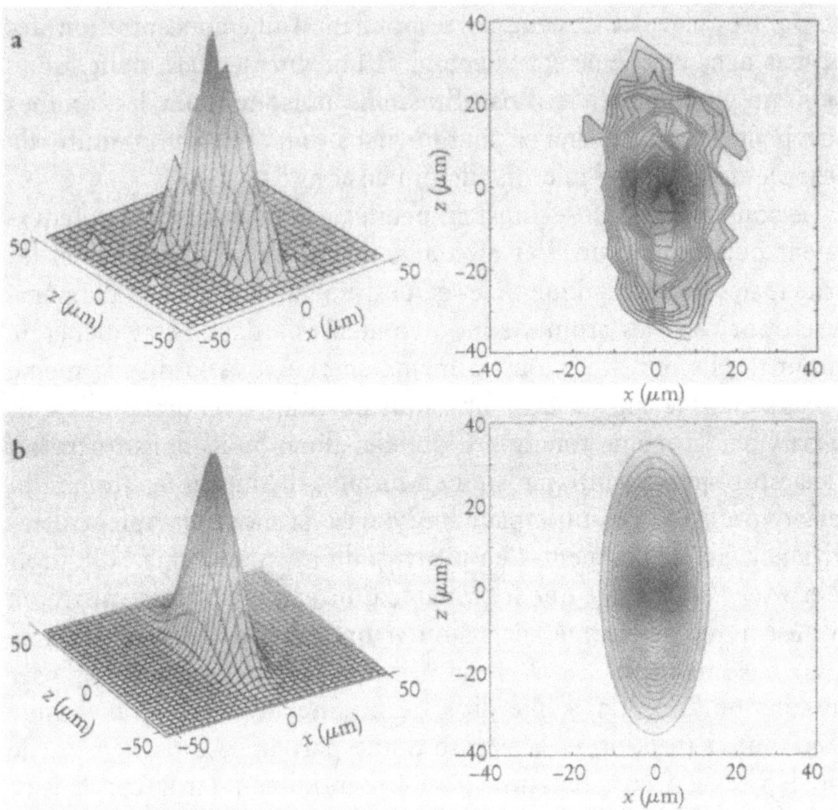

Figure 7.3 *bis*. Profils de vitesse d'un condensat

On représente ici les profils de vitesse des atomes d'un condensat de Bose-Einstein observés soixante millisecondes après interruption du champ magnétique de piégeage. Ce profil établi à partir de l'analyse de l'ombre du nuage (de la figure 7.3 par exemple) a la forme d'une surface dont l'élévation est d'autant plus grande que la densité des atomes est élevée et leur vitesse faible. Le pic correspond à la tache centrale de la figure 7.3. Les atomes condensés ont la vitesse la plus faible et ils restent piégés au centre du nuage. La partie b de la figure correspond à une prédiction théorique de l'évolution du nuage.
Extrait de *Physic Today*, décembre 1999, p. 39.
© American Institute of Physics.

atomes en son sein et donc sa température Lorsque celle-ci a atteint la centaine de nanokelvins, on constate que l'on a au centre de l'image un groupe d'atomes qui restent piégés avec une vitesse quasi nulle et qui ont donc tous la même énergie. En langage statistique, on peut dire que la fonction de distribution de leur vitesse possède un pic très élevé et très fin, correspondant à une concentration des atomes dans un même état d'énergie à une vitesse quasi nulle. On a bien un condensat de Bose-Einstein, puisque tous les atomes occupent le même état d'énergie dans une fraction réduite de l'espace de quelques microns de dimensions.

Le condensat de Bose-Einstein peut être considéré comme l'équivalent quantique d'un nouvel état de la matière. Présentons-en les principales caractéristiques. Cet état est un gaz à très basse température dont tous les atomes sont « condensés » dans l'état d'énergie minimale, ils ont donc tous la même énergie, c'est-à-dire la même vitesse. Dans le langage de la physique quantique, on dira qu'ils sont décrits par la même fonction d'onde et donc qu'ils constituent un « macro-objet » quantique : on ne peut plus distinguer les atomes du nuage localisés dans un espace limité avec la même énergie, collectivement ils constituent l'équivalent d'un superatome. On doit remarquer au passage que le principe d'incertitude d'Heisenberg de la mécanique quantique vient ajouter un zeste de désordre dans ce beau raisonnement. En effet, ce principe, qui fait beaucoup gloser certains philosophes, « interdit » de mesurer avec une très grande précision la position et la vitesse d'une particule ; autrement dit le pic de vitesse du condensat ne peut être infiniment étroit car dans ce cas on aurait alors des atomes localisés au même point avec une vitesse strictement nulle et il est impossible d'avoir simultanément ces deux informations. Cette considération ne modifie pas fondamentalement la réalité expérimentale. On doit aussi remarquer que le condensat de Bose-Einstein n'est pas strictement l'équivalent du flux de photons monochromatiques et cohérents d'un faisceau laser. En effet, les atomes du condensat sont en interaction faible et forment quasiment un gaz parfait, ce qui n'est pas le cas des photons d'un même faisceau. Ces interactions sont toutefois de caractère répulsif, ce qui évite que le gaz atomique ne soit instable. Plus cette interaction sera faible, plus le condensat se comportera comme les photons d'un laser et, à la limite, on obtiendrait un laser atomique. Notons au passage que, si l'on a interprété la superfluidité de l'hélium liquide comme un phénomène de condensation de Bose-

Einstein, l'interaction des atomes d'hélium dans le liquide demeure relativement importante. En 2001, deux équipes françaises d'Orsay et de l'École normale ont annoncé qu'elles avaient pu réaliser des condensats avec un gaz d'atome d'hélium dans un état d'énergie excité. Il est donc possible aussi de fabriquer des condensats métastables dotés d'une grande énergie interne[1].

Une fois la première expérience réalisée sur le rubidium, des condensats de sodium, de lithium et d'hydrogène furent fabriqués avec le même type de techniques. La liste des atomes susceptibles d'être condensés s'est allongée ces toutes dernières années pour inclure le potassium, le césium, et des travaux sont en cours sur une très grande variété d'atomes, avec les gaz rares comme l'hélium et le néon, et des métaux comme le chrome. Avec de l'hydrogène, on a pu réaliser un condensat sur un milliard d'atomes.

Les condensats de Bose-Einstein sont-ils destinés à demeurer des curiosités de laboratoire, résultats d'une magnifique performance expérimentale ? Rien n'est moins certain et il n'est pas impossible qu'ils connaissent l'aventure scientifique et technologique des lasers qui, au moment de leur découverte, au début des années 1960, étaient considérés ironiquement comme une « solution technique à la recherche d'un problème ». Trente ans après, on trouvait des lasers dans tous les supermarchés. Les physiciens ont donc l'idée d'utiliser cet état de la matière qu'est un condensat de Bose-Einstein pour réaliser des sources de matière froide et mono-énergétique qui seraient l'équivalent des lasers utilisés en optique. Ces sources pourraient d'abord être utilisées en spectroscopie de précision, car les atomes du condensat ayant une vitesse quasi nulle, ils ne subissent pratiquement pas d'effet Doppler qui modifie la fréquence d'une onde acoustique ou optique entrant en collision avec un objet en mouvement, leur spectre optique lorsqu'ils absorbent de la lumière est donc parfait[2]. On a déjà mis en œuvre cette technique pour améliorer la précision des horloges atomiques. Celles-ci sont des

---

1. Dans chacun des atomes d'hélium l'un des deux électrons a été porté dans un état d'énergie excité par une décharge électrique. Les atomes d'hélium se trouvent collectivement dans un état métastable avec une énergie très élevée qui pourrait être libérée brutalement par collision.

2. L'effet Doppler provoque un déplacement de la fréquence d'une onde rencontrant un objet en mouvement qui est proportionnel à sa vitesse. C'est un principe qui est utilisé dans les

étalons de temps, qui sont calés sur la fréquence d'une raie spectrale d'atomes de césium. On peut affiner cette raie et obtenir une meilleure précision dans la mesure du temps en utilisant un condensat de Bose-Einstein de vapeur de césium.

Pour l'instant, les possibilités d'application de futurs lasers atomiques restent spéculatives. On peut envisager d'abord d'élargir la gamme des condensats en produisant la condensation de molécules ; c'est une opération relativement compliquée car celles-ci possèdent des degrés de liberté interne, de vibration et de rotation qui contribuent à l'énergie. Il faut donc réduire à zéro ces mouvements. On est cependant en voie d'y parvenir, ce qui laisse entrevoir la possibilité de réaliser des lasers moléculaires. À plus ou moins long terme, l'objectif consisterait à réaliser avec la matière d'un condensat de Bose-Einstein des opérations que l'on sait faire en optique avec l'onde lumineuse d'un laser. Les analogies entre le condensat (une onde de matière) et les photons sont nombreuses : leur longueur d'onde est bien définie (quelques dizaines de microns dans le cas du condensat), on peut les focaliser et réaliser des interférences, soit entre photons lumineux, soit entre ondes de matière. On a montré aussi récemment, en 1999, qu'il est possible d'amplifier une onde de matière, tout comme le faisceau de photons d'un laser[1]. La seule différence entre ces deux types d'ondes est qu'il n'existe pas encore l'équivalent matériel du verre optique pour les futurs lasers atomiques, la transposition des techniques optiques reste donc à inventer. Si cet obstacle est franchi, on pourra alors envisager d'appliquer la technologie des lasers atomiques ou moléculaires à la lithographie mise en œuvre dans la fabrication des composants électroniques, en utilisant des condensats d'atomes ou de molécules comme projectiles pour réaliser l'équivalent de la gravure. Avec les condensats de Bose-Einstein, c'est un nouveau chapitre de la physique de la matière à très basse température qui s'ouvre, avec des perspectives que l'on commence tout juste à entrevoir.

---

radars de la police, auxquels celle-ci recourt sur les routes pour détecter les excès de vitesse des automobilistes.

1. Le terme « laser » est un acronyme qui signifie *light amplification by stimulated emission of radiation* (« amplification de lumière par émission stimulée de radiation »). L'amplification est indispensable pour obtenir un faisceau laser.

Ce n'est pas tant dans la vérification par une expérience en laboratoire d'une prévision théorique d'Einstein, datant de 1925, que réside l'exploit scientifique qu'est la production d'un condensat de Bose-Einstein, mais bien davantage dans le fait que l'on ait fabriqué sur commande un nouvel état de la matière aux propriétés largement inconnues. Cela n'a été possible que grâce à l'effort continu, poursuivi pendant plusieurs décennies, pour comprendre et contrôler le comportement et l'interaction de la matière et du rayonnement.

CHAPITRE 8

Autant en emporte le vent !
Les états de la matière dans les grands systèmes techniques et naturels

Lorsque, en août 1992, le cyclone Andrew, qui avait pris naissance à l'est des Bahamas, atteignit le sud de la Floride, il dévasta en quelques dizaines de minutes une bande de territoire de quelques kilomètres de large en faisant une vingtaine de victimes ; il pénétra ensuite dans le golfe du Mexique où il regagna une énergie qui lui permit de se diriger vers le nord-ouest des États-Unis, provoquant des dégâts importants en Louisiane. Andrew fut l'un des ouragans les plus virulents de la décennie dans la région, et il causa des dommages estimés à l'époque à près de trente milliards de dollars. L'un de ces prédécesseurs, plus violent encore, Camille, avait fait deux cent cinquante-six victimes aux États-Unis en 1969 et, plus récemment, en 1998, le passage du cyclone Mitch, en Amérique centrale, a probablement fait plusieurs milliers de victimes.

Andrew, Camille et Mitch ne sont que quelques-uns des membres de la sinistre famille d'événements météorologiques que sont les nombreuses et violentes tempêtes qui surviennent périodiquement dans les régions tropicales, telles que les Caraïbes et le golfe du Bengale, et qui ravagent tout sur leur passage. Ces ouragans, que l'on appelle aussi « cyclones », sont des tourbillons atmosphériques qui puisent leur énergie dans les eaux chaudes de surface des océans tropicaux en été : ils se comportent comme de véritables moteurs thermiques utilisant la vapeur d'eau pompée dans l'océan et la condensant dans la haute atmosphère. Les transformations d'état de la matière, la vaporisation et la condensation, jouent donc un rôle essentiel dans ce phénomène naturel violent qu'est un cyclone, et qu'il est utile de comprendre pour pouvoir le prévoir.

La compréhension des états de la matière n'est pas seulement un enjeu à l'échelle des objets que nous côtoyons dans la vie courante, qu'il s'agisse des transistors d'un dispositif électronique ou des cubes de glace dans un frigidaire. Les propriétés des états de la matière conditionnent aussi le comportement de grands systèmes naturels et techniques, tels que l'atmosphère ou la machine thermique d'une centrale électrique. Ceux-ci sont, en effet, le siège de changements d'état qui jouent un rôle clé dans leur mode de fonctionnement : la vaporisation de l'eau à la surface d'un océan ou dans un générateur de vapeur est à l'origine de la puissance motrice d'un cyclone et d'un réacteur nucléaire. C'est à cette interface entre les états de la matière et les grands systèmes techniques et naturels qu'est consacré ce chapitre.

La puissance motrice de la matière

Au XVIIIe siècle, l'invention de la machine à vapeur, le premier grand système technique des temps modernes, avait été le point de départ d'un vaste mouvement de travaux expérimentaux et théoriques qui allaient profondément modifier les conceptions sur les états de la matière et leurs transformations. En effet, un changement d'état de l'eau, sa vaporisation, était le phénomène à la base même de la « puissance motrice du feu », pour reprendre le titre du livre de Sadi Carnot qui, publié en 1824, fut l'ouvrage fondateur de la thermodynamique ou de la « théorie de la chaleur », comme on le disait à l'époque[1]. Les centrales thermiques, les turbines, les installations pétrolières (un puits de pétrole, une raffinerie) sont des exemples parmi d'autres de grands systèmes techniques qui mettent en œuvre des changements d'état et, le plus souvent, la vaporisation d'un liquide ou la condensation d'un gaz. Dans un moteur thermique, le travail mécanique est obtenu, par exemple, par la détente de la vapeur d'eau produite dans un générateur de vapeur ou par celle d'un gaz résultant de la vaporisation d'un carburant, puis de sa combustion. Dans un puits de pétrole sur un gisement pétrolier, si

---

1. Son titre complet est le suivant : *Réflexions sur la puissance motrice du feu et les machines propres à développer cette puissance.*

les conditions thermodynamiques (pression, température) s'y prêtent, on peut observer une transition liquide/gaz au sein du mélange complexe d'hydrocarbures, contenant souvent de l'eau, lorsque celui-ci remonte à la surface. Le changement de phase est, dans ce cas, un inconvénient grave qui peut perturber très sérieusement l'exploitation du gisement s'il se forme dans le puits un « bouchon » diphasique qui est un obstacle à la remontée du pétrole[1].

Si le fonctionnement du moteur thermique classique, celui qui équipe les véhicules automobiles, est à peu près bien compris, certains enjeux techniques subsistent toutefois. Le plus important d'entre eux concerne essentiellement les mécanismes de combustion du mélange constitué par l'air et le carburant vaporisé à l'intérieur de la chambre du cylindre. Ce sont eux, en effet, qui conditionnent la température de fonctionnement du moteur et la production des gaz de combustion, en particulier les oxydes d'azote qui sont des polluants atmosphériques pernicieux. La physique des états de la matière est mise à contribution par les motoristes, que ceux-ci s'intéressent aux moteurs d'automobile ou de fusée, ou aux turbines à gaz, pour mieux comprendre les mécanismes de vaporisation des gouttelettes de carburant introduites par un injecteur dans la chambre de combustion. C'est ainsi que la Ratp a expérimenté sur trois lignes d'autobus à Paris des carburants pour moteur diesel qui sont des émulsions d'eau dans le gazole, stabilisées par un composé tensio-actif (un détergent en quelque sorte). Ceux-ci auraient l'avantage de diminuer les émissions de polluants produits par la combustion lors de la vaporisation des gouttes de carburant. C'est donc la microphysique de la matière qui peut fournir quelques clés pour améliorer le fonctionnement des moteurs à combustion interne. Une autre perspective consisterait à améliorer le rendement du moteur en le faisant fonctionner à des températures plus élevées. Le grand mérite de Carnot est, en effet, d'avoir montré qu'en élevant la température du fluide moteur (et donc celle de la source chaude de la machine à vapeur), on améliore le rendement d'une machine thermique. Tout le problème consiste donc à trouver des matériaux qui permettent le fonctionnement à haute température de systèmes comme des moteurs d'avion ou des turbines à gaz, certaines céra-

---

1. Un système diphasique est un mélange de deux phases, par exemple un liquide et un gaz.

miques sont déjà utilisées dans des revêtements de cylindres car elles résistent aux chocs thermiques provoqués par les variations importantes de température.

Les problèmes de thermique associés au changement d'état liquide/vapeur ont une tout autre dimension dans un réacteur nucléaire car ils mettent en jeu des systèmes de très grande taille où les questions de sûreté de fonctionnement sont cruciales. Il existe plusieurs types de centrales nucléaires, mais c'est la filière des réacteurs à eau chaude et sous pression ou PWR[1] qui s'est imposée, en France et aux États-Unis notamment. Elle dérive d'un des deux concepts développés aux États-Unis, il y a près de cinquante ans, pour les réacteurs équipant les sous-marins de l'US Navy lanceurs de missiles à têtes nucléaires, et en particulier le premier d'entre eux, le *Nautilus*. Dans les centrales nucléaires françaises du type PWR, dont le schéma de fonctionnement est représenté sur la figure 8.1., l'eau circule sous forme liquide dans le circuit dit « primaire » à très haute pression (155 bars) et à température élevée (320 °C environ), et elle évacue la chaleur dégagée dans le cœur du réacteur par la fission du combustible nucléaire. Les calories de cette eau chaude sont ensuite cédées à un autre fluide dans un circuit secondaire; puis celle-ci est vaporisée dans un générateur qui alimente en vapeur les turbines de la centrale. Une variante de cette filière est celle des réacteurs à eau bouillante inventés par General Electric aux USA et qui est aussi en service dans ce pays : on laisse bouillir l'eau qui circule au voisinage du cœur, ce qui permet de limiter sa pression à 70 bars, la vapeur produite est séchée et alimente directement la turbine. On se passe donc de générateur de vapeur mais les produits d'activation, liés en partie à la corrosion dans les tuyauteries, peuvent atteindre la turbine. Dans les réacteurs de cette filière à eau bouillante, il faut à tout prix éviter une « crise d'ébullition » qui, à la suite d'un incident technique, provoquerait une vaporisation d'une grande partie de la masse d'eau chaude et assécherait partiellement ou totalement les barres contenant le combustible nucléaire. Les ingénieurs du nucléaire disent souvent qu'un réacteur à eau pressurisée est une physique simple avec une mécanique complexe, alors qu'en revanche un réacteur à eau bouillante est une physique complexe

---

1. PWR : *pressurized water reactors,* ou REP : réacteurs à eau sous pression.

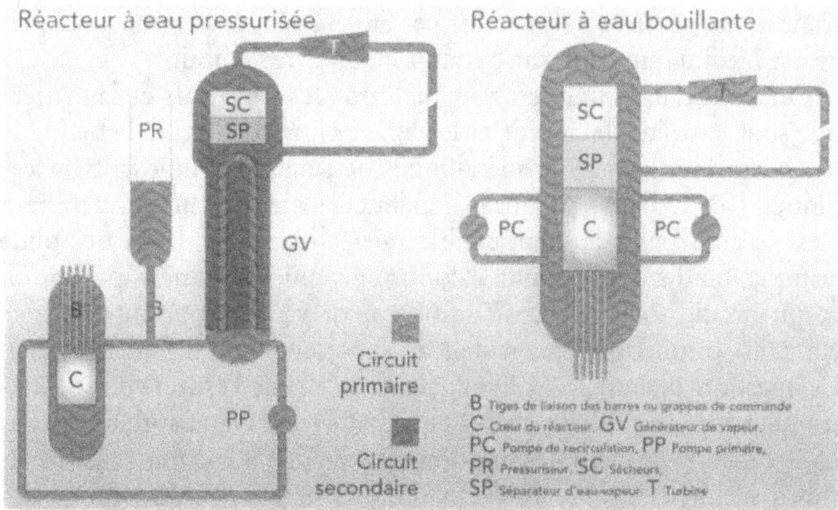

Figure 8.1. Schéma de réacteurs nucléaires

On a représenté les deux types de réacteurs équipant une centrale électro-nucléaire. Le premier (partie gauche de la figure) correspond à la filière de réacteurs à eau pressurisée : l'eau circule à très haute pression et à haute température dans un circuit primaire et évacue la chaleur produite par la fission dans le cœur du réacteur qui est cédée à un circuit secondaire dans le générateur de vapeur. C'est la filière choisie pour les centrales nucléaires françaises. Dans les réacteurs à eau bouillante (partie droite de la figure), on laisse bouillir l'eau au contact des éléments combustibles. La vapeur obtenue est directement envoyée dans la turbine, on peut donc limiter sa pression et se passer d'un générateur de vapeur (schémas d'après CEA).

mais avec une mécanique simple. Le nucléaire est, on peut dire, un mariage de la physique de la fission et des états de la matière avec la mécanique des pompes et des tuyauteries que l'on souhaite le plus harmonieux possible. En dépit de certaines contestations politiques, et de la crise que fut l'accident gravissime de Tchernobyl en Ukraine, ce mariage a dépassé ses noces d'or. Les techniciens du nucléaire ont aussi imaginé une filière ayant un meilleur rendement énergétique car elle permettrait de régénérer *in situ* une partie du matériau fissile en fonctionnant avec des neutrons plus rapides que les réacteurs « classiques ». Ces réacteurs, appelés « surgénérateurs », mettent en jeu un fluide caloporteur qui ralentit moins les neutrons que l'eau, et c'est le sodium liquide qui a été choisi. La manipulation du sodium liquide est toujours délicate et le prototype français de centrale surgénératrice, Superphénix, a connu quelques avatars techniques qui ont conduit à son arrêt définitif.

On trouve, dans une centrale nucléaire, les trois états de la matière que sont le solide, le liquide et le gaz. Si on laisse de côté le béton de la structure et les parties métalliques de tous les composants mécaniques (tuyauteries, pompes, générateurs de vapeur et turbines), c'est le cœur avec le combustible nucléaire qui est la partie solide critique, tandis que le fluide caloporteur, qui subit une vaporisation et qui circule donc à l'état de liquide ou de vapeur, joue aussi un rôle clé dans le fonctionnement délicat du réacteur qu'il faut maîtriser. La question essentielle est bien, en effet, celle de la sûreté de ce fonctionnement afin d'éviter des accidents. Les concepteurs et les constructeurs de centrales ont donc été amenés à imaginer des scénarios d'accidents afin de les éviter ou, s'ils survenaient, de trouver les parades pour les maîtriser. Comme on l'a vu, l'accident de la centrale de Three Mile Island, survenu aux États-Unis en 1979, a montré que les opérateurs doivent être préparés à réagir rapidement et efficacement, ces scénarios ne sont donc pas totalement théoriques. Le premier scénario, totalement catastrophique, est celui que les Américains appellent le « syndrome chinois[1] ». Dans ce scénario, la réaction de fission n'étant plus maîtrisée par suite d'une rupture brutale du circuit de refroidissement, le cœur du réacteur avec le matériau fissile fondrait, en formant un mélange de matériaux non refroidis réagissant avec tous les solides qui se trouvent devant lui (béton, structures métalliques), les fondant ou les vaporisant. Tout le problème, dans cette situation, est de savoir comment confiner le cœur fondu dans la centrale et d'éviter la formation et l'accumulation massive, dans le reste de l'enceinte, de l'hydrogène formé par réduction de la vapeur d'eau au contact avec des métaux à haute température. Les autres scénarios d'accidents sont moins catastrophiques. L'un d'eux, pris en compte par les concepteurs de la filière PWR, est l'éventualité d'une dépressurisation du fluide. Si, pour une raison quelconque, une fuite d'eau se produisait, par une brèche, dans la canalisation du circuit primaire, la pression de l'eau chuterait brutalement, ce qui devrait provoquer une vaporisation du liquide et

---

1. Il est surnommé ainsi pour signifier qu'à la limite rien n'arrêterait le phénomène et qu'il pourrait avoir des conséquences jusqu'en Chine.

la formation dans les canalisations d'un mélange diphasique liquide-vapeur. Celui-ci constituerait un « bouchon » limitant le débit du fluide, ce serait alors une circonstance favorable car elle permettrait de réagir en injectant de l'eau par l'intermédiaire d'une installation de secours. Un scénario alternatif prend en compte le passage du liquide subissant la dépressurisation dans un état thermodynamique dit « métastable » où il est surchauffé : l'eau resterait à l'état liquide au lieu de se vaporiser et elle continuerait à s'écouler à travers la brèche. Ce scénario comporte le risque d'une vaporisation brutale du liquide surchauffé lorsqu'il atteint la limite de surchauffe et qui pourrait être de caractère explosif. C'est un phénomène de cette nature qui s'est vraisemblablement produit lors de l'accident de la centrale de Three Mile Island, couplé à une fusion partielle du cœur et qui n'a pas eu de suite.

L'avenir de l'énergie nucléaire dépend d'au moins deux facteurs techniques : la capacité à diminuer la probabilité d'occurrences d'accidents graves d'une part, la solution satisfaisante du problème du retraitement et du stockage des déchets d'autre part. La compréhension du comportement du fluide caloporteur à l'état liquide ou de vapeur est un chaînon très important pour la filière nucléaire. La thermodynamique et la mécanique des états de la matière sont au cœur des travaux sur la sûreté nucléaire.

Les plasmas et la maîtrise de la fusion thermonucléaire

Lorsque, en 1952, les Américains expérimentèrent dans le Pacifique la première bombe à hydrogène, construite sur la base des idées du physicien E. Teller, on eut alors la démonstration que la fusion thermonucléaire pouvait mettre en jeu une énergie considérable aux effets dévastateurs. La construction de cette bombe était une étape importante dans la course aux armements, mais elle amenait aussi les scientifiques et les ingénieurs à se poser une grande question : est-il possible de maîtriser l'énergie de fusion pour la mettre à la disposition de l'homme à des fins pacifiques ? Autrement dit, peut-on imaginer réaliser des réacteurs générateurs d'énergie en utilisant la fusion thermonucléaire ? Cette question reste encore ouverte cinquante ans après l'explosion de la première bombe H, alors que la première centrale nucléaire produisant de l'énergie à partir de la fission de l'uranium a été mise en route en URSS en 1954, à Obrinsk, près de Moscou, moins de dix ans après Hiroshima. Dans la course à la maîtrise de la fusion thermonucléaire, les prévisions trop optimistes des spécialistes ont souvent été démenties et les déceptions ont souvent été à la mesure des espoirs. Ainsi, en 1958, lorsque les atomistes britanniques annoncèrent qu'ils étaient parvenus à réaliser dans les laboratoires du centre de recherche de Harwell la fusion contrôlée des atomes de deutérium (un isotope de l'hydrogène) à l'aide d'une machine à confinement magnétique, dénommée Zêta, l'émotion fut considérable dans le monde. On croyait être parvenu rapidement au but, mais ces espoirs furent très vite déçus; en effet, quelques mois après cette annonce triomphaliste, l'autorité britannique de l'énergie nucléaire dut piteusement reconnaître que celle-ci était prématurée car les résultats de l'expérience avaient été mal interprétés par les chercheurs et qu'aucune réaction thermonucléaire n'avait été réalisée en laboratoire. Des progrès ont certes été accomplis depuis lors, mais le contrôle de l'énergie de fusion est toujours un objectif lointain pour les chercheurs. En fait, l'enjeu scientifique et technologique est considérable car il s'agit, ni plus ni moins, de maîtriser le comportement du quatrième état de la matière, le plasma, qui est congénitalement instable. La dimension internationale de cet enjeu mérite que l'on rouvre le dossier des plasmas.

Les plasmas, rappelons-le, sont des milieux ionisés équivalant à des gaz de particules électriquement chargées et qui n'existent, en général, qu'à très haute température. Ce sont les plasmas d'hydrogène qui intéressent particulièrement les spécialistes de la fusion thermonucléaire; fabriqués à partir des deux isotopes de l'hydrogène, le deutérium et le tritium, ils sont le matériau de base utilisé dans les prototypes de machines testées en laboratoire. Dans une bombe à hydrogène, le plasma est formé dans le tritium par l'onde de choc et de chaleur produite par l'explosion d'une bombe atomique qui sert, en quelque sorte, d'allumette pour la réaction de fusion qui, on le conçoit, est incontrôlée et incontrôlable.

Deux voies sont envisagées, aujourd'hui, pour construire des réacteurs produisant de l'énergie à partir de la fusion thermonucléaire contrôlée. La première est celle ouverte par la technique dite du « confinement magnétique ». Elle est mise en œuvre dans les machines Tokamak, dont les premières ont été construites par les Soviétiques et les Britanniques dans les années 1950. Celles-ci ont une forme torique et le plasma créé par un chauffage très violent y est confiné à l'intérieur de l'enceinte par un champ magnétique. L'Europe a construit le Tokamak qui est actuellement le plus puissant au monde, le Joint European Torus (JET)[1]. Celui-ci, qui est représenté sur la figure 7.1., utilise trois moyens de chauffage : un courant électrique très intense de plusieurs millions d'ampères passe dans le plasma et le chauffe par effet Joule comme un radiateur électrique ; l'injection d'atomes neutres qui communiquent leur énergie au plasma ; l'irradiation par des radiations hyperfréquence comme celles d'un four à micro-ondes. Les particules chargées du plasma décrivent des trajectoires incurvées par le champ magnétique, des petites hélices, qui les confinent pendant un certain temps dans l'enceinte torique, en évitant qu'elles n'entrent en collision avec ses parois. L'objectif est donc de pouvoir maintenir ce confinement pendant un temps suffisant avec un plasma relativement dense pour que les réactions de fusion thermonucléaire puissent s'y produire et s'entretenir toutes seules. La densité du plasma, le temps de confinement et la température qui doit atteindre plusieurs centaines de millions de degrés sont les trois paramètres physiques clés du problème. Lorsque l'énergie introduite dans le système pour le chauffer est exactement compensée par l'énergie produite par la fusion, on dit que l'on a atteint le *break even*. On atteint ensuite le domaine de l'ignition lorsque l'énergie de fusion compense les pertes d'énergie par chauffage et dissipation et que la réaction est auto-entretenue. Les différents prototypes de machines n'ont pas encore atteint le *break even*, car les processus perturbateurs existant dans le milieu, en particulier les instabilités hydrodynamiques dans le plasma, n'ont pas encore été maîtrisés.

La seconde technique utilisée est celle du confinement inertiel qui consiste, rappelons-le, à comprimer une microbille de deutérium et de tritium d'un diamètre de l'ordre du millimètre, par l'onde de choc produite par l'impulsion d'un faisceau laser très puissant. On peut espérer produire ainsi un échauffement suffisant pendant un temps

---

1. Cette machine a été construite à Culham, au Royaume-Uni, sous l'égide de l'Euratom. Le plasma est produit à partir d'un mélange de deutérium et de tritium car la fusion de leurs noyaux a une plus grande probabilité de se produire que celle de deux noyaux de deutérium.

très bref (le millième de milliardième de seconde), permettant d'amorcer la fusion. Jusqu'à présent, cette technique est utilisée dans les expériences de simulation des réactions amorçant l'explosion d'une bombe à hydrogène. Elle n'a pas encore permis de réaliser une réaction de fusion thermonucléaire entretenue et contrôlée. La mise au point de lasers de grande puissance est le point de passage obligé de cette technique car elle nécessite la mise en œuvre de systèmes capables de délivrer une énergie d'au moins un million de joules pendant un temps très bref, ce qui correspond à une puissance de quelques centaines de térawatts[1]. Deux très grandes installations utilisant un laser très puissant qui irradiera une cible à l'aide de deux cent quarante faisceaux sont en construction aux États-Unis et en France. Elles sont destinées à tester le comportement d'armes thermonucléaires par simulation de l'explosion d'une microcharge de tritium et de deutérium en atteignant le seuil d'ignition[2]. Une alternative à l'utilisation d'un faisceau lumineux pour confiner le plasma est de bombarder la cible avec des ions lourds produits par un accélérateur de particules. C'est une technique qui est aussi coûteuse, sinon plus, que celle du confinement par laser. Il n'existe, pour l'instant, aucun projet de prototype de réacteur pour produire de l'énergie par fusion thermonucléaire utilisant la technique du confinement inertiel.

Les progrès réalisés par la fusion thermonucléaire contrôlée sont lents puisque, pour l'instant, aucun Tokamak en service dans le monde n'a permis d'atteindre le point de *break even*. Toutefois, les chercheurs ne sont pas pour autant découragés mais, échaudés par les prévisions trop optimistes qui ont été faites dans le passé, ils sont très prudents dans leur estimation de l'horizon auquel on pourrait atteindre les conditions d'ignition d'une machine : ce serait au plus tôt en 2020, soit près de soixante-dix ans après la mise en route des premières expériences, ce qui est probablement un record de lenteur dans l'histoire des sciences et des techniques. Les performances des

---

1. 1 térawatt = 1 000 gigawatts. Il correspond à la puissance de mille centrales nucléaires moyennes.

2. Le traité d'interdiction des essais nucléaires souterrains, ratifié par la France mais non par les États-Unis, ne permet pas de tester des armes nucléaires par des tirs en vraie grandeur. Certains pays veulent donc vérifier que leur stock de bombes H reste opérationnel par des simulations.

Tokamak actuels commencent à plafonner, c'est pourquoi les spécialistes de la fusion ont conçu le projet de construire une nouvelle machine dans le cadre de la coopération internationale impliquant l'Europe, le Japon et les États-Unis : c'est le projet *International Thermonuclear Experimental Reactor* (ITER). L'objectif d'ITER serait de dépasser le point de *break even* en produisant avec la machine dix fois plus d'énergie qu'elle n'en consomme, ce qui serait néanmoins insuffisant pour atteindre l'ignition. Ce projet est encore très controversé et les États-Unis s'en sont, pour l'instant, retirés[1].

Contrôler la fusion thermonucléaire est un enjeu scientifique important de la physique des états de la matière. On doit produire un plasma très chaud qu'il faut maintenir confiné pendant un laps de temps suffisant[2]. La compréhension des phénomènes de turbulence dans les plasmas à très haute température est une question clé qui reste encore ouverte. Il faut en effet identifier clairement l'origine des instabilités qui déclenchent et amplifient les turbulences pouvant perturber très sérieusement un plasma et, en particulier, son confinement dans un Tokamak. Un réacteur thermonucléaire est une machine qui est un générateur d'énergie thermique produite par la réaction de fusion au sein d'un plasma de deutérium et de tritium. L'énergie est fournie par les neutrons de cette réaction qui est auto-entretenue lorsqu'on a dépassé le point d'ignition, et il est donc nécessaire de l'évacuer du réacteur afin de l'utiliser à l'extérieur, par exemple dans un générateur de vapeur. Pour l'heure, les spécialistes de la fusion ne disposent de l'expérience que de machines telles que le Jet pour anticiper les problèmes ardus que représente l'extraction de l'énergie d'un réacteur dans des conditions de fonctionnement industriel.

L'énergie des neutrons de fusion doit être évacuée à travers la surface de l'enceinte de confinement du plasma et cette opération est aussi un défi technique. Un réacteur opérationnel, producteur d'énergie, pourrait fonctionner avec une puissance de fusion de

---

1. Le coût du projet, réduit par rapport aux ambitions initiales, serait d'au moins 3,5 milliards d'euros. La puissance du réacteur serait de 500 mégawatts et son poids serait de 32 000 tonnes.

2. On traduit cette condition par un critère, dit « de Lawson » : le produit du nombre d'ions dans le plasma par la température et le temps de confinement doit être supérieur à la valeur critique 5.10^{21}, où la température est exprimée en une unité d'énergie qui est le kev (équivalant à l'énergie d'un électron dans un champ électrique de 1 000 volts).

l'ordre de 4 ou 5 gigawatts, produite par le plasma, qui serait convertie, de façon classique, en énergie électrique à l'extérieur du réacteur. Le plasma d'une telle machine dégagerait une puissance moyenne de l'ordre de 3 mégawatts par mètre carré au niveau de la couverture de son enceinte, ce qui est évidemment considérable[1]. On envisage l'utilisation de plusieurs matériaux pour extraire la chaleur du réacteur. Une solution consisterait à faire circuler deux fluides dans un système échangeur en contact avec la couverture métallique de la paroi du réacteur : un métal liquide qui serait un mélange de lithium et de plomb refroidi par une circulation d'eau. L'utilisation de l'isotope de masse six du lithium aurait l'avantage de régénérer le tritium du combustible par une réaction de fission provoquée par les neutrons produits par la fusion. Cette solution a l'inconvénient d'être mécaniquement complexe. Une alternative consisterait à utiliser, purement et simplement, le lithium comme liquide de refroidissement. Dans tous les cas, il sera indispensable d'extraire le tritium produit et dissous dans le lithium.

On comprend bien que, malgré l'optimisme mesuré des experts de la fusion qui n'envisagent pas la mise en route de réacteurs opérationnels avant 2050, il reste plusieurs obstacles scientifiques et technologiques à surmonter avant de maîtriser complètement cette nouvelle filière énergétique. La maîtrise de l'état plasma et du comportement de métaux liquides[2], tels que le lithium, est un point de passage obligé sur la route d'un éventuel succès qui n'est pas garanti. Les protagonistes de la fusion thermonucléaire soulignent que de futurs réacteurs auraient l'avantage de produire moins de déchets radioactifs que ceux de la filière nucléaire classique. Il est certain que les réactions de fusion des noyaux de deutérium et de tritium ne produisent elles-mêmes aucun déchet radioactif. Les seuls sous-produits radioactifs proviendraient de l'activation par les neutrons des matériaux métalliques de structure. Le tritium est, en revanche, radioactif et sa libération accidentelle serait un inconvénient majeur. Sa période radioactive est heureusement courte,

---

1. Par comparaison, la puissance maximale disponible sur une cellule solaire photovoltaïque, dans les meilleures conditions d'ensoleillement, est de l'ordre de 1 kwatt par m^2.

2. La filière des réacteurs nucléaires surgénérateurs utilise aussi un métal liquide, le sodium, comme fluide caloporteur. Cette filière, dont le réacteur français Superphénix était le prototype le plus avancé, est, pour l'instant, mise en « réserve ».

puisqu'elle est de onze ans[1]. Tout le problème serait donc de confiner une éventuelle fuite de tritium, déjà utilisé dans le Jet et les bombes H, pour éviter sa dispersion dans la nature.

La décision de construire le Tokamak à grande échelle, ITER, est de nature politique et nous reviendrons sur ce dossier dans notre dernier chapitre. Alors que leurs collègues sont à la peine pour maîtriser la fusion thermonucléaire « classique », certains physiciens n'hésitent pas à imaginer, sur le papier pour l'instant, des scénarios futuristes pour l'utilisation de la fusion dans la propulsion des engins spatiaux et qui consisteraient à utiliser l'antimatière. L'antimatière est, en quelque sorte, le symétrique de la matière « normale » dont sont constituées toutes les substances inertes et vivantes : ses particules ont la même masse que celle de la matière « normale » mais leur charge est opposée. Ainsi les antiprotons ont une charge électrique négative alors que les protons sont positivement chargés. L'antimatière peut être créée artificiellement dans un accélérateur de particules en provoquant la collision de protons à haute énergie ; elle n'est pas stable et dès qu'elle entre en contact avec la matière « normale », elle est annihilée en provoquant un dégagement d'énergie considérable. Des chercheurs de la Nasa, aux États-Unis, ont imaginé un mécanisme qu'ils ont appelé la « microfusion initiée par antimatière ». Celui-ci consisterait à comprimer un plasma d'antiprotons par des champs magnétiques et électriques, et à y injecter des gouttelettes de deutérium et de l'isotope 3 de l'hélium mélangées avec de l'uranium 238. Les antiprotons, en provoquant la fission de l'uranium, produiraient un flux très important de neutrons qui, à leur tour, déclencheraient la fusion de l'hélium et du deutérium. Le dégagement énergétique serait alors utilisé dans un système de propulsion de fusée. Les spécialistes de la Nasa ont calculé que l'on pourrait entreprendre toute une série de voyages interplanétaires en utilisant d'un à cent microgrammes d'antimatière par mission. Il resterait bien sûr à fabriquer ce combustible avec des dispositifs logeables dans un véhicule spatial, ce qui n'est pas un mince défi technique !

---

1. Au bout de onze ans, la moitié du tritium a disparu pour se convertir en hélium 3, qui n'est pas radioactif.

Coke en stock : de nouvelles ressources énergétiques ?

Les sociétés industrielles sont de grosses consommatrices de carbone et d'hydrogène stockés sous forme liquide ou gazeux dans des hydrocarbures, tels que le méthane, le propane et l'éthane, que nous brûlons dans des moteurs, des centrales thermiques et des chaudières d'installations de chauffage. Les propriétés de ces hydrocarbures liquides et gazeux sont bien comprises, même si l'exploitation de gisements de pétrole ou de gaz, ainsi que le transport de ces fluides peuvent encore réserver quelques surprises. En fait, la préoccupation majeure des producteurs et des géologues est de trouver de nouvelles réserves d'hydrocarbures car celles-ci sont forcément limitées : un peu plus de soixante années pour le gaz, quarante ans pour le pétrole. La recherche de nouvelles ressources énergétiques liquides ou gazeuses est l'enjeu de beaucoup de spéculations techniques et économiques, dont est l'objet, en particulier, un solide que nous avons rencontré en visitant la « galerie des glaces », l'hydrate de méthane.

L'hydrate de méthane, rappelons-le, est un cristal formé à partir d'eau et de méthane, et qui appartient à la famille des clathrates où l'on trouve des composés similaires mais constitués, eux, d'éthane, de butane et de propane. On ne trouve ces hydrates solides que dans certaines conditions physiques : à haute pression et à basse température. Ce sont ces conditions que l'on rencontre, en particulier, dans les sédiments marins au fond des océans, sur les marges des plateaux continentaux ou sous le permafrost des régions arctiques[1]. L'intérêt des hydrates de méthane est qu'ils stockent sous un petit volume du carbone et de l'hydrogène : en fondant, un cristal de 1 cm^3 va dégager 164 cm^3 de méthane. On a trouvé des gisements sous-marins d'hydrates de gaz sur les marges du plateau continental des États-Unis, en Afrique de l'Ouest, en particulier au large de l'Angola, en Méditerranée orientale, ainsi que sur les marges du continent asiatique. Le permafrost de la Sibérie occidentale est aussi riche en hydrates.

En dépit de leur appellation, les hydrates de gaz sont indubitable-

---

1. Le permafrost est la partie plus ou moins profonde du sol qui reste gelée en permanence.

ment des solides cristallins mais leur existence pose au moins deux questions. La première est celle de leur formation. La présence d'eau est évidemment nécessaire, on la trouve dans les pores des sédiments marins au fond des océans et dans le sol arctique. Reste le méthane. Celui-ci est probablement produit par des bactéries et il se retrouve piégé dans les cages que forme l'hydrate. Leur structure est telle que les molécules de gaz plus grosses que le butane ne peuvent pas s'y insérer et ne forment donc pas d'hydrates. La seconde question a trait à leur stabilité car celle-ci conditionne les possibilités de leur exploitation. Les conditions thermiques et mécaniques (température et pression) de stabilité des hydrates de gaz sont aujourd'hui bien connues et l'on a pu ainsi déterminer les diagrammes de phases qui donnent les régions où l'on peut trouver le cristal d'hydrate. La particularité la plus importante de ce diagramme est qu'un hydrate de méthane peut exister dans des zones de température et de pression où la glace pure elle-même ne serait pas stable, et on peut donc le trouver dans un environnement naturel où l'on ne rencontrerait pas de glace pure. Cette propriété est évidemment intéressante car elle signifie que lors de l'exploitation de certaines gisements, on ne risquerait pas de tomber sur un filon de glace qui produirait plus d'eau que de méthane !

Il reste bien sûr à exploiter ces gisements dont on conçoit l'intérêt potentiel. En l'absence d'exploration systématique des possibilités des gisements et de données géologiques, les estimations actuelles des réserves d'hydrates sont très approximatives : ces gisements correspondraient à une ressource équivalant aux réserves de gaz, de pétrole et de charbon réunies et connues aujourd'hui. Plusieurs scénarios d'exploration sont envisagés. Le premier consisterait à opérer un simple pompage après forage du gisement. Le forage provoque, en effet, une chute rapide de la pression dans la zone où est stocké l'hydrate. En pompant, l'hydrate rentre dans une région thermodynamique où il n'est plus stable, le cristal se décompose, le méthane est alors évacué et le réservoir se vide. La chaleur du gisement suffit à entretenir la dissociation de l'hydrate. Le second scénario envisage l'injection de vapeur d'eau à haute température dans un forage pour dissocier l'hydrate solide et récupérer ainsi le gaz dont il est formé. Il s'appliquerait en particulier aux gisements où l'hydrate serait concentré dans un réseau poreux au sein d'une matrice rocheuse ;

ceux-ci devraient être suffisamment riches pour que l'énergie récupérée, sous forme de gaz, soit très supérieure à celle que l'on aurait dépensée pour produire la vapeur d'eau injectée dans le forage. Jusqu'à présent, seule l'ex-URSS a exploité un gisement d'hydrate, à Messoyakh en Sibérie, situé dans une zone de permafrost. Le gaz était récupéré en injectant du méthanol à la base de l'hydrate qui était dissocié et le gaz était alors extrait par pompage. Cette exploitation difficile a été arrêtée à la fin des années 1970. Les risques d'une exploitation à grande échelle d'hydrates ne sont pas négligeables et le forage de puits dans des zones océaniques, pour explorer un éventuel gisement de pétrole par exemple, est toujours soumis à l'aléa d'une dégazage brutal d'un hydrate lorsque la tête de forage pénètre dans une zone où il pourrait être piégé ; ce dégazage pourrait être explosif s'il n'était pas contrôlé.

La consommation d'hydrocarbures, tels que le méthane et le butane, quelle que soit leur origine, a un inconvénient majeur : leur combustion dégage des gaz, la vapeur d'eau et le gaz carbonique, qui accroissent l'effet de serre et contribuent donc à un réchauffement du climat de la planète. Aussi spécule-t-on, depuis plusieurs années déjà, sur la possibilité d'utiliser de l'hydrogène comme combustible, ce qui aurait au moins l'avantage d'éviter la production de gaz carbonique[1]. Des scénarios proposent ainsi une véritable « économie de l'hydrogène » : l'essence, par exemple, serait remplacée par de l'hydrogène dans les automobiles. Tout le problème est donc de stocker cet hydrogène sous forme concentrée, car on imagine mal des voitures où le réservoir d'essence serait remplacé par une volumineuse bonbonne d'hydrogène sous pression placée sur leur toit ou sous le siège des passagers. Les dangers d'utilisation de l'hydrogène, un gaz dont la combustion peut être explosive, sont connus mais les experts estiment qu'il n'est pas plus dangereux que l'essence. Ainsi a-t-on encore en mémoire la mésaventure du dirigeable allemand *Hindenburg*, qui brûla et explosa dans le New Jersey aux États-Unis en 1937 en tuant trente-cinq passagers. Cet accident mit fin à l'exploitation de la première ligne régulière de dirigeables entre l'Europe et les États-Unis, mais il semble que

---

1. L'hydrogène pourrait être utilisé directement comme carburant dans un moteur thermique ou dans une pile à combustible produisant de l'électricité.

l'hydrogène du dirigeable ne fut pas directement à l'origine de l'incendie et de l'explosion, et qu'il faille plutôt mettre en cause l'enveloppe en tissu du réservoir qui s'enflamma brutalement. Plusieurs techniques sont envisagées pour stocker de l'hydrogène. Le stockage sous forme liquide est une première option, elle suppose une liquéfaction préalable du gaz, et ensuite une conservation dans un réservoir isotherme sous pression. L'alternative est de trouver un matériau poreux absorbant une grande quantité de gaz qu'il restituerait par chauffage. Des nanofibres ou des nanotubes de carbone sont des candidats possibles mais le problème n'est pas résolu techniquement. Une autre possibilité, très futuriste celle-là, consisterait à utiliser de l'hydrogène à l'état métallique. Comme on l'a vu, la possibilité de faire passer à des pressions très élevées l'hydrogène à l'état métallique est l'enjeu de spéculations. L'hydrogène métallique solide aurait, sans doute, une densité proche de celle de l'eau et il serait trois fois plus léger que l'aluminium. Il emmagasinerait une quantité importante d'énergie, et en admettant qu'il reste stable à basse pression, il libérerait l'hydrogène sous forme gazeuse en se vaporisant petit à petit dans un réservoir. Pour l'heure, ce scénario, on le conçoit, est encore très hypothétique!

Quoi qu'il en soit, les recherches sur les nouvelles ressources énergétiques non renouvelables passeront nécessairement par l'étude d'états de la matière susceptibles d'emmagasiner une grande quantité d'énergie sous forme de liquide ou de solide, ce qui est le cas d'un charbon comme le coke et du pétrole.

Les dangers de l'état liquide métastable

L'utilisation des fluides, liquides et gaz est courante dans l'industrie, dans les moyens de transport et les équipements domestiques tels que les Cocotte-Minute ou les installations de chauffage. Fort heureusement, dans la plupart des cas elle est sans danger, en particulier si les pressions mises en œuvre sont peu élevées et si les fluides sont conservés et transportés dans des conditions telles qu'ils restent dans un état thermodynamique stable. C'est pourquoi les physiciens et les ingénieurs s'intéressent beaucoup à l'étude de la stabilité des états de la matière, en particulier dans les scénarios d'accidents de centrales nucléaires. Certaines installations mettent en jeu des liquides cryogéniques (conservés à basse température), c'est le cas de certains moteurs de fusées, telle *Ariane*, et de moyens de transport terrestre ou maritime de gaz naturels liquéfiés.

Les méthaniers sont les meilleurs exemples de ces moyens de transport de cargaisons de liquides froids que l'on souhaite voir arriver à bon port sans qu'ils aient subi de réchauffement provoquant leur vaporisation intempestive. Le choc de deux liquides, l'un chaud et l'autre froid, est une situation qui peut être totalement déstabilisante et à l'origine de graves accidents. En effet, le liquide froid, pompant la chaleur du liquide chaud, peut atteindre son point d'ébullition et se vaporiser brutalement en provoquant une explosion d'origine thermique. Ce phénomène, appelé « transition de phase rapide », est une combinaison complexe d'effets aléatoires couplant thermodynamique et hydrodynamique. On peut le provoquer en déversant, par exemple, un métal fondu sur de l'eau dont la surface est agitée, la mise en contact des deux liquides déclenche très souvent une violente explosion par vaporisation de l'eau. De graves accidents sont survenus dans des usines métallurgiques, à la suite d'erreurs de manipulations mettant en jeu de l'eau et un métal fondu.

Lorsque le liquide froid entre en contact avec la surface d'un liquide chaud, une vaporisation se produit et provoque la formation d'une couche de vapeur qui peut éviter la prolongation d'un contact permanent entre les liquides. C'est le phénomène de caléfaction que l'on peut observer également en déversant des gouttes d'eau sur une plaque chauffante de cuisinière. C'est une situation idéale qui peut être cependant perturbée si une onde de choc, produite par une vaporisation brutale dans la masse du liquide froid, ou un choc mécanique remettent en contact les deux liquides, accélérant ainsi les transferts de chaleur et conduisant à la fragmentation en gouttelettes du liquide chaud dont la surface est instable. On peut aussi se trouver dans une situation de surchauffe du liquide froid : celui-ci au lieu de se vaporiser au contact de la surface du liquide chaud va demeurer à l'état liquide ; cela correspond à un équilibre métastable. Lorsque le liquide atteindra la limite de métastabilité sur la spinodale du diagramme de phases, il se vaporisera brutalement et la détente de la vapeur provoquera une onde de choc et une déflagration. Lorsque deux liquides viennent en contact, les possibilités de transfert de chaleur du fluide chaud au fluide froid sont d'autant plus importantes que la surface de contact est plus grande. C'est pourquoi la fragmentation en gouttelettes de l'un des liquides, qui accroît les surfaces de contact, est un facteur favorable à une transition de phase rapide, car elle amplifie considérablement les flux de chaleur. Les simulations d'accident impliquant le déversement brutal d'un liquide froid, du gaz naturel liquéfié par exemple, à la surface d'un liquide chaud, ont bien montré que c'est le mélange des deux liquides qui déclenche la vaporisation rapide et explosive de la matière et qu'il faut donc l'éviter.

L'intérêt des phénomènes de transitions de phase rapides dans les liquides n'est pas purement académique car s'ils mettaient en jeu une masse importante, ils pourraient provoquer de très graves accidents. Les scénarios d'accidents qui ont été étudiés concernent, en particulier, les méthaniers qui transportent sur mer une masse considérable de liquide froid dans leurs réservoirs. Le scénario le plus souvent envisagé est celui de la rupture brutale d'une canalisation, ou d'une vanne, lors d'une opération de chargement ou de déchargement de la cargaison d'un méthanier dans un port. Le déversement rapide d'un flot de gaz naturel liquéfié à la surface de la mer pourrait conduire à une explosion si l'eau de mer et le liquide froid se mélangeaient, ce qui pourrait être le cas si la mer était très agitée. Le risque majeur dans une telle situation serait l'endommagement de la coque du navire et surtout d'un réservoir par une puissante onde de choc dont les conséquences pourraient être dévastatrices. La probabilité d'une telle séquence d'événements est heureusement très faible (seuls quelques incidents mineurs de ce type se sont produits), mais les opérateurs de flottes de méthaniers, tels que Gaz de France, ont été amenés à prendre au sérieux ces scénarios accidentels pour prévoir des parades. Le développement de l'exploitation de gisements de gaz naturel *off-shore*, en particulier sur des champs situés en mer profonde, va susciter la mise en service de plates-formes flottantes supportant des installations pour le pompage et la liquéfaction sur site du gaz. Des méthaniers accosteront ces véritables usines maritimes flottantes pour y prendre livraison de cargaisons de gaz liquéfié en pleine mer. Les probabilités de situations accidentelles seront sans doute plus élevées que dans les eaux calmes d'un terminal situé dans des ports, tels qu'Arzew, en Algérie, ou Montoir, en France. Il est vrai que les dégâts seraient circonscrits à la zone très limitée de l'installation située en pleine mer. Le risque d'un tel accident, même s'il demeure faible, n'est pas nul et les compagnies pétrolières seront amenées à en tenir compte dans leurs futurs projets d'exploitation *off-shore*.

Si l'on ne quitte pas l'univers de l'eau de mer, on peut faire le constat, somme toute banal, de la présence d'un très grand nombre de bulles dans le sillage d'un navire. Ce sont des bulles d'air qui ont été prises et entraînées dans les courants de contre-rotation créés par les hélices et qui proviennent de poches d'air qui sont piégées dans l'eau lorsque le navire se déplace. Cependant, l'observation de certaines hélices de navires révèle que leur surface a été attaquée, elle présente des piqûres ou des trous plus ou moins grands qui ont été causés par les chocs subis par l'hélice, eux-mêmes produits par des éclatements de bulles dans son voisinage immédiat. En effet, lorsqu'un corps se déplace rapidement dans un fluide, la pression se trouve réduite sur sa surface, en particulier sur les bords de fuite. Plus la vitesse de déplacement est élevée, plus la pression est abaissée ; c'est le cas sur la coque d'un sous-marin totalement immergé, mais aussi et surtout sur les bords des pales d'hélice de navire. Lorsque la pression est trop réduite, et atteint la tension de vapeur de l'eau, l'état liquide n'est plus stable et l'eau se vaporise en formant des petites bulles. Celles-ci ont l'inconvénient de former un flux gazeux qui perturbe le mouvement de l'hélice et diminue l'efficacité de la propulsion. Par ailleurs, en s'écoulant, les bulles rejoignent des zones où la pression redevient élevée, la vapeur peut se recondenser et la coalescence des cohortes de bulles peut aussi créer des ondes de choc, suffisamment violentes pour percer des petits trous à la surface de l'hélice. C'est un phénomène que l'on appelle « cavitation » et qui peut provoquer l'érosion du métal d'une hélice de navire dont la surface est piquetée de petits trous, percés par les ondes de choc produites par l'implosion des bulles, ou par leur collision avec les pales[1]. On trouve également ce phénomène sur les aubes de certaines turbines de barrages ou dans des pompes

---

1. La cavitation est aussi une source de bruits qui ont l'inconvénient de faciliter le repérage d'un navire, mais qui sont aussi une nuisance pour les passagers. Le porte-avion nucléaire *Charles de Gaulle* a ainsi souffert du bruit de cavitation de l'une de ses hélices.

fonctionnant à grande vitesse. Si l'origine de la cavitation est bien établie, c'est un changement d'état liquide/gaz brutal, partiellement réversible, en revanche les mécanismes provoquant les endommagements de la surface des pales ou des aubes ne sont pas pleinement élucidés. La concentration d'énergie dans les bulles de vapeur au moment de leur implosion lorsqu'elles se condensent est énorme, et certains modèles théoriques prévoient que leur température pourrait atteindre plusieurs milliers de kelvins. On observe aussi que le phénomène de cavitation peut être associé à l'émission de lumière par des bulles en cours d'implosion lorsqu'elles se condensent. L'origine de ce phénomène, appelé « sonoluminescence » quand il est provoqué par des ultrasons, demeure mal comprise. Il pourrait s'expliquer par l'élévation rapide de température des molécules de vapeur contenues dans la bulle lorsqu'elles sont brutalement comprimées. Celles-ci se trouveraient alors portées dans des états d'énergie excités, voire partiellement ionisées, et elles émettraient des photons de lumière lors de leur désexcitation.

La cavitation d'un liquide peut aussi prendre une ampleur considérable et conduire, dans certaines circonstances, à la formation non plus d'une multitude de microbulles mais d'une bulle géante, une supercavité, au sein du milieu liquide : c'est le phénomène de supercavitation. Il est nécessaire bien sûr que le corps qui se déplace dans le liquide, l'eau de mer par exemple, soit animé d'une très grande vitesse, supérieure à 50 m par seconde (soit 180 km à l'heure). C'est une vitesse qu'atteint rarement de façon soutenue un corps en déplacement dans l'eau, par exemple une torpille. Un mobile en supercavitation se trouve dans une situation particulièrement intéressante car sa traînée, qui s'oppose à son déplacement, disparaîtrait. Au lieu d'être entouré d'eau liquide, le mobile immergé se déplacerait enveloppé dans un nuage de vapeur constitué par une immense bulle. Seul son nez demeurerait en contact avec l'eau liquide, et la friction s'opposant au mouvement se trouverait ainsi considérablement réduite. Le revers de la médaille est que dans ces conditions il n'est plus possible d'utiliser une hélice comme moyen de propulsion puisque celle-ci tournerait sinon dans le vide, du moins dans un nuage de vapeur à faible densité. L'alternative consisterait à propulser un tel engin par un réacteur qui fournirait la poussée, comme dans une fusée ou un avion à réaction. Les ingénieurs navals ont imaginé construire des torpilles sur ce principe, qui se déplaceraient à très grande vitesse. Les Russes ont, semble-t-il, construit des torpilles de ce type, dans les années 1990, baptisées *Shkval* (« Rafale ») et qui seraient capables d'atteindre la vitesse de 500 km/h. La principale difficulté technique est la phase d'amorçage de l'engin car il faut créer la supercavité dans laquelle doit fonctionner la fusée qui fournit la poussée grâce à l'échappement de ses gaz de propulsion[1]. Il est possible que l'accident survenu au sous-marin nucléaire russe *Koursk*, en mer de Barents en l'an 2000, ait été causé par l'explosion du combustible d'une torpille de ce type à bord du sous-marin lors d'un essai en mer. Quant aux Américains, qui ont lancé un programme de recherche sur la propulsion en supercavitation, ils sont parvenus, en 1997, à atteindre la vitesse du son dans l'eau (5 400 kilomètres à l'heure) avec un projectile non propulsé tiré par un canon sous l'eau. Quelle perspective la propulsion dans des conditions de supercavitation ouvre-t-elle ? Au-delà de la construction de torpilles se déplaçant à très grande vitesse et surclassant les engins classiques, les ingénieurs navals imaginent de nouveaux sous-marins se déplaçant en plein océan à très grande vitesse. Ces visions à la Jules Verne se heurtent à un obstacle très sérieux pour se concrétiser : comment assurer une propulsion sous l'eau à l'aide d'un réacteur pendant une longue durée correspondant, par exemple, à un trajet transatlantique ? Si l'on excepte la solution d'un réacteur nucléaire, il ne semble pas que l'on ait trouvé de réponse satisfaisante, pour l'heure, à cette question. La mise en service de petits sous-marins automatiques, fonctionnant sur de courtes distances, poserait, en revanche, moins de problèmes. Ceux-ci pourraient être utilisés à des fins militaires ou pour la recherche océanographique.

Les états de la matière dans la machine océan-atmosphère :
de l'eau, du vent et de la glace

Les cyclones sont l'une des manifestations, parmi les plus violentes, du fonctionnement de la véritable machine thermique qu'est

---

1. Une solution possible, utilisée par les Russes, consisterait à injecter à l'avant de la torpille une partie des gaz d'échappement pour y créer ainsi une cavité « artificielle ».

le système climatique de la Terre. Celui-ci, en effet, peut être assimilé à un moteur thermique, à l'échelle de la planète, dont la source chaude serait l'énergie solaire qui chauffe davantage les régions tropicales du globe que les zones polaires, et la source froide la haute atmosphère. Le gradient thermique à la surface du globe crée des différences de pression dans son enveloppe fluide – le système océan-atmosphère – qui est mise en mouvement et provoque ainsi le transfert de la chaleur de l'équateur vers les pôles. L'océan et l'atmosphère sont fortement couplés, chacun réagissant aux fluctuations de l'autre, mais la masse volumique de l'eau étant mille fois supérieure à celle de l'air atmosphérique, son inertie mécanique est bien plus grande. De même, la capacité thermique des océans est-elle bien plus élevée que celle de l'atmosphère : les 2,5 premiers mètres de la colonne d'eau de l'océan renferment la même énergie calorifique que les 40 kilomètres de la colonne atmosphérique qui les surplombent.

Le couplage entre l'océan et l'atmosphère gouverne le comportement du climat car il permet les échanges de matière et de chaleur qui ont une influence directe sur les phénomènes météorologiques. Le comportement des océans et des glaces recouvrant les zones polaires a aussi une incidence importante sur les évolutions climatiques à plus long terme. L'existence d'un courant océanique tel que le Gulf Stream, qui rend plus cléments les hivers de la façade occidentale de l'Europe, est là pour nous le rappeler.

L'eau est le fluide moteur de cette immense machine thermique qu'est le climat terrestre. L'atmosphère est le plus petit réservoir d'eau de la planète puisqu'elle ne renferme que 0,001 % seulement de la masse d'eau totale présente sur Terre. L'océan renferme, quant à lui, 97 % de l'eau, les glaces de l'Antarctique et les réservoirs naturels d'eau douce contiennent la masse restante. Le flux de chaleur latente, correspondant à la vaporisation de l'eau à la surface des océans, contribue de façon déterminante au couplage thermique entre l'océan et l'atmosphère. La vaporisation de l'eau de mer absorbe de la chaleur qui, en se condensant dans l'atmosphère pour former les nuages, restitue cette chaleur latente. C'est ce mécanisme thermique simple qui est en action dans l'atmosphère. Ainsi, par exemple, les alizés qui soufflent sur de grandes étendues maritimes, entre l'équateur et les tropiques, et qui ont permis à Christophe

Colomb de découvrir l'Amérique, sont mis en mouvement par le dégagement de chaleur latente dans les zones intertropicales. La chaleur latente de condensation de la vapeur d'eau peut être dégagée à plusieurs milliers de kilomètres de distance de la zone océanique où l'eau s'est vaporisée dans l'atmosphère.

Le changement d'état de l'eau, sa vaporisation et sa condensation, avec la chaleur latente qui lui est associée, est le phénomène physique qui pilote les évolutions climatiques sur des échelles de temps relativement courtes (de quelques jours à quelques mois). Celui-ci est à l'origine de la formation des nuages. L'air humide s'élève dans l'atmosphère et, en prenant de l'altitude, il se refroidit, atteignant ainsi ce que l'on appelle son « point de rosée », qui est la température à laquelle il est saturé en vapeur d'eau. Au-delà de ce point, la vapeur d'eau se condense pour former des nuages qui peuvent d'ailleurs aussi contenir des cristaux de glace. La thermodynamique sous-jacente à ce mécanisme est bien comprise, elle fait intervenir la nucléation qui est le phénomène d'agrégation des molécules d'eau, présidant à la formation des gouttelettes qui peuvent se transformer en pluie ou en neige. Les nuages ne sont pas seulement des fauteurs de pluie. En effet, la capacité de la couverture nuageuse de la Terre à absorber ou réfléchir le rayonnement solaire incident joue un rôle important dans l'effet de serre, et elle est donc un paramètre important des modèles de prévision de l'évolution du climat. L'effet de serre est un phénomène physique qui résulte de l'absorption par les gaz de l'atmosphère (vapeur d'eau, gaz carbonique, méthane, etc.) du rayonnement infrarouge émis par la surface de la Terre qui a absorbé une partie importante du rayonnement solaire parvenu à l'atteindre[1]. Les gouttes d'eau des nuages réfléchissent la lumière, en particulier celle de la partie visible du spectre, et la renvoient dans l'espace, ce qui tend à diminuer l'effet de serre et le réchauffement de la planète. En revanche, les nuages qui ont une forte concentration en eau absorbent le rayonnement à grande longueur d'onde, ce qui tend à augmenter l'effet de serre. Les observations satellitaires semblent indiquer que le bilan énergétique de ces mécanismes radiatifs est quasiment nul dans les zones tropicales. En dehors de ces

---

1. La chaleur piégée par effet de serre dans l'atmosphère élève sa température. Sans l'effet de serre, la température moyenne à la surface de la Terre serait de 30 à 40 °C inférieure à celle que nous connaissons aujourd'hui.

zones, ce bilan est négatif : les nuages contribuent, globalement mais faiblement, à refroidir l'atmosphère terrestre. Toutefois, la contribution des gouttes d'eau et des microcristaux de glace des nuages au bilan global d'échange de radiation et donc d'énergie entre l'atmosphère et l'extérieur de la planète reste un point de controverse important entre les climatologues.

De très nombreux phénomènes climatiques se manifestent sur des échelles de temps relativement brèves, de l'ordre de quelques jours, contrairement aux grandes évolutions à très long terme commandées par l'effet de serre. Il en va ainsi des cyclones qui surviennent dans les zones intertropicales. Le phénomène cyclonique est resté inexpliqué jusqu'au milieu du XIXe siècle et le mouvement tourbillonnaire du vent a été décrit pour la première fois, en 1831, par le naturaliste américain W. Redfield qui a montré que le cyclone se déplace en bloc[1]. On sait bien aujourd'hui que si des vents violents tourbillonnants accompagnent ce cyclone, son centre, l'« œil du cyclone », est en revanche une zone de calme. Le cyclone est, lui aussi, un véritable moteur thermique (une turbine à gaz en fait) dont on comprend bien, aujourd'hui, le fonctionnement. Deux changements d'état de l'eau, la vaporisation et la condensation, donnent sa force motrice au cyclone. Celui-ci ne peut naître que si les eaux océaniques de surface dépassent 26 °C, dans une zone de vent faible et de direction relativement homogène pour ne pas disloquer le mouvement tourbillonnaire lorsque celui-ci s'amorce. La vaporisation de l'eau chaude de la surface de l'océan produit un air humide qui s'élève vers la haute atmosphère ; ce flux ascendant crée une dépression en surface. L'humidité de l'air, lorsque celui-ci atteint une température suffisamment basse, se condense en dégageant sa chaleur latente. C'est cette énergie thermique fournie par la condensation de la vapeur d'eau qui est transformée en énergie cinétique du vent et qui accélère son mouvement tourbillonnaire. L'air environnant le cyclone, dans les basses couches de l'atmosphère, est aspiré vers la dépression existant en son centre, créant ainsi un vortex ascendant. En altitude, en revanche, l'air refroidi s'échappe vers l'extérieur dans un mouvement en sens inverse. L'efficacité thermique de cette machine naturelle, dont les effets se font sentir à une centaine de kilomètres de

---

1. Le mot « cyclone » vient du grec *kuklos*, « cercle ».

l'œil du cyclone, dépend de la différence de température entre la surface de l'océan et la troposphère (à 20 km d'altitude) et qui peut atteindre une centaine de degrés. Une fois formés, les cyclones sont entraînés vers l'ouest par les courants atmosphériques, tout en dérivant vers le pôle de l'hémisphère où ils sont localisés, puis, en atteignant des latitudes moyennes, ils sont déviés vers l'est par des vents dérivants. Au contact des zones plus froides, ils perdent leur énergie qu'ils déposent en semant des destructions qui peuvent être parfois considérables, comme on l'a vu. La vitesse des vents associés à un cyclone dépend de la chute de pression entre l'extérieur et son centre, elle peut atteindre 300 km à l'heure, comme ce fut le cas avec le cyclone Gilbert, en 1988, pour lequel on a enregistré des vents soufflant à 325 km à l'heure ! L'énergie pompée par une telle machine naturelle est évidemment colossale : la condensation d'une couche de pluie de 10 cm d'eau sur une surface de 100 km^2 (soit un peu moins de la superficie de Paris) dégage une énergie de 5 gigajoules dans l'atmosphère ; dégagée en une seconde, elle serait l'équivalent de la puissance de cinq unités de centrales nucléaires fonctionnant à plein régime. On conçoit qu'une telle puissance permet de bien chauffer l'atmosphère et d'entraîner des vents dans une spirale infernale représentée sur la figure 8.2.

Si, aujourd'hui, on a bien identifié les mécanismes qui sont à l'œuvre dans le déclenchement des cyclones, la vaporisation et la condensation de l'eau jouant un rôle critique, il reste à modéliser le phénomène pour prévoir l'intensité des vents et, si possible, la trajectoire des cyclones. Des modèles récents donnent des résultats satisfaisants dans la mesure où ils ont permis de reproduire, rétrospectivement, les caractéristiques (en particulier la vitesse du vent) de cyclones « célèbres » survenus dans les Caraïbes, tels qu'Hugo (1989) et Andrew (1992). La pertinence de ces modèles est moins probante pour Camille (1969) et Gilbert (1988). La prévision fiable des cyclones reste encore une question ouverte en météorologie. Plusieurs scénarios ont été proposés pour tenter d'arrêter le développement d'un cyclone. L'un d'eux, assez futuriste et sans doute peu réaliste, consisterait à éliminer le flux d'eau froide condensée redescendant des couches supérieures de l'atmosphère, mais qui, en pompant la chaleur latente, contribue à donner son accélération au tourbillon. À cette fin, des scientifiques américains ont proposé

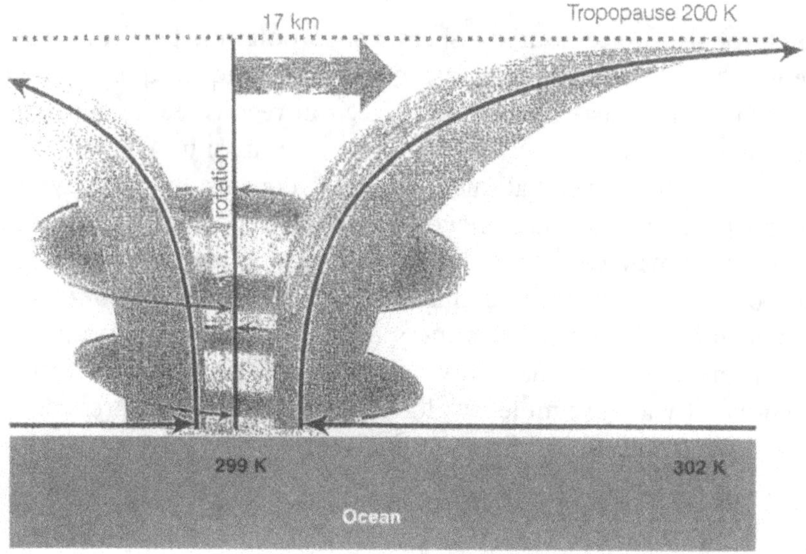

Figure 8.2. Le cyclone, moteur thermique naturel

Les cyclones sont de véritables moteurs thermiques fonctionnant sous les tropiques. La chaleur tropicale provoque une forte évaporation de l'eau à la surface de l'océan (à une température proche de 26 °C) et l'air humide s'élève rapidement vers la haute atmosphère (la troposphère très froide). Ce flux ascendant crée une dépression locale qui aspire l'air environnant vers l'« œil » du cyclone. En montant, l'air humide se refroidit et se condense, relâchant ainsi sa chaleur latente qui est convertie en énergie mécanique, accélérant ainsi le mouvement tourbillonnaire. En altitude l'air refroidi s'échappe de la colonne vers l'extérieur. Dans l'hémisphère nord, la force de Coriolis associée à la rotation de la Terre dévie le mouvement du cyclone vers la droite.

d'irradier ce flux pour réévaporer l'eau avec des micro-ondes émises par des satellites en orbite autour de la Terre. Il est probable que les énergies qu'il faudrait mettre en jeu seraient très importantes, et l'on imagine aisément que l'opération ne serait pas sans risques pour les habitants des contrées qui seraient ainsi visées depuis l'espace, sans parler des avions ou des oiseaux qui passeraient à proximité et qui risqueraient de griller comme dans un four à micro-ondes spatial...

Quittons la chaleur des zones intertropicales des Caraïbes, où naissent des cyclones, pour nous diriger vers le nord en suivant le Gulf Stream. Nous passons au large de Terre-Neuve, où nous croisons les premiers icebergs dont la présence fut fatale au *Titanic*, il y a presque un siècle, et nous finissons par atteindre les étendues glacées du Groenland. Ce sont dans ces zones polaires, le Groenland et l'ensemble de l'Arctique, ainsi que l'Antarctique, que se trouve concentrée la quasi-totalité de la glace qui recouvre une petite fraction de la planète[1]. L'eau à l'état solide joue aussi un rôle important dans les évolutions climatiques, et les glaciers ainsi que la couverture de glace des zones polaires évoluent d'ailleurs en suivant les variations du climat. Le retrait des glaciers alpins, depuis un siècle, est l'un des indices du réchauffement climatique que nous connaissons actuellement. Le niveau des mers évolue lui-même au rythme des changements de la couverture glaciaire de la planète. Ainsi par exemple, il y a vingt mille ans, lors du dernier âge glaciaire, des parties importantes de l'hémisphère Nord étaient recouvertes de glace, et le niveau des mers se situait 120 mètres plus bas qu'aujourd'hui. La fusion des glaces du Groenland, du nord du Canada et de l'Antarctique, un phénomène dont la physique est simple et bien comprise, est un paramètre important des scénarios d'évolution du climat et les travaux sur les climats du passé montrent bien que celle-ci a joué un rôle dans les changements climatiques.

Les courants marins, tels que le Gulf Stream, sont de véritables fleuves géants et tranquilles qui circulent à la surface des océans, mus par les différences de température et de salinité dans les océans, et ils constituent ce que les océanographes appellent la « circulation thermohaline ». Le Gulf Stream transporte ainsi de la chaleur de la zone tropicale des Caraïbes vers l'Europe dont il contribue à adoucir le climat, puisque la côte gelée du Labrador au Canada se trouve à la même latitude que celle du sud-ouest du Royaume-Uni. La température et la salinité de l'eau de mer sont les deux paramètres physiques dont dépend sa densité, et donc son comportement dans la masse de l'océan. Une eau froide et salée[2] est plus dense qu'une eau douce à température moyenne et elle plonge vers le fond de l'océan alors qu'une eau chaude tend à rester en surface. La glace des régions polaires joue un rôle essentiel dans ces modifications de la densité de l'eau de mer. En effet, dans l'Atlantique Nord, par exemple, l'air polaire glacé refroidit l'eau de la surface de l'océan, qui entreprend un voyage sous-marin vers le sud. Ce flux profond

---

1. Les trois quarts des réserves d'eau douce de la Terre se trouvent piégées dans les glaces qui recouvrent le Groenland et l'Antarctique.

2. La concentration moyenne en sel de mer est de 35 pour 1 000 en masse.

est compensé par un courant d'eau chaude circulant à la surface en provenance des Caraïbes, le Gulf Stream. L'eau froide du nord rejoint l'Antarctique où elle se mêle à d'autres courants circulant autour de ce continent. Tout se passe comme si l'on avait, avec ces courants marins, des systèmes de courroies de transmission véhiculant de la chaleur entre différentes régions du globe. La question critique que se posent les climatologues est alors la suivante : la fonte des glaces recouvrant des zones continentales peut-elle modifier le climat et provoquer ou accélérer des changements climatiques ? Si la réponse est positive, que se passerait-il dans des régions de la Terre comme la nôtre ? Les récents modèles climatiques faisant intervenir l'amplification de l'effet de serre causé par l'accroissement de la concentration en gaz carbonique dans l'atmosphère[1] « prévoient » une élévation de la température moyenne du globe, d'ici un siècle, comprise dans une fourchette de 1,5 à 6 °C. Cette élévation de température pourrait suffire à provoquer la fusion d'une partie des glaces du Groenland et de l'Antarctique. Celle-ci se traduirait, bien sûr, par une élévation du niveau de la mer mais aussi par une modification de sa salinité à la surface des océans. À partir de ces faits, peu contestables, les avis des spécialistes sur les scénarios climatiques commencent à diverger. Certains modèles prévoient que l'afflux d'eau douce dans l'Atlantique Nord perturberait très sérieusement la circulation océanique et en particulier le Gulf Stream, qui pourrait, peut-être, se trouver interrompue ; ceci aurait de très sérieuses conséquences sur le climat de l'Europe. Des examens de coquilles de protozoaires, originaires de la mer des Caraïbes, ont permis d'évaluer approximativement la température de l'eau de mer dans cette région lors de la dernière ère glaciaire ainsi que l'intensité du Gulf Stream à l'époque. Il apparaît que celle-ci était très différente de celle que nous connaissons aujourd'hui car il déplaçait moins d'eau et donc de chaleur. L'état des glaces polaires et les modalités de leur transformation en icebergs et en eau douce sont donc des facteurs très importants des futures évolutions climatiques.

Les fonds des océans, nous l'avons vu, recèlent une glace particulière : les hydrates de gaz constitués par des hydrocarbures

---

1. Ce gaz carbonique provient de la combustion des hydrocarbures (pétrole et gaz) et du charbon que nous utilisons pour le transport, le chauffage et nos activités industrielles.

comme le méthane, piégés dans une matrice solide formée par des molécules d'eau. La présence de ces hydrocarbures n'a pas seulement un intérêt énergétique car le dégazage de ces hydrates conduit au dégagement d'un gaz tel que le méthane qui, une fois dans l'atmosphère, va absorber le rayonnement infrarouge et apporter ainsi sa contribution à l'effet de serre et au réchauffement de la planète. Les climatologues, en analysant des carottes glaciaires prélevées par exemple au Groenland, peuvent reconstituer la température et la composition de l'atmosphère il y a plusieurs milliers d'années ; c'est ainsi qu'ils ont pu montrer que les époques de transition d'une période glaciaire à un climat plus chaud étaient associées à une forte croissance de la concentration de méthane dans l'atmosphère. Ils sont amenés à faire le lien entre ces phénomènes, sans pour autant être en mesure d'affirmer que c'est le dégagement de méthane provenant des hydrates qui ont provoqué le réchauffement climatique. Il se peut que ce soit le cas, mais il est possible aussi que la déstabilisation des hydrates ait été amorcée par un réchauffement de l'eau de mer ou par un effondrement des pentes le long de plateaux continentaux où ils se trouvent piégés. Quoi qu'il en soit, il est très probable que la fonte des hydrates de méthane a accéléré des réchauffements climatiques dans le passé. L'oxydation du méthane en gaz carbonique pourrait être l'un des processus qui ont provoqué cette accélération.

Des régions intertropicales, telles que le sud des États-Unis, le pays d'*Autant en emporte le vent*, aux régions polaires du Groenland et de l'Antarctique, les changements d'état de la matière sont des facteurs puissants des évolutions rapides ou lentes du climat de la planète. La machine thermique couplant l'océan à l'atmosphère y puise son énergie et son fluide moteur, l'eau, qui apparaît ainsi, une fois de plus, comme l'un des grands acteurs à l'œuvre dans les phénomènes naturels.

CHAPITRE 9

Les nouvelles frontières : les états de la matière
entre la science, l'économie et la politique

La prospective a toujours été un exercice difficile car elle tente de dessiner des futurs possibles, d'imaginer des situations nouvelles et des réponses à l'imprévu. Dans les sciences et les techniques, comme dans tous les autres domaines de l'activité humaine, la politique et l'économie en particulier, la prospective n'a pas l'ambition de « prévoir » des événements : les percées scientifiques et les révolutions technologiques ne sont pas prévisibles. Un retour « rétrospectif » sur des prospectives du passé ne manque pas d'intérêt car il permet d'identifier quelques constantes dans les réflexions sur l'avenir, mais aussi de mesurer le chemin parcouru un siècle ou cinquante ans après des projections dans le futur. Il permet aussi de repérer les bévues, les myopies et les erreurs de diagnostic et d'en tirer profit. Voici les propos sur l'an 2000 tenus par le grand chimiste français Marcelin Berthelot dans un discours prononcé en 1894 lors du banquet de la Chambre syndicale des produits chimiques[1] : « Laissez-moi vous dire mes rêves [...]. On a souvent parlé de l'état futur des sociétés humaines, je veux à mon tour les imaginer, telles qu'elles seront en l'an 2000 : au point de vue chimique bien entendu [...]. Dans ce temps-là, il n'y aura dans le monde ni agriculture, ni pâtre, ni laboureur : le problème de l'existence par la culture du sol aura été supprimé par la chimie ! Il n'y aura plus de mines de charbons de terre, ni d'industries souterraines, ni par conséquent de grèves de mineurs ! Le problème des combustibles aura été supprimé, par le concours de la chimie et de la physique. Il n'y aura plus ni douanes,

---

1. M. Berthelot, *Science et Morale*, Paris, Calmann-Lévy, 1909, p. 508-515.

ni protectionnisme, ni guerres, ni frontières arrosées de sang humain ! [...] La navigation aérienne, avec ses moteurs empruntés aux énergies chimiques, aura relégué ces institutions surannées dans le passé ! [...] Le problème fondamental de l'industrie consiste à utiliser une force, celle de la vapeur, c'est-à-dire l'énergie chimique empruntée à la combustion du charbon [...]. Il faut trouver mieux. Or, le principe de cette invention est facile à concevoir : il faut utiliser la chaleur solaire, il faut utiliser la chaleur latente de notre globe [...]. On trouvera là la chaleur, origine de toute vie et de toute industrie. Ainsi, l'eau atteindrait au fond de ces puits une température élevée et développerait une pression capable de faire marcher toutes les machines possibles. Sa distillation produirait cette eau pure, exempte de microbes, que l'on recherche à si grands frais, à des fontaines parfois contaminées... » Marcelin Berthelot continue son discours en imaginant une industrie agroalimentaire qui serait purement et simplement une sous-traitance de la chimie car elle transformerait des produits synthétiques qui seraient à la base de l'alimentation. Si on laisse de côté le style grandiloquent de ce discours, traditionnel dans les banquets de la Troisième République, on peut dire que M. Berthelot a vu juste, en anticipant la percée de l'aviation, quelques années avant le vol du premier avion, qu'il a bien perçu l'avènement d'une agriculture productiviste et le déclin du charbon; en revanche, il n'a pas imaginé le développement d'une industrie fondée sur l'exploitation du pétrole. Le chimiste qu'il était n'a pas su non plus envisager la découverte de nouveaux états de la matière ou, du moins, celle de solides avec de nouvelles propriétés électriques ou magnétiques[1]. S'il a perçu, vaguement, les problèmes qu'allait poser l'exploitation de ressources en eau, il a surestimé la percée de l'énergie solaire et surtout celle de la géothermie. En fin de compte, on peut observer que l'énergie et l'exploitation de ressources telles que les produits alimentaires et l'eau demeurent aujourd'hui deux thèmes dominants de la réflexion prospective.

La découverte, au cours du XXe siècle, de nouveaux états de la matière tels que les supraconducteurs et les plasmas, ainsi que leurs applications potentielles n'avaient été anticipées ni par M. Berthelot,

---

1. M. Berthelot était fondamentalement hostile à l'hypothèse atomique. Personnage influent, professeur au Collège de France, il fut aussi ministre. Il a fortement contribué à retarder l'introduction des concepts de l'atomisme dans l'enseignement en France.

ni par d'autres. En revanche il faut rappeler que le physicien américain R. Feynman avait imaginé, dès 1959, dans une conférence prononcée à l'American Physical Society, la possibilité de manipuler les atomes individuels et de fabriquer ainsi des nanomatériaux aux propriétés nouvelles.

Quels enjeux scientifiques et technologiques
pour les états de la matière ?

La physique des états de la matière a inscrit à son palmarès une série impressionnante de succès au XXe siècle avec la découverte de la supraconductivité, de la superfluidité de l'hélium, du nouvel état que sont les plasmas, des propriétés nouvelles des solides à l'échelle nanométrique, etc. Elle a su aussi trouver les modèles théoriques pour comprendre des propriétés importantes de la matière, telles que le magnétisme, et prévoir l'existence d'un nouvel état condensé à très basse température, le condensat de Bose-Einstein formé par un agrégat de quelques millions d'atomes qui se trouvent tous dans le même état d'énergie. Tous les concepts et toutes les théories qui ont été élaborés par les physiciens pour comprendre les états de la matière ont été empruntés à la mécanique quantique et à la physique statistique, et l'on peut donc affirmer que le cadre théorique qui a rendu possibles les percées de la physique des états de la matière avait été mis en place durant les deux premières décennies du XXe siècle.

Nous avons parcouru un itinéraire qui nous a conduits des propriétés des états solide et liquide « classiques » à celles des plasmas, en passant par la supraconductivité, et qui nous a permis de découvrir un très grand nombre d'états de la matière. Au terme de ce parcours, si l'on tente d'imaginer l'avenir, on doit se poser une double question : existe-t-il des propriétés d'états de la matière qui demeurent incomprises ? Peut-on espérer découvrir des états nouveaux ou des propriétés nouvelles de la matière ? Autrement dit, peut-on identifier des enjeux scientifiques et technologiques majeurs pour les deux ou trois prochaines décennies ? Raisonnons alors à la manière d'un comptable qui tient une comptabilité avec, au bilan, les états et les propriétés de la matière qui sont compris et ceux qui ne le sont pas. Dans la colonne des débits, correspondant aux questions mal résolues ou demeurées ouvertes, on trouve ainsi la supraconductivité à haute température, la fusion classique d'un solide, la vitrification, la structure de l'eau à basse température (en dessous de 0 °C), les propriétés des plasmas chauds et leur stabilité, les propriétés de la nanomatière. Quant aux propriétés et aux applications potentielles des condensats de Bose-Einstein, obtenus avec des agrégats d'atomes métalliques aux très basses températures (le microkelvin), ils constituent une *terra incognita* complète pour la physique ; nous faisons volontiers le pari que ces états nouveaux réserveront des surprises tant aux physiciens qu'aux chimistes. Ainsi envisage-t-on déjà la possibilité de réaliser des « lasers atomiques » délivrant des jets d'atomes de même énergie, de véritables impulsions de matière, qui ont une similarité avec le faisceau lumineux émis par un laser optique. Une équipe de physiciens américains est parvenue, en 2001, à ralentir un faisceau de lumière en le faisant traverser un condensat d'atomes de sodium de 0,2 mm d'épaisseur. La vitesse de la lumière a ainsi été abaissée de 300 000 km à 30 m/s pendant une durée d'une milliseconde, c'est-à-dire celle à laquelle circule une automobile poussive sur une autoroute ! Ce type de technique de « freinage » de la lumière pourrait permettre de contrôler le flux d'information optique que l'on serait conduit à manipuler dans des systèmes informatiques mettant en œuvre des dispositifs optiques. Le problème technique majeur auquel on se heurte pour réaliser et utiliser ces condensats de matière est la nécessité d'opérer à des températures très basses de l'ordre du microkelvin.

Restons dans le champ de la matière condensée, mais aux températures ordinaires, qui sont celles auxquelles fonctionnent le plus souvent les dispositifs mécaniques, optiques ou électroniques et sont autant de découvertes insolites dans la colonne des crédits de notre « bilan comptable ». Plusieurs enjeux scientifiques et technologiques apparaissent crédibles et réalistes à moyen terme. Le premier est le mariage de propriétés spécifiques de la matière solide, par exemple celui des états semi-conducteur et ferromagnétique qui permettrait d'intégrer deux fonctions dans un circuit électronique : le traitement et le stockage simultané de l'information que les spécialistes dénomment la « spintronique »[1]. On sait fabriquer depuis plusieurs années

---

1. En électronique classique, on utilise et on manipule les charges électriques des électrons

de tels états de la matière mais ils n'étaient magnétiques qu'à basse température. Toutefois, la synthèse de films minces combinant magnétisme et semi-conduction à la température ambiante a été réalisée, très récemment, à partir d'un oxyde de titane dopé au cobalt.

Le deuxième enjeu, majeur celui-là, est celui que représente la maîtrise de la nanomatière et des nanosystèmes, autrement dit de la fabrication de matériaux de dimensions nanométriques et dont les propriétés pourraient être modulées à volonté. On peut ainsi, aujourd'hui, synthétiser des nanotubes de carbone dont l'une des extrémités aurait les propriétés électriques d'un métal et l'autre serait isolante, et aussi fabriquer des petits agrégats atomiques capables de fonctionner comme les diodes d'un laser et d'émettre une lumière dont la longueur d'onde dépend de leur taille, etc. On peut donc envisager de réaliser des états de la matière sur mesure. À partir de là, l'assemblage de composants nanométriques pour fabriquer des nano- ou des micromachines est un autre défi dont nous avons déjà évalué les difficultés. La réalisation de ce que l'on appelle les *microelectro-mechanical systems* (MEMS), mais à l'échelle nanométrique, suppose que l'on résolve d'abord les problèmes que pose la fabrication en série de nanocomposants, mais ensuite surtout que l'on puisse greffer ou coller des pièces nanométriques à une échelle où les phénomènes de surface jouent un rôle considérable. C'est probablement à l'horizon d'une vingtaine d'années que l'on pourra véritablement entrer dans l'univers des nanotechnologies.

Un troisième enjeu, celui de la supraconductivité, demeure très aléatoire. En effet, depuis la découverte de la supraconductivité à « haute température », en 1985, les travaux de recherche dans ce domaine, après des progrès rapides, tendent à marquer le pas. Contrairement aux prévisions trop optimistes des années 1980, on est encore très loin d'avoir obtenu un matériau supraconducteur à la température ordinaire, le record des hautes températures étant détenu par un oxyde de cuivre dopé avec du baryum, du calcium et du mercure, et qui est supraconducteur à 134 K (- 139 °C) à pression ordinaire. Les mécanismes physiques qui permettent la supraconduction à haute température ne sont pas pleinement compris et

---

qui sont par ailleurs dotés d'un moment cinétique propre de rotation, le spin, auquel est associé un petit moment magnétique. La spintronique cherche à combiner l'exploitation de ces deux propriétés de l'électron.

rien ne permet d'affirmer que l'on sera capable, ou incapable, de fabriquer des supraconducteurs fonctionnant à la température ordinaire. Les applications potentielles des supraconducteurs sont importantes mais n'ont pas une portée considérable. On utilise déjà des fils supraconducteurs, fonctionnant à très basse température, immergés dans de l'hélium liquide, dans des bobinages d'électro-aimants, mais l'objectif demeure de pouvoir mettre en œuvre des câbles et des fils supraconducteurs à la température ambiante qui auraient l'avantage d'être des conducteurs parfaits d'un courant électrique, sans perte d'énergie en ligne puisque leur résistance serait nulle. Le rendement des moteurs électriques et des alternateurs étant déjà excellent, il est proche de 95 %, l'intérêt des supraconducteurs se situerait davantage au niveau du poids et de l'encombrement des machines ; en effet, le poids et le volume des machines construites avec des bobinages supraconducteurs seraient, à puissance égale, de l'ordre du tiers de ceux des moteurs et des alternateurs actuels. L'utilisation de supraconducteurs dans les systèmes électroniques aurait aussi l'avantage d'éliminer les dégagements de chaleur difficiles à évacuer. Près d'un siècle après sa découverte, la supraconductivité n'annonce donc pas une révolution technologique. La synthèse de matériaux plastiques conducteurs de l'électricité, aux performances équivalentes de celles des métaux, ou l'utilisation de nanotubes de carbone conducteurs offrent sans doute des perspectives plus intéressantes, même si elles ne sont pas aussi ambitieuses que celles de la supraconductivité.

Réaliser la fusion thermonucléaire contrôlée dans une machine est certainement un objectif ambitieux et d'une tout autre nature que les précédents, puisqu'il s'agit de maîtriser un plasma, le quatrième état de la matière, qui est particulièrement instable, pour y déclencher et entretenir des réactions de fusion des noyaux d'hydrogène qui produiraient ainsi une énergie considérable. La voie du confinement magnétique du plasma semble la plus crédible pour atteindre cet objectif. En effet, la mise en œuvre de lasers très puissants, dont les faisceaux comprimeraient et chaufferaient une bille de deutérium et de tritium pour la transformer en plasma, n'est probablement pas utilisable dans une machine produisant une grande quantité d'énergie. Cette technique sera, en revanche utilisée en France et aux États-Unis dans une installation construite pour simuler le comportement d'une bombe à hydrogène. Le système, en cours d'installation aux États-Unis dans le laboratoire fédéral de Livermore, prévoit ainsi l'utilisation simultanée de deux cent quarante faisceaux lasers qui devront converger en un même point, le coût du système de lasers est estimé, à lui seul, à 3,5 milliards de dollars au minimum. Si les machines Tokamak pour le confinement magnétique, qui, rappelons-le, ont une forme torique, sont au stade actuel l'outil privilégié pour tenter de réaliser la fusion, elles ne sont pas sans concurrents; d'autres géométries que le tore sont envisagées : les *stellerators* utilisant des bobinages magnétiques en hélice, des Tokamak dans lesquelles on fait circuler un courant électrique qui produit son propre champ magnétique et qui comprime ainsi le plasma dans la machine en l'empêchant d'atteindre les parois, des tores sphériques ressemblant à une pomme trouée en son centre. L'horizon auquel on peut envisager de construire des réacteurs thermonucléaires opérationnels, produisant une énergie de fusion en continu, n'est probablement pas plus proche que 2050. Nous reviendrons sur les perspectives de cette filière énergétique dont les dimensions politique et économique sont très importantes.

Revenant à une substance plus classique, l'eau; celle-ci dans ses trois états, le gaz, le liquide et le solide (la glace), continuera certainement à susciter l'intérêt des scientifiques, non seulement parce que sa structure demeure mal comprise, mais aussi et surtout parce qu'elle joue un rôle essentiel dans de nombreux phénomènes naturels tels que les évolutions climatiques. Ainsi, par exemple, la contribution à la diminution de l'effet de serre des gouttes d'eau et des cristallites de glace qui se trouvent dans les nuages est-elle mal comprise. La prévision des avalanches dans les zones de montagne suppose aussi une bonne connaissance des états de surface et du comportement mécanique des cristaux de glace qui constituent la neige, elle fait encore l'objet de travaux de recherche dans des instituts spécialisés dans l'étude de la neige, en particulier en France et en Suisse, à Davos. L'eau, qui était l'un des quatre éléments des Grecs, a aussi un caractère mythique car elle est considérée comme la source de la vie; en effet, on émet souvent l'hypothèse que les formes de vie primitive seraient apparues dans l'eau des océans, au voisinage de sources hydrothermales riches en composés organiques et minéraux. De nombreux projets spatiaux ont ainsi pour objectif l'envoi de sondes à destination de planètes (Mars notamment), ou de leurs satellites, comme Europe, l'une des lunes de Jupiter, pour tenter d'y découvrir l'existence de glace ou d'eau liquide, qui serait un indice d'une possible existence de formes de vie. Plus prosaïquement, la recherche de ressources d'eau dans le sol de notre planète est un objectif majeur pour les toutes prochaines années car les besoins en eau sont considérables. C'est un problème que M. Berthelot avait évoqué dans son discours sur l'an 2000 et sur lequel nous reviendrons aussi.

Il nous reste enfin à répondre à une dernière grande question : sera-t-il possible de mettre en évidence d'autres états de la matière que les quatre que nous connaissons aujourd'hui ? Le grand défi, totalement futuriste, serait probablement de fabriquer en grande quantité de l'antimatière formée par les antiparticules des protons et des électrons qui sont les constituants des atomes « normaux ». On sait produire des antiparticules (des antiprotons[1] par exemple) avec des accélérateurs de particules, mais en très faible quantité, car celles-ci sont immédiatement annihilées dès qu'elles interagissent avec les particules de matière « normale ». On ne dispose donc pas de techniques qui permettraient d'assembler des antiparticules pour fabriquer l'équivalent d'un liquide ou d'un cristal. Qui plus est, on serait totalement démuni, dans l'état actuel des connaissances, pour réaliser des observations et des mesures sur cette antimatière solide ou liquide, car elle s'annihilerait dès qu'on la mettrait en contact avec des appareils de mesure constitués de matériaux de matière « normale ». En approchant le moindre thermomètre d'un liquide d'antimatière, celui-ci se volatiliserait instantanément ! La possibilité de fabriquer et d'observer de l'antimatière en quantité macroscopique est donc, pour l'instant, et sans doute pour longtemps encore, purement spéculative.

États de la matière et économie

Les quatre éléments, la terre, l'eau, l'air et le feu, que les Grecs avaient identifiés, dans l'Antiquité, comme les briques de base dont

---

1. Les antiprotons ont la même masse que les protons « normaux » mais ils portent une charge électrique négative au lieu d'être chargés positivement.

est constitué l'univers matériel sont aussi des ressources vitales pour la vie quotidienne et l'activité économique de la Cité. En effet, nombre d'activités économiques dépendent de l'exploitation de matières premières extraites du sous-sol terrestre à l'état gazeux, solide ou liquide, et de la transformation d'états de la matière. C'est le cas, par exemple, de la production d'énergie thermique qui met en œuvre des hydrocarbures ou de l'eau que l'on vaporise dans un moteur à explosion ou dans le générateur de vapeur d'une centrale électronucléaire. Plus subtilement, de nombreux dispositifs techniques mettent en œuvre des transitions de phase dans des matériaux solides, telles que le passage d'un état non magnétique à un état ferromagnétique dans des mémoires d'ordinateur ou des disques DVD utilisés dans l'enregistrement du son et de l'image. La mise en œuvre ou la transformation d'états de la matière sont donc, dans une certaine mesure, des enjeux économiques dont il faut évaluer l'importance.

Rouvrons d'abord le dossier de l'énergie. C'est un domaine où les scénarios sur l'utilisation des ressources ont une dimension technologique importante, mais où les évolutions des techniques sont lentes compte tenu du poids des investissements qu'il faut réaliser pour mettre en œuvre de nouvelles filières. Ainsi, l'énergie nucléaire a-t-elle mis une petite trentaine d'années pour percer de façon significative[1], et même s'il n'existe aucune « règle » en la matière, il est probable que les délais de mise au point et en service de nouveaux systèmes énergétiques fournissant une grande puissance ne sauraient être inférieurs à environ trois décennies. C'est une donnée qu'il faut avoir présente à l'esprit lorsqu'on s'intéresse aux scénarios énergétiques. La maîtrise de deux états de la matière est susceptible d'apporter une contribution significative à très long terme à l'approvisionnement énergétique de la planète : les hydrates de méthane et les plasmas. Nous avons identifié les obstacles scientifiques et technologiques qui demeurent sur la voie de la fusion thermonucléaire contrôlée et il n'est pas certain qu'ils puissent tous être franchis. La construction de réacteurs à fusion générateurs d'électricité reste donc encore un pari technique. S'il était gagné, il ouvrirait la voie à

---

1. La première pile atomique a été construite à Chicago en 1942 par E. Fermi, et la construction des réacteurs électronucléaires a pris une importance significative à partir des années 1970.

une nouvelle filière énergétique susceptible de remplacer le nucléaire classique utilisant la fission de l'uranium. L'avantage économique de la fusion thermonucléaire est qu'elle serait peu exigeante en combustible, le deutérium pouvant être extrait de l'eau lourde[1], et le tritium peut être fabriqué dans le réacteur par irradiation d'une « couverture » de lithium par les neutrons produits par la fusion.

Une alternative aux réacteurs à fusion a été proposée, elle consisterait à construire des réacteurs « hybrides » fusion/fission. Ces machines utiliseraient les neutrons produits par la réaction de fusion pour irradier une couverture d'un matériau nucléaire, par exemple du thorium, et pour produire ainsi un combustible fissile tel que l'uranium 233 qui serait alors utilisé dans des centrales nucléaires « classiques ». Cette option court-circuiterait l'étape difficile à franchir de la mise au point des réacteurs thermonucléaires fonctionnant au-delà du point d'ignition, elle supposerait un accord sur la prolongation des filières nucléaires à fission. Il est possible qu'elle soit un jour réellement envisagée.

L'exploitation des gisements considérables d'hydrate de méthane pose, quant à elle, des problèmes d'une autre nature. Sur le plan économique, les hydrates du méthane sont susceptibles de donner un nouveau souffle à la filière énergétique qui repose sur l'utilisation des combustibles fossiles : charbon, pétrole et gaz naturel. Si les réserves d'hydrates de gaz sont probablement l'équivalent des réserves actuellement connues de charbon et d'hydrocarbures, il n'en demeure pas moins que leur estimation précise reste à faire. L'exploitation de cette ressource constituée par des gaz solidifiés dans une matrice d'eau nécessite la mise au point de techniques spécifiques de forage des gisements qui fourniront du gaz, et en particulier du méthane. Pour l'instant, il n'existe pas d'évaluation fiable des coûts d'exploitation d'une telle filière. Il est clair que celle-ci n'apportera aucune solution au problème sérieux du réchauffement du climat de la planète par l'effet de serre. En effet, le méthane en est, lui-même, l'une des causes et sa combustion dans un moteur, ou une installation industrielle, produit du gaz carbonique et de la vapeur d'eau qui en absorbant le rayonnement infrarouge contri-

---

1. Celle-ci existe dans l'eau naturelle et doit donc en être extraite par des procédés industriels qui sont au point depuis très longtemps.

buent, eux aussi, à l'amplification de l'effet de serre. Les techniciens ont imaginé une parade à ce phénomène, ils envisagent de stocker du gaz carbonique émis par des installations industrielles, éventuellement liquéfié ou solidifié, dans d'anciens gisements d'hydrocarbures ou des aquifères, voire de le dissoudre dans l'océan. Cela supposerait l'organisation de toute une économie du stockage des déchets énergétiques sous forme gazeuse, liquide ou solide qui devrait être régulée au niveau international. On imagine aisément la difficulté de la tâche à la lumière des problèmes que pose l'application du protocole de Kyoto sur la limitation des émissions des gaz à effet de serre tels que le gaz carbonique. Le stockage des déchets est une question préoccupante, dans les sociétés modernes développées ou non, qu'il s'agisse de ceux produits par l'activité industrielle ou par la vie domestique. La science des états de la matière n'a pratiquement pas de solution originale à proposer pour y apporter une réponse, sauf toutefois pour le secteur nucléaire. Le stockage des déchets est, en effet, un problème épineux pour la filière nucléaire qui n'a pas encore été résolu de façon satisfaisante. Leur solidification est la voie de passage obligée dans l'attente de la mise au point de techniques permettant de transformer des éléments radioactifs à vie longue en éléments à durée de vie plus courte. Le verre et dans une certaine mesure le béton sont les candidats possibles pour ce type de stockage. La vitrification des déchets nucléaires devrait permettre de les transformer en un matériau solide, stable pendant des millénaires. Il reste à s'accorder sur des lieux de stockage, en France en particulier ; on quitte alors l'univers de la technologie et de l'économie pour celui, tout aussi complexe, de la politique.

Revenons un court instant à un domaine des techniques du futur que nous avons déjà longuement évoqué, celui des nanomatériaux et des nanotechnologies. Pour l'heure, les réalisations industrielles à grande échelle sont encore rares, même si l'industrie utilise de très nombreux capteurs que l'on s'efforce de miniaturiser. Les *air bags* des voitures sont ainsi équipés de microcapteurs qui peuvent détecter des chocs et déclencher l'ouverture de la protection en cas d'accident. Il est clair que dans une société où se multiplient les automatismes et les dispositifs de contrôle les plus divers, et où les progrès de la médecine et de la biologie conduiront à l'utilisation de nombreux dispositifs techniques insérés directement dans le corps humain, l'usage de microcapteurs et de micromachines les plus divers ne pourra que se répandre. On peut donc estimer que les nanotechnologies sont destinées à un bel avenir économique d'ici vingt à trente ans, une fois que les obstacles techniques qui parsèment leur route auront été surmontés, le plus sérieux étant celui de l'assemblage de nanostructures pour réaliser des micro- ou nano-machines telles que des moteurs.

Quittons le monde de la technique pour rouvrir le dossier de l'eau, une ressource vitale pour l'économie et la société. Nous avons décrit le rôle que joue cette substance dans tous ses états, le gaz, le liquide et le solide, dans un grand nombre de phénomènes naturels et qui est souvent associée à la vie : l'existence d'eau est la condition *sine qua non* pour la subsistance de populations dans de nombreuses régions de la planète. Or, bien que l'eau soit très répandue sur la Terre dont elle recouvre près des trois quarts de la surface, elle est néanmoins devenue une substance rare. En effet, 98 % du volume d'eau disponible sur Terre est inutilisable par l'homme car elle est trop salée[1]. Sur les 2 % restants, une très faible proportion participe au cycle de l'eau dans la nature (la pluie, le ruissellement, l'alimentation des nappes phréatiques) et est donc utile pour les activités humaines. La ressource disponible pour chaque habitant de la planète, 7 000 m^3 en moyenne par an, serait suffisante pour ses besoins en eau douce, puisque ceux-ci sont estimés à 1 700 m^3 par an en moyenne par habitant. Cependant la mauvaise répartition des ressources en eau et leur gaspillage conduisent à des disparités considérables d'approvisionnement des populations de la planète : la Chine avec 20 % de la population mondiale ne dispose que de 7 % des ressources mondiales en eau et certains pays africains et du Proche-Orient sont totalement sous-alimentés en eau. Or, à la différence du pétrole et du gaz naturel, l'eau est une ressource que l'on ne transporte pas sur une longue distance car les coûts de transport à la tonne sont trop élevés. Elle demeure donc une ressource locale. La disponibilité d'eau douce à l'état liquide est probablement un problème économique et politique majeur pour le XXIe siècle, auquel d'ailleurs les travaux de recherche en physique des états de la

---

1. Le volume d'eau sur la Terre est estimé à 1 400 millions de km^3. Sur les 2 % restants non salés, seulement 40 000 km^3, soit 0,15 %, participent au cycle de l'eau.

matière ne peuvent probablement pas contribuer à apporter une solution. Certains scénarios de prospective d'évolution des ressources en eau imaginent soit la récupération de l'eau douce des icebergs de l'Antarctique qui seraient remorqués jusque dans les régions d'Afrique ou d'Asie dépourvues de sources suffisantes, soit que l'on provoque le déclenchement artificiel de la pluie dans ces régions. Ces scénarios sont purement spéculatifs et probablement peu réalistes. La seule voie technique possible est le dessalement de l'eau de mer, en opérant avec des procédés tels que l'osmose qui, aujourd'hui, sont encore très consommateurs d'énergie.

L'eau a déjà rejoint le pétrole dans la liste très restreinte des liquides stratégiques. Il se pourrait qu'un troisième liquide, l'hydrogène, les y rejoigne, si celui-ci devenait un combustible utilisable massivement et qui aurait l'avantage de faiblement contribuer à l'effet de serre. Une économie de l'hydrogène supposerait que l'on puisse fabriquer ce fluide dans des conditions de sécurité et de coût économique satisfaisants, ce qui est encore loin d'être acquis.

Politique et stratégie

Nombre de paris scientifiques et technologiques sur lesquels nous avons spéculé, mettant en jeu des états de la matière, qu'il s'agisse de la maîtrise des plasmas ou de la nanomatière, ne peuvent être gagnés qu'au prix de la réalisation d'importants investissements de recherche. Ceux-ci sont de la responsabilité des États, à travers les ministères chargés de la recherche et les organismes publics tels, en France, que le Centre national de la recherche scientifiques (Cnrs), mais aussi, dans certains secteurs, des entreprises. Il appartient, en effet, aux pouvoirs publics, en liaison avec la communauté scientifique, d'une part de définir des grandes priorités et des stratégies pour préparer l'avenir dans un certain nombre de domaines, et d'autre part de dégager les investissements nécessaires à la recherche, dans un contexte qui est marqué par une très forte compétition internationale. Cela nous conduit à faire un certain nombre de constats.

Le premier est que la plupart des grands enjeux scientifiques et technologiques que nous avons identifiés et dont certains ont une dimension économique importante, c'est le cas des nanotechnologies par exemple, appellent la mobilisation de moyens de recherche et donc d'investissements qui, le plus souvent, dépassent les capacités nationales en Europe : la compétition se situe à l'échelle mondiale. Il est donc nécessaire d'élaborer des stratégies européennes dans la plupart des domaines concernés. Or, cette approche européenne est, sauf exception, à peine ébauchée, faute d'une véritable politique européenne de la recherche, et sans doute aussi de la volonté des États de construire une véritable Europe de la recherche. On ne saurait s'étonner dans ces conditions que dans plusieurs secteurs de pointe l'Europe soit distancée par les États-Unis, et parfois par le Japon, qui consacrent globalement plus de moyens à la recherche-développement que les pays de l'Union européenne[1]. Les nanotechnologies sont un bon exemple des carences européennes. Le président Clinton, dans l'un de ses derniers discours consacrés à la recherche prononcé en l'an 2000 au Caltech, l'université technologique où avait travaillé le physicien R. Feynman qui avait anticipé, en 1959, l'importance potentielle de la nanomatière, avait affirmé la nécessité d'une action fédérale de grande envergure, une *National Nanotechnology Initiative*, pour développer les nanotechnologies et y affirmer un *leadership* américain. Cette prise de position, résolument volontariste, confortait des positions américaines déjà acquises dans un secteur de pointe, grâce à un effort de recherche important financé à la fois par le département de la Défense et des agences fédérales comme la National Science Foundation (Nsf). En 1997, dans le domaine des nanosciences, les budgets annuels gouvernementaux des pays européens, des États-Unis et du Japon étaient d'ampleur équivalente, mais aujourd'hui, en 2001, on estime à 500 millions de dollars l'effort de recherche financé sur fonds fédéraux aux États-Unis, alors que celui du Japon en représenterait une petite moitié, et celui de l'Europe n'atteindrait pas 150 millions de dollars. La France, quant à elle, a amorcé le lancement d'actions de recherche sur les nanomatériaux et les nanotechnologies mais avec des moyens financiers (en investissements) qui ne dépassent pas au

---

1. Les pays de l'Union européenne consacrent globalement 1,9 % de leur produit intérieur brut à la recherche-développement, les États-Unis 2,6 % et le Japon 2,9 %. L'écart absolu entre les États-Unis et l'Union européenne est donc très important, et il s'est accru ces dix dernières années.

total 150 millions de francs et qui ne sont donc pas à la hauteur des enjeux. Il est vrai que l'Union européenne, pour tenter de renverser la vapeur, a proposé de faire de la recherche sur les nanotechnologies l'une des priorités de son sixième programme cadre pour la recherche et le développement technologique au-delà de 2002.

On pourrait faire le constat d'un manque de dynamisme global de la recherche scientifique européenne sur les états de la matière, qui se traduit, très souvent, par un abandon du *leadership* scientifique aux États-Unis. C'est le cas dans bon nombre de secteurs liés à la science des matériaux, à l'étude du climat, aux sciences planétaires. Dans le domaine de la recherche climatique, les États-Unis dépensent ainsi deux fois plus que l'Europe. En revanche, l'action menée par l'Euratom et de nombreux pays européens en physique des plasmas, depuis de nombreuses années, a placé la recherche européenne sur la fusion thermonucléaire contrôlée à parité avec les États-Unis, voire devant eux[1].

Le domaine des nanotechnologies dont on découvre aujourd'hui l'importance pour la recherche et le développement technologique en Europe, bien après les États-Unis, est révélateur de l'absence d'une véritable réflexion stratégique sur les enjeux scientifiques et technologiques de l'avenir. Même si les anticipations du physicien R. Feynman, en 1959, demeuraient relativement vagues, il n'en demeure pas moins que, dès les années 1980, les Américains ont investi de façon continue et significative dans les nanosciences grâce à l'action de l'Agence de recherche du Pentagone et à celle de la Nsf. La plupart des pays européens, la France en particulier, ainsi que la Commission européenne n'ont pas fait de réel effort de prospective ces dix dernières années, qui leur aurait permis de dégager à temps les moyens nécessaires pour gagner les paris scientifiques et technologiques qu'il fallait prendre. L'une des tâches de la politique de la recherche et de la technologie européennes devrait être, à l'avenir, de conduire en permanence une réflexion prospective sur les grands

---

1. Les performances globales de la recherche des pays de l'Union européenne mesurées par les publications scientifiques sont l'équivalent de celles des États-Unis : l'UE contribuait en 1997 à 33,5 % des publications mondiales (tous domaines de sciences exactes confondus), et les États-Unis à 32,6 %. Même si l'Europe est en pointe dans certains secteurs, les travaux sur les condensats de Bose-Einstein par exemple, la force des États-Unis est de mobiliser rapidement et massivement des moyens dans les domaines en émergence. Les nanotechnologies sont un cas exemplaire.

enjeux scientifiques et technologiques comme sur leur impact socio-économique potentiel.

Au fil des pages de ce livre, nous avons identifié les enjeux des états de la matière et nous en avons délimité les frontières dans ce chapitre. Sur ces bases, quelle stratégie peut-on proposer pour les politiques de la recherche et de la technologie aux niveaux national et européen ? La compréhension des propriétés de la nanomatière et la mise au point de méthodes pour la fabrication de nanomatériaux sont probablement une première priorité, compte tenu des possibilités qu'offrent les états de la matière à l'échelle du nanomètre, dans les conditions usuelles de température. La maîtrise des états de la matière dans des conditions extrêmes de température et de pression (hautes températures et hautes pressions, très basses températures) est une seconde priorité. Il s'agit d'explorer, par exemple, l'univers de systèmes métalliques nouveaux tels que l'hydrogène à très haute pression (plusieurs millions d'atmosphères), mais aussi celui des condensats atomiques de Bose-Einstein à très basse température (le millionième de kelvin).

Les plasmas constituent un autre monde de l'extrême tout à fait à part (en particulier aux très hautes températures, supérieures au million de kelvins) et qui mérite une attention particulière, compte tenu des potentialités de la fusion thermonucléaire contrôlée. Des investissements très importants ont été consacrés depuis plusieurs décennies à la recherche sur la fusion thermonucléaire, sans que les physiciens soient véritablement à même d'affirmer avec certitude qu'elle est une entreprise réalisable. La construction d'une nouvelle machine Tokamak pour tenter de réaliser les conditions de fonctionnement en continu d'un réacteur générateur d'énergie n'a de sens que dans le cadre d'une coopération internationale entre l'Europe, les États-Unis, la Russie et le Japon. Le projet ITER a été élaboré dans cette perspective sans que l'on soit certain pour autant qu'il permette d'atteindre cet objectif[1]. Une évaluation internationale sérieuse et contradictoire des perspectives de la fusion et des objectifs du projet, à laquelle participeraient des scientifiques et des ingénieurs qui ne sont pas directement impliqués dans des pro-

---

1. *International Thermonuclear Experimental Reactor.* Le coût de ce projet oscille entre 3,5 et 5 milliards d'euros. Il n'est pas certain que les États-Unis s'embarquent dans l'aventure...

grammes de recherche sur la fusion thermonucléaire, est indispensable avant que les gouvernements ne prennent la décision de le lancer. Cette évaluation devrait mettre clairement en évidence les obstacles scientifiques et technologiques qui restent à surmonter sur la voie de la fusion thermonucléaire contrôlée, ainsi que les avantages et les inconvénients de cette filière énergétique. Comme ce fut très souvent le cas dans le passé pour les grandes filières technologiques, cette évaluation contradictoire n'a pas été faite.

Dans le domaine de la fusion thermonucléaire comme dans celui des nanomatériaux, les politiques de recherche des États doivent impliquer les acteurs civils et militaires car les technologies qui seront développées ont un caractère « dual » : elles peuvent être utilisées dans l'industrie et la défense. Il est nécessaire de dépasser cette affirmation de principe et de passer à l'acte, ce qui est plus difficile, en particulier en Europe et en France où les stratégies de recherche civiles et militaires sont rarement concertées. Ainsi, dans le domaine de la fusion, où la France entreprend la construction à Bordeaux d'une très grande installation pour simuler, à l'aide de lasers très puissants, le comportement des charges thermonucléaires des bombes à hydrogène de la force nationale de dissuasion, peut-on imaginer qu'une collaboration entre chercheurs civils et militaires s'instaure pour explorer la voie de la technique du confinement inertiel, qui pourrait être une alternative à celle des Tokamak.

Les changements d'état de l'eau jouent un rôle considérable dans les phénomènes climatiques car l'eau en se vaporisant ou en se condensant, voire en se solidifiant, fait fonctionner la vaste machine thermique qu'est le couple océan-atmosphère. Dans la mesure où les conséquences des évolutions climatiques sur les conditions de vie sur notre planète vont rester pendant plusieurs décennies une préoccupation majeure des responsables politiques, en alimentant débats et controverses au niveau international, il est raisonnable de considérer qu'une meilleure compréhension du rôle des états de la matière dans les phénomènes climatiques et météorologiques devrait être aussi une priorité de la recherche.

Bien des certitudes actuelles seront certainement bousculées par des découvertes inattendues, dans un avenir plus ou moins proche, certaines voies de recherche que nous avons considérées comme des voies royales s'avéreront des impasses. La prospective n'a pas la possibilité de nous apporter des certitudes mais de nous aider à prendre, en bonne connaissance de cause, les inévitables paris scientifiques et technologiques sur lesquels repose l'aventure de la science et de la technologie. Il serait sans aucun doute utile que les décideurs, où qu'ils soient, en soient convaincus.

Conclusion

Nouveaux défis et nouveaux enjeux

L'histoire des sciences et des techniques est jalonnée de découvertes et d'innovations qui ont révélé des propriétés nouvelles des états de la matière ou qui ont mis en œuvre leurs transformations. Avec leur théorie des quatre éléments, les Grecs avaient en quelque sorte donné les lignes directrices d'un « programme » qui a permis aux scientifiques de parcourir un chemin considérable sur la voie de la connaissance de la matière dans tous ses états. Des quatre états de la matière, seuls les plasmas, le feu des Grecs, résistent encore aux tentatives des chercheurs et des ingénieurs pour les maîtriser dans leurs laboratoires et pour en extraire l'énergie de la fusion thermonucléaire qui est la puissance motrice de notre univers.

Les progrès réalisés pas à pas, au cours des siècles, ont certes permis de comprendre un très grand nombre de propriétés de la matière, même si de larges zones d'ombre subsistent encore : des phénomènes comme la fusion d'un corps solide et la supraconductivité sont ainsi loin d'être élucidés. Par ailleurs, des surprises ne doivent pas être exclues, car les états de la matière dans les conditions extrêmes aux hautes et aux très basses températures sont à peine explorés. Les perspectives ouvertes, à la fin des années 1990, par les condensats atomiques de Bose-Einstein pourraient ainsi déboucher sur la découverte de propriétés nouvelles de la matière, aux très basses températures, lorsque tous les atomes ont des comportements collectifs.

Après tant de travaux théoriques et expérimentaux, avec leurs succès et leur lot d'échecs, pourquoi les scientifiques et les ingénieurs continuent-ils à explorer le vaste domaine des états de la matière ? La science est une connaissance du monde matériel et vivant aux échelles de l'infiniment petit (celles des atomes, des cellules et de leurs constituants ultimes) et de l'infiniment grand (les galaxies de notre univers). Avec les mathématiques, l'informatique et la linguistique, elle pénètre aussi le monde immatériel des signes et des symboles, tandis que les sciences sociales et humaines nous aident à comprendre les sociétés humaines et leur histoire. Entre les deux extrêmes microscopique et macroscopique, la science explique les propriétés de la matière ainsi que le comportement d'objets et de systèmes techniques. Les états de la matière sont, en quelque sorte, l'interface entre le monde microscopique, les objets techniques et les phénomènes naturels que nous côtoyons quotidiennement. C'est sans doute ce que les Grecs avaient voulu symboliser en donnant une forme géométrique spécifique à chacun des quatre éléments. Il n'est pas étonnant, non plus, que dans la galerie des portraits des scientifiques qui se sont attachés à percer les secrets des états de la matière, on trouve les grands noms de la science moderne, les Galilée, Descartes, Newton, Carnot, Curie, Einstein, Pauling et bien d'autres encore. On peut donc légitimement penser que les chercheurs et les ingénieurs poursuivront leur quête du savoir sur les états de la matière, car c'est de leur connaissance que dépendent la maîtrise du monde matériel qui nous entoure, la mise au point de nouvelles sources d'énergie, le développement des technologies de l'information, mais aussi la compréhension des phénomènes climatiques. Le fait nouveau, ces dix dernières années, est que les possibilités techniques de manipulation des atomes individuels, en ouvrant le champ des nanosciences et des nanotechnologies, ont permis d'établir une continuité entre les propriétés de la matière vivante et inerte à l'échelle microscopique et celles des systèmes macroscopiques.

L'émergence de nouveaux enjeux scientifiques dans le champ de la connaissance des états de la matière, l'importance technologique, économique, voire politique, de certains défis, qui pour nombre d'entre eux sont à l'échelle de la planète (la compréhension des évolutions climatiques par exemple), appellent des stratégies de recherche avec la mobilisation collective de moyens humains et matériels qui, très souvent, ne sont plus à la seule portée d'un pays comme la France. Il appartient à la recherche européenne de s'organiser pour relever ces nouveaux défis.

Bibliographie

ADLER, R., « Origin of Planetary Systems », *New Scientist*, n° 133, 2000.

ASHBY, M.F., JONES, D.R.H., *Matériaux, microstructures et mise en œuvre*, Paris, Dunod, 1991.

BALL, P., *Bibliography of Water*, Londres, Weidenfeld & Nicolson, 1999.

BRAHIC, A., *Enfants du soleil*, Paris, Odile Jacob, 1999.

BURNETT, K., EDWARDS, M., CLARK, C.W., « The Theory of Bose-Einstein Condensation of Dilute Gases », *Physics Today*, décembre 1999, p. 37-42.

BURROWS, A., « Supernova Explosion in the Universe », *Nature*, n° 403, 17 février 2000, p. 729-733.

CORNELL, E., WIEMAN, C., « La condensation de Bose-Einstein », *Pour la science*, n° 247, mai 1998.

COUSSOT, P., VAN DAMME, H., ANCEY, C., « Des solides coulants », *Pour la science*, n° 273, juillet 2000, p. 34-39.

DAOUD, M., WILLIAMS, C. (éd.), *La Juste Argile*, Paris, Éd. de Physique, 1995.

DELCROIX, J.-L., BERS, A., *Physique des plasmas*, Paris, CNRS-Inter-Éditions, t. I, 1994.

DIU, B., *Les atomes existent-ils vraiment ?*, Paris, Odile Jacob, 1997.

DURAN, J., *Sables, poudres et grains*, Paris, Eyrolles, coll. « Sciences », 1997.

EMANUEL, K.A., « Thermodynamic Control of Hurricane Intensity », *Nature*, n° 401, 14 octobre 1999, p. 665-669.

GAUTHIER, J.-C., « Plasmas ultra-rapides », *Bulletin de la Société française de physique*, n° 123, mars 2000.

GENNES, P.G. de, PROST, J., *The Physics of Liquid Cristals*, Oxford, Oxford Science Publications, 1995.

HEMLEY, R.J., ASHCROFT, N.W., « The Revealing Role of Pressure in the Condensed Matter Sciences », *Physics Today*, août 1998, p. 26-32.

HOUGHTON, J.T., *The Physics of Atmosphere*, Cambridge, Cambridge University Press, 1995.

ISRAELACHVILI, J., *Intermolecular and Surface Forces*, New York, Academic Press, 1992.

JENSEN, P., *Entrée en matière*, Paris, Le Seuil, 2001.

KETERLE, W., « Experimental Studies of Bose-Einstein Condensation », *Physics Today*, décembre 1999, p. 30-35.

KITTEL, C., *Physique de l'état solide*, Paris, Dunod, 7ᵉ éd., 1998.

KURZ, W., MERCIER, J.-P., ZAMBELLI, G., *Introduction à la science des matériaux*, Lausanne, Presses polytechniques et universitaires romandes, 1991.

LECOFFRE, Y., *La Cavitation*, Paris, Hermès, 1994.

LEMARCHAND, F., ROUX, F., « Les cyclones », *La Recherche*, n° 332, juin 2000, p. 66-69.

MADDOX, J., *Que reste-t-il à découvrir ?*, Paris, Bayard, 2000.

MATTHEWS, R., « Great Balls of Fire », *New Scientist*, 8 avril 2000, p. 23-26.

NELLIS, W., « L'hydrogène métallique », *Pour la science*, n° 273, juillet 2000, p. 84-89.

OST, *Science et Technologie, indicateurs 2000*, Paris, Économica, 2000.

PAPON, P., LEBLOND, J., *Thermodynamique des états de la matière*, Paris, Hermann, 1990.

PAPON, P., LEBLOND, J., MEIJER, P.H.E., *Physique des transitions de phases*, Paris, Dunod, 1999.

REBUT, P.H., *L'Énergie des étoiles*, Paris, Odile Jacob, 1999.

TEIXEIRA, J., « L'eau, liquide ou cristal déliquescent ? », *La Recherche*, octobre 1999, p. 37-38.

WILLOUGHBY, H.E., « Hurricane Heat Engines », *Nature*, n° 401, 14 octobre 1999, p. 649-650.

Table des matières